高等学校建筑工程专业系列教材

结 构 力 学

（下册）

重 庆 建 筑 大 学	张来仪	主编
哈 尔 滨 建 筑 大 学	景 瑞	
重 庆 建 筑 大 学	张来仪 赵更新	
哈 尔 滨 建 筑 大 学	景 瑞 孙佩英	编
南 京 建 筑 工 程 学 院	刘郁馨	
苏州城市建设环境保护学院	朱靖华	
西 安 建 筑 科 技 大 学	刘 铮	主审

中国建筑工业出版社

图书在版编目(CIP)数据

结构力学. 下册/张来仪,景瑞主编. —北京:中国建
筑工业出版社,1997(2007重印)

(高等学校建筑工程专业系列教材)

ISBN 978-7-112-02987-7

Ⅰ. 结… Ⅱ. ①张…②景… Ⅲ. 结构力学—高等
学校—教材 Ⅳ. 0342

中国版本图书馆 CIP 数据核字(2007)第 122440 号

本教材是根据国家教育委员会 1995 年批准修定的《结构力学课程教学基本要求》(多学时)所规定的内容,由重庆建筑大学、哈尔滨建筑大学、南京建筑工程学院、苏州城市建设环境保护学院联合编写的,分上、下两册出版。

下册的主要内容包括矩阵位移法、结构动力学、结构稳定计算、结构的极限荷载、结构非线性分析概论和结构力学的拓广及其在土建工程中的应用等。每章均有相当数量的习题,并附有答案。

本书可作为高等院校建筑工程、交通土建工程、水利工程等专业本科生的教材,也可供土建类其他各专业及有关工程技术人员参考。

高等学校建筑工程专业系列教材

结 构 力 学

(下 册)

重 庆 建 筑 大 学	张来仪	主编
哈 尔 滨 建 筑 大 学	景 瑞	
重 庆 建 筑 大 学	张来仪 赵更新	
哈 尔 滨 建 筑 大 学	景 瑞 孙佩英	编
南 京 建 筑 工 程 学 院	刘郁馨	
苏州城市建设环境保护学院	朱靖华	
西 安 建 筑 科 技 大 学	刘 铮	主审

*

中国建筑工业出版社出版、发行(北京西郊百万庄)

各地新华书店、建筑书店经销

北京圣夫亚美印刷有限公司印刷

*

开本:787×1092 毫米 1/16 印张:15¾ 字数:380 千字

1997 年 6 月第一版   2011 年 8 月第十三次印刷

定价: **26.00** 元

ISBN 978-7-112-02987-7

(20318)

高等学校建筑工程专业力学系列教材
编写委员会成员名单

前　　言

本教材是根据国家教育委员会 1995 年批准修正的《结构力学课程教学基本要求》（多学时）所规定的内容，由重庆建筑大学、哈尔滨建筑大学、南京建筑工程学院、苏州城市建筑环境保护学院联合编写的。适用于四年制建筑工程、交通土建筑工程、水利工程等专业本科生的教材，也可供土建类其他各专业及有关工程技术人员参考使用。

本书分上、下两册出版。上册包括绪论、平面体系的几何组成分析、静定结构的内力分析及位移计算、超静定结构的计算、影响线等。下册包括矩阵位移法、结构动力学、结构稳定计算、结构的极限荷载、结构非线性分析概论、结构力学的拓广及其在土建工程中的应用等。其中冠有 * 号的内容可供选学，不同专业可根据专业的需要酌情取舍。每章均有思考题，以活跃思维、启发思考，加深对基本概念的认识。

本书反映了参编四院校多年积累的教学经验，并注意吸取其他各兄弟院校教材的优点，力图保持结构力学基本理论的系统性和贯彻理论联系实际、由浅入深、方便教学等原则。同时考虑到现代科学技术的发展，适当介绍了一部分新内容。并注意培养学生独立思考、分析问题及解决问题的能力。当前，结构力学教学内容更新的重点是电子计算机在结构力学中的应用。为此，在选定编写内容时，减少了适用于手算的技巧方法，提高了对电算的要求。为了培养学生初步具有编写和使用结构计算程序的能力，与矩阵位移法紧密结合，编入了刚架静力分析的源程序。

参加本书编写的有：重庆建筑大学张来仪（第一章、第九章、第十四章）、赵更新（第八章、第十五章），哈尔滨建筑大学景瑞（第七章、第十二章），陈佩英（第六章、第十章），南京建筑工程学院刘郁馨（第三章、第四章、第五章、第十三章），苏州城市建设环境保护学院朱靖华（第二章、第十一章）。本书主编：重庆建筑大学张来仪、哈尔滨建筑大学景瑞。

为了使读者对结构力学的发展和在土建工程中的应用有所了解，特邀请中国工程院院士、哈尔滨建筑大学王光远教授撰写"结构力学的拓广及其在土建工程中的应用"，作为本书的第十六章，供读者参考。

本书由西安建筑科技大学刘铮教授审阅，并提出了许多宝贵的意见，编者曾据此加以修改，对此，我们表示衷心的感谢。

由于编者水平有限，书中难免有不妥之处，恳请读者批评指正。

目 录

第十一章 矩阵位移法

第一节 概　述

前面介绍的力法、位移法和渐近法，都是建立在手算基础上的传统结构分析方法。随着计算机的普及与应用，上述计算方法已不能适应新的要求。因此，基于电算解题的结构矩阵分析，越来越受到人们的重视，也给结构力学的分析与应用领域，开辟了更为广阔的前景。

结构矩阵分析是以传统结构力学为理论基础、以矩阵为数学表述形式、以计算机为运算工具的三位一体的分析方法。矩阵运算的引入，不仅使得公式的排列紧凑，也在形式上具有统一性，便于计算过程的程序化，以适于计算机进行自动化处理的要求。因此，学习本章时，既要了解它与传统方法的共同点，更要了解它的一些新手法和新的着眼点。

与传统的力法、位移法相对应，结构矩阵分析主要区分为矩阵力法和矩阵位移法。前者有利于编制计算机程序，因而广为流行。本章只对矩阵位移法进行讨论。

矩阵位移法是有限元法的雏形，所以结构矩阵分析又称为杆件结构的有限单元法。在本章中将使用有限元法的一些术语和提法。

根据有限元法的基本思路，矩阵位移法包含两个基本环节：一是单元分析，二是整体分析。首先是把结构离散为若干个单元，按照单元的力学特性，建立单元刚度方程，形成单元刚度矩阵；其次是在满足平衡条件和变形条件的前提下，考虑单元的集合，即由单元刚度矩阵集成整体刚度矩阵，建立整体结构的位移法基本方程，进而求出结构的位移和内力。这样，就使得一个复杂结构的计算问题转化为简单单元的分析与集合问题。

在单元分析方面，单元的刚度方程已在第八章中导出，本章只是将已有的结果表示为矩阵形式，并讨论在任意坐标系中单元刚度方程的通用形式。

在整体分析方面，将根据计算过程程序化的要求，提出直接由单元刚度导出整体刚度的集成规则。这个集成规则是矩阵位移法的核心内容。

第二节　单元刚度矩阵

矩阵位移法的第一步，是把结构离散为单元。通过单元分析，导出单元杆端力与杆端位移的关系，用单元刚度方程来表达。

第八章给出的转角位移方程，实际上就是梁单元的刚度方程。梁单元可以看作杆件单元的特例。

这一节对平面结构的杆件单元进行单元分析，得出单元刚度方程和单元刚度矩阵。推导过程并没有采用新的方法，但有两点新的考虑：讨论杆件单元的一般情况；采用

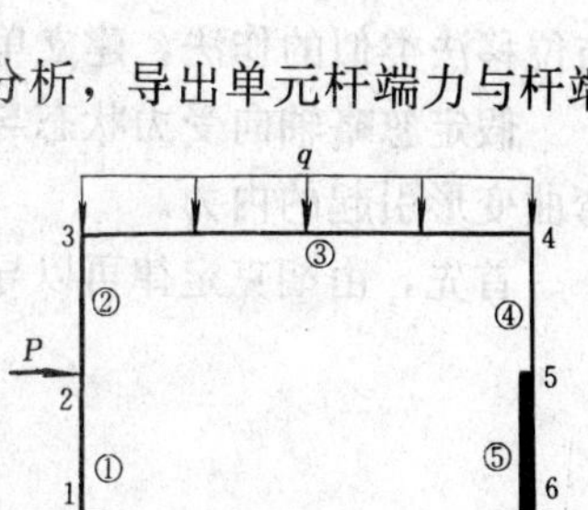

图 11-1

矩阵表示形式。

一、结构的离散与单元表示

在杆件结构矩阵分析中，一般是把结构杆件的转折点、汇交点、边界点、突变点或集中力作用点等列为结点，结点之间的杆件部分看作单元。在图 11-1 表示的平面结构中，1、2、3……6 表示整体结点，①、②……⑤代表各个单元。

图 11-2 给出了平面结构中某一等截面直杆单元变形前后的一般情况。杆件除弯曲变形外，还有轴向变形。设杆长为 l，截面积为 A，截面惯性矩为 I，弹性模量为 E。1、2 分别表示单元的始端点和终端点，为单元的局部编号。由端点 1 向端点 2 的指向规定为杆轴的正方向，在图中以箭头标示。

坐标系 $\overline{X}\,\overline{Y}$ 符合这样的约定：$\overline{X}$ 轴与杆轴重合，指向相同；$\overline{Y}$ 轴与 $\overline{X}$ 轴垂直，符合右手法则。这个坐标系定义为单元的局部坐标系。其中字母 $\overline{X}$、$\overline{Y}$ 上都划有一横，作为局部坐标系的标志。

在局部坐标系中，一般单元的两端各有三个位移分量 $\overline{u}$、$\overline{v}$、$\overline{\theta}$ 及对应的杆端力分量 $\overline{X}$、$\overline{Y}$、$\overline{M}$，其中，$\overline{u}$、$\overline{v}$、$\overline{X}$、$\overline{Y}$ 的正方向与坐标系正向相同，$\overline{\theta}$、$\overline{M}$ 均以顺时针转向为正，注意它们同位移法中符号规定的区别。

把单元的六个杆端位移、杆端力分量按照一定的顺序排列，便形成如下形式的单元杆端位移

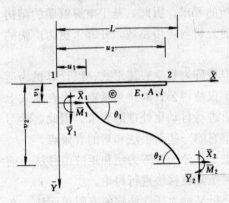

图 11-2

向量 $\{\overline{\Delta}\}^{(e)}$ 和单元杆端力向量 $\{\overline{F}\}^{(e)}$：

$$\{\overline{\Delta}\}^{(e)} = \begin{Bmatrix} \overline{\Delta}_{(1)} \\ \overline{\Delta}_{(2)} \\ \overline{\Delta}_{(3)} \\ \overline{\Delta}_{(4)} \\ \overline{\Delta}_{(5)} \\ \overline{\Delta}_{(6)} \end{Bmatrix}^{(e)} = \begin{Bmatrix} \overline{u}_1 \\ \overline{v}_1 \\ \overline{\theta}_1 \\ \overline{u}_2 \\ \overline{v}_2 \\ \overline{\theta}_2 \end{Bmatrix}^{(e)} \qquad \{\overline{F}\}^{(e)} = \begin{Bmatrix} \overline{F}_{(1)} \\ \overline{F}_{(2)} \\ \overline{F}_{(3)} \\ \overline{F}_{(4)} \\ \overline{F}_{(5)} \\ \overline{F}_{(6)} \end{Bmatrix}^{(e)} = \begin{Bmatrix} \overline{X}_1 \\ \overline{Y}_1 \\ \overline{M}_1 \\ \overline{X}_2 \\ \overline{Y}_2 \\ \overline{M}_2 \end{Bmatrix} \qquad (11\text{-}1)$$

向量元素的排列序号依次为（1）、（2）、…、（6）。这是在单元分析过程中的编码，称为杆端位移分量或杆端力分量的局部码，并以数字加括号作为局部码标志。

二、单元刚度方程和刚度矩阵

当结构受到外力影响时，变形与内力之间具有唯一对应的关系。因此，我们可以选择与位移法类似的作法，建立单元杆端力与杆端位移之间的关系式，即单元刚度方程。

假定忽略轴向受力状态与弯曲受力状态之间的相互影响，现在来分别考虑轴向变形和弯曲变形引起的内力。

首先，由胡克定律可以导出

$$\overline{X}_1^{(e)} = \frac{EA}{l}(\overline{u}_1^{(e)} - \overline{u}_2^{(e)})$$

$$\overline{X}_2^{(e)} = -\frac{EA}{l}(\overline{u}_1^{(e)} - \overline{u}_2^{(e)}) \qquad (11\text{-}2)$$

其次，根据第八章导出的转角位移方程并改用本章的记号，得到

$$\overline{M}_1^{(e)} = \frac{4EI}{l}\overline{\theta}_1^{(e)} + \frac{2EI}{l}\overline{\theta}_2^{(e)} + \frac{6EI}{l^2}(\overline{v}_1^{(e)} - \overline{v}_2^{(e)})$$

$$\overline{M}_2^{(e)} = \frac{2EI}{l}\overline{\theta}_1^{(e)} + \frac{4EI}{l}\overline{\theta}_2^{(e)} + \frac{6EI}{l^2}(\overline{v}_1^{(e)} - \overline{v}_2^{(e)})$$

$$\overline{Y}_1^{(e)} = \frac{6EI}{l^2}(\overline{\theta}_1^{(e)} + \overline{\theta}_2^{(e)}) + \frac{12EI}{l^3}(\overline{v}_1^{(e)} - \overline{v}_2^{(e)})$$

$$\overline{Y}_2^{(e)} = -\frac{6EI}{l^2}(\overline{\theta}_1^{(e)} + \overline{\theta}_2^{(e)}) - \frac{12EI}{l^3}(\overline{v}_1^{(e)} - \overline{v}_2^{(e)})$$

(10-3)

将式（11-2）和（11-3）汇集在一起，写成矩阵形式

$$\left\{\begin{array}{c}\overline{X}_1\\\overline{Y}_1\\\overline{M}_1\\\overline{X}_2\\\overline{Y}_2\\\overline{M}_2\end{array}\right\}^{(e)} = \left[\begin{array}{cccccc} EA/l & 0 & 0 & -EA/l & 0 & 0 \\ 0 & 12EI/l^3 & 6EI/l^2 & 0 & -12EI/l^3 & 6EI/l^2 \\ 0 & 6EI/l^2 & 4EI/l & 0 & -6EI/l^2 & 2EI/l \\ -EA/l & 0 & 0 & EA/l & 0 & 0 \\ 0 & -12EI/l^3 & -6EI/l^2 & 0 & 12EI/l^3 & -6EI/l^2 \\ 0 & 6EI/l^2 & 2EI/l & 0 & -6EI/l^2 & 4EI/l \end{array}\right]^{(e)} \left\{\begin{array}{c}\overline{u}_1\\\overline{v}_1\\\overline{\theta}_1\\\overline{u}_2\\\overline{v}_2\\\overline{\theta}_2\end{array}\right\}^{(e)}$$

(11-4)

上式可记为

$$\{\overline{F}\}^{(e)} = [\overline{k}]^{(e)}\{\overline{\Delta}\}^{(e)}$$

(11-5)

其中

$$[\overline{k}]^{(e)} = \left[\begin{array}{cccccc} EA/l & 0 & 0 & -EA/l & 0 & 0 \\ 0 & 12EI/l^3 & 6EI/l^2 & 0 & -12EI/l^3 & 6EI/l^2 \\ 0 & 6EI/l^2 & 4EI/l & 0 & -6EI/l^2 & 2EI/l \\ -EA/l & 0 & 0 & EA/l & 0 & 0 \\ 0 & -12EI/l^3 & -6EI/l^2 & 0 & 12EI/l^3 & -6EI/l^2 \\ 0 & 6EI/l^2 & 2EI/l & 0 & -6EI/l^2 & 4EI/l \end{array}\right]$$

(11-6)

式（11-4）、（11-5）称为局部坐标系中的单元刚度方程。矩阵 $[\overline{k}]^{(e)}$ 称为局部坐标系中的单元刚度矩阵。显然，$[\overline{k}]^{(e)}$ 的行数等于杆端力向量的分量数，列数应等于杆端位移向量的分量数，因而是一个 6×6 阶的方阵。

三、单元刚度矩阵的性质

（一）单元刚度系数的意义

$[\overline{k}]^{(e)}$ 中的每个元素称为单元刚度系数。一般来说，$[\overline{k}]^{(e)}$ 中的第 i 行、j 列元素 $\overline{k}_{ij}$ 代表：当第 j 个杆端位移分量 $\overline{\Delta}_j$ 独立发生单位位移时（其他位移分量均为零）、引起的第 i 个杆端力分量 $\overline{F}_i$ 的值。例如，在式（11-4）中，$[\overline{k}]^{(e)}$ 的第 3 行第 5 列元素 $-\frac{6EI}{l^2}$，为杆端位移分量 $\overline{v}_2 = 1$ 时引起的杆端力分量 $\overline{M}_1$。

（二）对称性

根据反力互等定理，各元素之间存在如下关系

$$\overline{k}_{ij} = \overline{k}_{ji}$$

(11-7)

表明 $[\bar{k}]^{(e)}$ 是对称矩阵。

（三）奇异性

一般情况下，$[\bar{k}]^{(e)}$ 是奇异矩阵，即其元素组成的行列式

$$|[\bar{k}]^{(e)}| = 0 \tag{11-8}$$

直接计算（11-6）式不难验证这一结论。由此可见，$[\bar{k}]^{(e)}$ 不存在逆矩阵。从单元刚度方程（11-5）出发，若由杆端位移 $\{\bar{\Delta}\}^{(e)}$ 推算杆端力 $\{\bar{F}\}^{(e)}$，可得到唯一解；反之，若由 $\{\bar{F}\}^{(e)}$ 反推 $\{\bar{\Delta}\}^{(e)}$，则杆端位移 $\{\bar{\Delta}\}^{(e)}$ 可能无解，或不存在唯一解。在力学上这可解释为：由式（11-5）表达的杆端力与杆端位移的关系，对应于一个完全自由的单元，可以发生任意的刚体位移。

（四）形式不变性

局部坐标系中的单元刚度矩阵 $[\bar{k}]^{(e)}$，只与单元的几何形状、物理常数有关，与单元在结构中的位置无关。或者说，几何形状和物理常数相等的一类单元，具有相同的单元刚度矩阵。

四、特殊单元的刚度矩阵

在式（11-4）所示一般杆件单元的刚度方程中，六个杆端位移分量可以指定为任意值。结构中还有一些特殊杆单元，某些杆端位移已知为零。这些单元的刚度矩阵，可通过对式（11-4）的特殊处理方便地得到。

（一）连续梁单元

若把连续梁两支座间的一段取作单元，有端点位移条件

$$\bar{v}_1 = 0, \bar{v}_2 = 0$$

同时，若不计轴向变形，又有

$$\bar{u}_1 = 0, \bar{u}_2 = 0$$

将以上式子代入式（11-4），便得到连续梁单元的刚度方程

$$\left\{\begin{matrix} \bar{M}_1 \\ \bar{M}_2 \end{matrix}\right\}^{(e)} = \begin{bmatrix} 4EI/l & 2EI/l \\ 2EI/l & 4EI/l \end{bmatrix} \left\{\begin{matrix} \bar{\theta}_1 \\ \bar{\theta}_2 \end{matrix}\right\}^{(e)} \tag{11-9}$$

这时单元刚度矩阵为

$$[\bar{k}]^{(e)} = \begin{bmatrix} 4EI/l & 2EI/l \\ 2EI/l & 4EI/l \end{bmatrix} \tag{11-10}$$

实际上，上面的导出过程对应于这样的简单作法：在式（11-6）所示一般杆件的单元刚度矩阵中，删去与零位移分量对应的 1、2、4、5 行和列，便得到（11-10）式。

（二）平面桁架单元

根据该单元的性质，只须考虑杆端轴向线位移。于是在式（11-6）中，划去 2、3、5、6 行、列元素，桁架单元刚度矩阵为

$$[\bar{k}]^{(e)} = \begin{bmatrix} \dfrac{EA}{l} & -\dfrac{EA}{l} \\[2mm] -\dfrac{EA}{l} & \dfrac{EA}{l} \end{bmatrix} \tag{11-11}$$

用同样的方法，还可导出其他各种特殊单元的刚度方程和刚度矩阵。

第三节 坐 标 变 换

在上一节，我们以杆轴线为 $\bar{x}$ 轴，建立了单元的局部坐标系，目的是希望导出的单元刚度矩阵具有最简形式。

但是，在一个复杂的结构中，杆件的轴线方向不尽相同，因而各局部坐标系指向不一。为了整体分析的需要，必须建立一个统一的坐标系，称为整体坐标系，作为整个结构的参照。整体坐标系以 xy 表示，一般以右指向的水平轴为 x 轴，y 轴与 x 轴垂直，以向下的指向为正（见图 11-3a）。

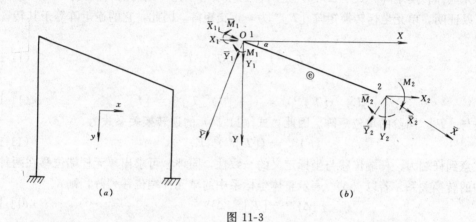

图 11-3

为了推导整体坐标系中的单元刚度矩阵 $[k]^{(e)}$，我们采用坐标变换的方法：先讨论两种坐标的转换关系，然后导出两种坐标系中单元刚度矩阵的变换式。

一、单元坐标变换矩阵

先考察两种坐标的变换关系。图 11-3b 给出了两种坐标系的位置。$\bar{X}\bar{Y}$ 为单元 ⓔ 的局部坐标系，XY 代表整体坐标系。两个坐标系相交成 α 角，以顺时针转向为正。

考察单元端点 2 处的杆端力。局部坐标系中的分量用 $\bar{X}_2$、$\bar{Y}_2$、$\bar{M}_2$ 表示，整体坐标系中的分量以 X_2、Y_2、M_2 表示。两者之间存在下列关系

$$
\begin{aligned}
X_2 &= \bar{X}_2\cos\alpha - \bar{Y}_2\sin\alpha \\
Y_2 &= \bar{X}_2\sin\alpha + \bar{Y}_2\cos\alpha \\
M_2 &= \bar{M}_2
\end{aligned}
\tag{11-12}
$$

显然，在端点 1 处，亦存在上述的杆端力转换关系。将它们写成矩阵形式得：

$$
\begin{Bmatrix} X_1 \\ Y_1 \\ M_1 \\ \hdashline X_2 \\ Y_2 \\ M_2 \end{Bmatrix}
=
\left[\begin{array}{ccc:ccc}
\cos\alpha & -\sin\alpha & 0 & 0 & 0 & 0 \\
\sin\alpha & \cos\alpha & 0 & 0 & 0 & 0 \\
0 & 0 & 1 & 0 & 0 & 0 \\
\hdashline
0 & 0 & 0 & \cos\alpha & -\sin\alpha & 0 \\
0 & 0 & 0 & \sin\alpha & \cos\alpha & 0 \\
0 & 0 & 0 & 0 & 0 & 1
\end{array}\right]
\begin{Bmatrix} \bar{X}_1 \\ \bar{Y}_1 \\ \bar{M}_1 \\ \hdashline \bar{X}_2 \\ \bar{Y}_2 \\ \bar{M}_2 \end{Bmatrix}
\tag{11-13}
$$

或简记为

$$[F]^{(e)} = [T]^{(e)} \{\overline{F}\}^{(e)} \tag{11-14}$$

式中

$$[T]^{(e)} = \begin{bmatrix} \cos\alpha & -\sin\alpha & 0 & 0 & 0 & 0 \\ \sin\alpha & \cos\alpha & 0 & 0 & 0 & 0 \\ 0 & 0 & 1 & 0 & 0 & 0 \\ 0 & 0 & 0 & \cos\alpha & -\sin\alpha & 0 \\ 0 & 0 & 0 & \sin\alpha & \cos\alpha & 0 \\ 0 & 0 & 0 & 0 & 0 & 1 \end{bmatrix} \tag{11-15}$$

称为单元坐标转换矩阵。式 (11-13) 是两种坐标系中单元杆端力的转换式。

可以证明,单元坐标转换矩阵 $[T]^{(e)}$ 为一正交矩阵。因此,它的逆矩阵等于其转置矩阵。即

$$([T]^{(e)})^{-1} = ([T]^{(e)})^{\mathrm{T}} \tag{11-16}$$

或

$$[T]^{(e)}([T]^{(e)})^{\mathrm{T}} = ([T]^{(e)})^{\mathrm{T}}[T]^{(e)} = [I] \tag{11-17}$$

$[I]$ 是与 $[T]^{(e)}$ 同阶的单位矩阵。因此,式 (11-14) 的逆转换关系式为

$$\{\overline{F}\}^{(e)} = ([T]^{(e)})^{\mathrm{T}}\{F\}^{(e)} \tag{11-18}$$

注意到杆端力、杆端位移与坐标定义的一致性,同理,可求出单元杆端位移在两种坐标系中的转换关系。若以 $\{\Delta\}^{(e)}$ 表示整体坐标系中的单元杆端位移列阵,则

$$\{\Delta\}^{(e)} = [T]^{(e)} \{\overline{\Delta}\}^{(e)} \tag{11-19}$$

$$\{\overline{\Delta}\}^{(e)} = ([T]^{(e)})^{\mathrm{T}}\{\Delta\}^{(e)} \tag{11-20}$$

二、整体坐标系中的单元刚度矩阵

在整体坐标系中,单元的刚度方程可以写为

$$\{F\}^{(e)} = [k]^{(e)} \{\Delta\}^{(e)} \tag{11-21}$$

其中,$[k]^{(e)}$ 称为整体坐标系中的单元刚度矩阵。

现来导出 $[k]^{(e)}$ 与局部坐标系中单元刚度矩阵 $[\overline{k}]^{(e)}$ 的转换关系。

单元在局部坐标系中的刚度方程为

$$\{\overline{F}\}^{(e)} = [\overline{k}]^{(e)} \{\overline{\Delta}\}^{(e)} \tag{a}$$

将式 (a) 左乘 $[T]^{(e)}$ 并结合式 (10-14),得到

$$\{F\}^{(e)} = [T]^{(e)}[\overline{k}]^{(e)} \{\overline{\Delta}\}^{(e)} \tag{b}$$

在式 (11-21) 右端引入式 (11-19),得

$$\{F\}^{(e)} = [k]^{(e)}[T]^{(e)} \{\overline{\Delta}\}^{(e)} \tag{c}$$

比较式 (b) 和式 (c),可知

$$[k]^{(e)}[T]^{(e)} = [T]^{(e)}[\overline{k}]^{(e)} \tag{d}$$

等式两边各右乘 $([T]^{(e)})^{-1}$,便得到

$$[k]^{(e)} = [T]^{(e)}[\overline{k}]^{(e)}([T]^{(e)})^{-1} \tag{11-22}$$

式 (11-22) 就是两种坐标系中单元刚度矩阵的转换关系。只要求出单元坐标转换矩阵 $[T]^{(e)}$,整体坐标系中的单元刚度矩阵 $[k]^{(e)}$ 就能确定。

顺便指出,由于 $[T]^{(e)}$ 矩阵的正交性,$[k]^{(e)}$ 的计算可以方便地应用下式

$$[k]^{(e)} = [T]^{(e)}[\bar{k}]^{(e)}([T]^{(e)})^{\mathrm{T}} \tag{11-23}$$

来替代（11-22）式。

整体坐标系中的单元刚度矩阵 $[k]^{(e)}$ 与 $[\bar{k}]^{(e)}$ 同阶，也具有类似的性质：

(1) 元素 k_{ij} 表示在整体坐标系中，第 j 个杆端位移分量独立发生单位位移时引起的第 i 个位移分量方向的杆端力。

(2) 对称性。

(3) 奇异性。

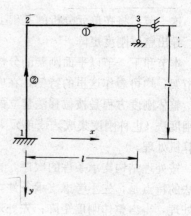

图 11-4

【例 11-1】 试求图 11-4 所示结构中，各单元在整体坐标系中的刚度矩阵 $[k]^{(e)}$。各杆截面尺寸相同。$l = 5\mathrm{m}$，$b \times h = 0.5\mathrm{m} \times 1\mathrm{m}$，$A = 0.5\mathrm{m}^2$，$I = \frac{1}{24}\mathrm{m}^4$，$E = 3 \times 10^7 \mathrm{kN/m}^2$。

【解】 (1) 局部坐标系中的单元刚度矩阵

图中以箭头标明各单元局部坐标系 $\bar{x}$ 的方向。由于单元①、②的尺寸、弹性常数相同，$[\bar{k}]^{(1)}$ 与 $[\bar{k}]^{(2)}$ 相同。将已知各量代入式（11-6），算得

$$[\bar{k}]^{(1)} = [\bar{k}]^{(2)} = \begin{bmatrix} 300 & 0 & 0 & -300 & 0 & 0 \\ 0 & 12 & 30 & 0 & -12 & 30 \\ 0 & 30 & 100 & 0 & -30 & 50 \\ -300 & 0 & 0 & 300 & 0 & 0 \\ 0 & -12 & -30 & 0 & 12 & -30 \\ 0 & 30 & 50 & 0 & -30 & 100 \end{bmatrix}$$

(2) 整体坐标系中的单元刚度矩阵

单元①：$\alpha = 0°$，由式（11-15），$[T]^{(1)} = [I]_{6 \times 6}$，于是

$$[k]^{(1)} = [\bar{k}]^{(1)}$$

单元②：$\alpha = -90°$，单元坐标变换矩阵为

$$[T]^{(2)} = \begin{bmatrix} 0 & +1 & 0 & 0 & 0 & 0 \\ -1 & 0 & 0 & 0 & 0 & 0 \\ 0 & 0 & 1 & 0 & 0 & 0 \\ 0 & 0 & 0 & 0 & +1 & 0 \\ 0 & 0 & 0 & -1 & 0 & 0 \\ 0 & 0 & 0 & 0 & 0 & 1 \end{bmatrix}$$

据式（11-23）

$$[k]^{(2)} = [T]^{(2)} \cdot [\bar{k}]^{(2)} \cdot ([T]^{(2)})^{\mathrm{T}}$$

$$= 10^4 \times \begin{bmatrix} 12 & 0 & -30 & -12 & 0 & -30 \\ 0 & -300 & 0 & 0 & 300 & 0 \\ -30 & 0 & 100 & 30 & 0 & 50 \\ -12 & 0 & 30 & 12 & 0 & 30 \\ 0 & 300 & 0 & 0 & -300 & 0 \\ -30 & 0 & 50 & 30 & 0 & 100 \end{bmatrix}$$

7

第四节　整体刚度矩阵

这一节，将在单元分析的基础上，讨论整体分析的基本概念，建立结构的整体刚度方程，导出整体刚度矩阵。

本节和下一节以平面刚架的分析为例，介绍整体分析的原理和方法。对于连续梁、平面桁架，均可看作这里的特例，在应用举例中讨论。

整体刚度方程是按位移法建立的。具体作法有两种：一种是传统位移法，另一种是直接刚度法（也称刚度集成法或单元集成法）。后一种方法的优点是计算过程程序化，适于用计算机处理。

按处理结构支承条件的次序，直接刚度法分"先处理"和"后处理"两种作法。后处理法的特点是，先不考虑支承条件，在形成原始的整体刚度矩阵后，再引入支承条件，进行处理，得出整体刚度矩阵；先处理法则是在形成整体刚度矩阵时，事先已根据结构的支承条件进行了处理。

本章着重介绍先处理法，有关后处理法的内容可参考其他书籍。

我们先回顾一下传统作法。

对于图 11-5a 所示的刚架，设不计杆件的轴向变形，位移法基本体系如图 11-5b 所示。基本未知量为结点转角 Δ_1、Δ_2，组成结构的结点位移向量 $\{\Delta\}$：

$$\{\Delta\} = \begin{Bmatrix} \Delta_1 \\ \Delta_2 \end{Bmatrix}$$

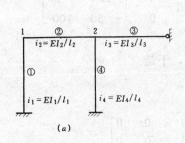
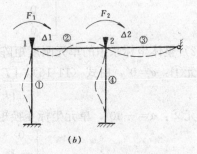

(a)　　　　　　　　　　　　　　　　(b)

图 11-5

与 Δ_1、Δ_2 对应的力是附加约束力偶 F_1、F_2。它们组成整体结构的结点力向量 $\{F\}$：

$$\{F\} = \begin{Bmatrix} F_1 \\ F_2 \end{Bmatrix}$$

在传统作法中，先分别考虑每个转角位移 Δ_1、Δ_2 独自引起的结点力偶，如图 11-6a、b 所示；然后，叠加这两种情况，即得到结点力偶 F_1、F_2 如下：

$$\begin{Bmatrix} F_1 \\ F_2 \end{Bmatrix} = \begin{bmatrix} 4i_1 + 4i_2 & 2i_2 \\ 2i_1 & 4i_2 + 3i_3 + 4i_4 \end{bmatrix} \begin{Bmatrix} \Delta_1 \\ \Delta_2 \end{Bmatrix} \tag{11-24}$$

记为

$$\{F\} = [K]\{\Delta\} \tag{11-25}$$

8

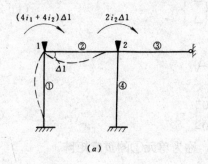
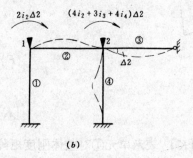

$$(a) \qquad\qquad\qquad\qquad (b)$$

图 11-6

式中

$$[K] = \begin{bmatrix} 4i_1 + 4i_2 & 2i_2 \\ 2i_2 & 4i_2 + 3i_3 + 4i_4 \end{bmatrix} \tag{11-26}$$

式 (11-24) 或 (11-25) 称为整体刚度方程，$[K]$ 称为整体刚度矩阵。

上面简略地回顾了传统位移法，下面详细介绍直接刚度法中的先处理法。

一、直接刚度法的力学模型和基本原理

按传统位移法建立整体刚度方程 (11-24) 时，我们是分别考虑每个结点位移对结点力向量 $\{F\}$ 的贡献，然后按结点进行叠加。

按直接刚度法建立整体刚度方程时，是分别考虑每个单元的结点位移同时对 $\{F\}$ 的贡献，然后按单元进行叠加。

直接刚度法仍是以传统位移法的基本体系为力学模型，如图 11-7 所示。杆上的箭头表示单元的局部坐标 $\bar{x}$。为了便于同传统作法的结果比较，仍忽略杆件的轴向变形。

现在，我们来考察结点的平衡条件和几何条件，讨论整体刚度矩阵的集成原理。

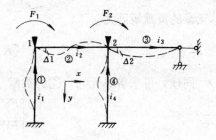

图 11-7

（一）利用支承条件和变形协调条件求各单元对 $\{F\}$ 的贡献

首先，考虑单元①的贡献。记为

$$\{F\}^{(1)} = \begin{Bmatrix} F_1^{(1)} \\ F_2^{(1)} \end{Bmatrix} \tag{a}$$

由单元①的支承条件和变形谐调条件，已知

$$\bar{u}_1^{(1)} = \bar{v}_1^{(1)} = \bar{u}_2^{(1)} = \bar{v}_2^{(1)} = 0$$
$$\bar{\theta}_1^{(1)} = 0, \bar{\theta}_2^{(1)} = \Delta_1 \tag{b}$$

在单元刚度方程 (11-4) 中，引入式 (b) 各条件并向整体坐标系转换，可得

$$F_1^{(1)} = \bar{M}_2^{(1)} = \bar{M}_2^{(1)} = 4i_1\Delta_1 \tag{c}$$

由于附加约束的作用

$$F_2^{(1)} = 0 \tag{d}$$

9

式 (c) 和 (d) 可合并为增广形式：

$$\begin{Bmatrix} F_1^{(1)} \\ F_2^{(1)} \end{Bmatrix} = \begin{bmatrix} 4i_1 & 0 \\ 0 & 0 \end{bmatrix} \begin{Bmatrix} \Delta_1 \\ \Delta_2 \end{Bmatrix} \tag{11-27}$$

记为

$$\{F\}^{(1)} = [K]^{(1)}\{\Delta\} \tag{e}$$

其中

$$[K]^{(1)} = \begin{bmatrix} 4i_1 & 0 \\ 0 & 0 \end{bmatrix} \tag{f}$$

$[K]^{(1)}$ 表示单元①对整体刚度矩阵提供的贡献，称为单元①的贡献矩阵。

其次，考虑单元②的贡献。记为

$$\{F\}^{(2)} = \begin{Bmatrix} F_1^{(2)} \\ F_2^{(2)} \end{Bmatrix} \tag{g}$$

杆端位移条件给出

$$\begin{aligned} \bar{u}_1^{(2)} = \bar{v}_1^{(2)} = \bar{u}_2^{(2)} = \bar{v}_2^{(2)} = 0 \\ \bar{\theta}_1^{(2)} = \Delta_1, \bar{\theta}_2^{(2)} = \Delta_2 \end{aligned} \tag{h}$$

在单元刚度方程中引入条件式 (h)，得到

$$\begin{aligned} F_1^{(2)} = M_1^{(2)} = \overline{M}_1^{(2)} = 4i_2\Delta_1 + 2i_2\Delta_2 \\ F_2^{(2)} = M_2^{(2)} = \overline{M}_2^{(2)} = 2i_2\Delta_1 + 4i_2\Delta_2 \end{aligned} \tag{i}$$

即

$$\begin{Bmatrix} F_1^{(2)} \\ F_2^{(2)} \end{Bmatrix} = \begin{bmatrix} 4i_2 & 2i_2 \\ 2i_2 & 4i_2 \end{bmatrix} \begin{Bmatrix} \Delta_1 \\ \Delta_2 \end{Bmatrix} \tag{j}$$

单元②的贡献矩阵为

$$[K]^{(2)} = \begin{bmatrix} 4i_2 & 2i_2 \\ 2i_2 & 4i_2 \end{bmatrix} \tag{11-28}$$

同理，可求得单元③、④的贡献

$$\begin{Bmatrix} F_1^{(3)} \\ F_2^{(3)} \end{Bmatrix} = \begin{bmatrix} 0 & 0 \\ 0 & 3i_3 \end{bmatrix} \begin{Bmatrix} \Delta_1 \\ \Delta_2 \end{Bmatrix} \tag{11-29}$$

$$\begin{Bmatrix} F_1^{(4)} \\ F_2^{(4)} \end{Bmatrix} = \begin{bmatrix} 0 & 0 \\ 0 & 4i_4 \end{bmatrix} \begin{Bmatrix} \Delta_1 \\ \Delta_2 \end{Bmatrix} \tag{11-30}$$

及贡献矩阵

$$[K]^{(3)} = \begin{bmatrix} 0 & 0 \\ 0 & 3i_3 \end{bmatrix}, [K]^{(4)} = \begin{bmatrix} 0 & 0 \\ 0 & 4i_4 \end{bmatrix} \tag{11-31}$$

（二）利用平衡条件组集整体刚度矩阵

结点 1、2 的隔离体如图 11-8a、b 所示。

按力矩平衡条件，在结点 1、2 有下列关系式：

$$F_1 = F_1^{(1)} + F_1^{(2)}$$

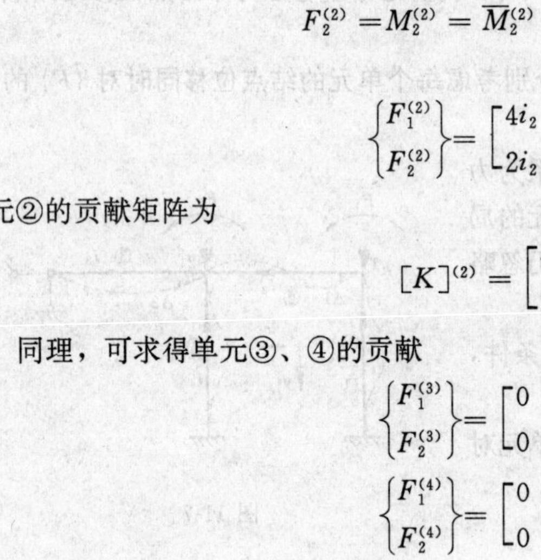

图 11-8

$$F_2 = F_2^{(2)} + F_2^{(3)} + F_2^{(4)} \tag{k}$$

合并以上二式，得

$$\left\{ \begin{matrix} F_1 \\ F_2 \end{matrix} \right\} = \left\{ \begin{matrix} F_1^{(1)} \\ 0 \end{matrix} \right\} + \left\{ \begin{matrix} F_1^{(2)} \\ F_2^{(2)} \end{matrix} \right\} + \left\{ \begin{matrix} 0 \\ F_2^{(3)} \end{matrix} \right\} + \left\{ \begin{matrix} 0 \\ F_2^{(4)} \end{matrix} \right\} \tag{l}$$

注意到式 (d) 并作类似的扩充，(l) 式成为

$$\left\{ \begin{matrix} F_1 \\ F_2 \end{matrix} \right\} = \left\{ \begin{matrix} F_1^{(1)} \\ F_2^{(1)} \end{matrix} \right\} + \left\{ \begin{matrix} F_1^{(2)} \\ F_2^{(2)} \end{matrix} \right\} + \left\{ \begin{matrix} F_1^{(3)} \\ F_2^{(3)} \end{matrix} \right\} + \left\{ \begin{matrix} F_1^{(4)} \\ F_2^{(4)} \end{matrix} \right\} \tag{m}$$

在上式右端引入式 (11-27)、(j)、(11-29) 及 (11-30)，叠加后得到整体刚度方程

$$\left\{ \begin{matrix} F_1 \\ F_2 \end{matrix} \right\} = \begin{bmatrix} 4i_1 + 4i_2 & 2i_2 \\ 2i_2 & 4i_2 + 3i_2 + 4i_4 \end{bmatrix} \left\{ \begin{matrix} \Delta_1 \\ \Delta_2 \end{matrix} \right\} \tag{11-32}$$

或记为

$$\{F\} = \left(\sum_{(e)} [K]^{(e)} \right) \{\Delta\} \tag{11-33}$$

由此得出整体刚度矩阵 $[K]$：

$$[K] = \sum_{(e)} [K]^{(e)} = \begin{bmatrix} 4i_1 + 4i_2 & 2i_2 \\ 2i_2 & 4i_2 + 3i_3 + 4i_4 \end{bmatrix} \tag{11-34}$$

上式表明，整体刚度矩阵 $[K]$ 为各单元贡献矩阵之和。

可以看出，单元贡献矩阵 $[K]^{(e)}$ 是 $[K]$ 的同阶矩阵，是由 $[k]^{(e)}$ 元素及扩充的零元素组成的矩阵。按式 (11-34) 组集的整体刚度矩阵，结果与式 (f) 相同。因此，直接刚度法与传统位移法是异途同归的。

从以上讨论，可以归纳出直接刚度法求整体刚度矩阵的两个重要步骤：

第一步，由单元刚度矩阵 $[k]^{(e)}$ 求单元贡献矩阵 $[K]^{(e)}$。

第二步，由 $[K]^{(e)}$ 求整体刚度矩阵 $[K]$。

其中，第二个步骤比较简单，只是简单的叠加。因此，下面将对第一个步骤作进一步的讨论。

二、按单元定位向量组集整体刚度矩阵

前已指出，$[K]$ 是由 $[K]^{(e)}$ 简单叠加而成，而 $[K]^{(e)}$ 又是由 $[k]^{(e)}$ 的元素及零元素扩充而成，因此，组集整体刚度矩阵的关键，是实现 $[k]^{(e)}$ 的元素在 $[K]^{(e)}$ 中的定位。为此，下面先讨论几个概念，再讨论组集整体刚度矩阵的法则。

（一）结构有效位移的整体码

这里，有效位移是指：在传统位移法中需要作为基本未知量的所有位移。

把结构的结点有效位移依次编号，每个位移分量对应的序号称为该位移的整体码。

在先处理法中，凡是已知为零的位移分量或可以忽略的结点位移分量，其整体码均编为 0。

考虑例 11-1 中的平面刚架，整体编码如图 11-9a 所示。

结点 A 有三个位移分量，编号顺序依次为：$u_A \rightarrow v_A \rightarrow \theta_A$。因此，$A$ 结点位移分量的整

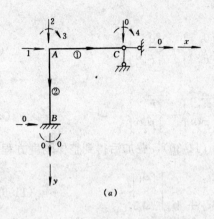 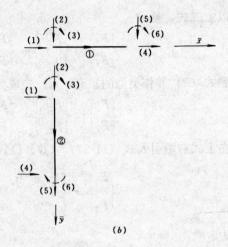

图 11-9

体码为 [1 2 3]。

结点 B 为固定端，各位移分量已知为零。它们的整体码为 [0 0 0]。

结点 C 为铰支承，其线位移 u_C、v_C 已知为零，但角位移 θ_C 是有效位移。因此它们的整体码为 [0 0 4]。

该刚架共有四个有效位移分量，它们组成整体结构的结点位移向量 $\{\Delta\}$：

$$\{\Delta\} = \begin{Bmatrix} \Delta_1 \\ \Delta_2 \\ \Delta_3 \\ \Delta_4 \end{Bmatrix} = \begin{Bmatrix} u_A \\ v_A \\ \theta_A \\ \theta_C \end{Bmatrix} \tag{11-35}$$

相应的结点力向量为

$$\{F\} = \begin{Bmatrix} F_1 \\ F_2 \\ F_3 \\ F_4 \end{Bmatrix} \tag{11-36}$$

（二）单元结点位移的局部码与单元定位向量

在单元分析中，把单元两端的结点位移分量按 $(u_1 \rightarrow v_1 \rightarrow \theta_1 \rightarrow u_2 \rightarrow v_2 \rightarrow \theta_2)$ 顺序依次编号，记为：(1)、(2)、…、(6)，则每个结点位移分量对应的序号称为该位移的局部码（图 11-9b）。局部码加括号，以同整体码相区别。

比较图 11-9a 和 11-9b，各单元结点位移的局部码与整体码之间具有对应关系。

由单元结点位移的整体码组成的向量称为单元定位向量，记为 $\{\lambda\}^{(e)}$。单元①、②的定位向量示于式 (11-37)。

有了以上概念，我们来讨论 $[k]^{(e)}$ 元素在 $[K]^{(e)}$ 中的定位问题。

（三）$[k]^{(e)}$ 元素在 $[K]^{(e)}$ 中的定位规则

首先，我们注意到单元刚度矩阵 $[k]^{(e)}$ 和单元贡献矩阵 $[K]^{(e)}$ 中元素的排列方式。

单元	结点位移向量 $\{\Delta\}^{(e)}$	局部码 整体码	单元定位向量 $\{\lambda\}^{(e)}$
①	$\{\Delta\}^{(1)}=\left\{\begin{array}{c} u_A \\ v_A \\ \theta_A \\ \text{----} \\ u_C \\ v_C \\ \theta_C \end{array}\right\}$	$\begin{array}{l}(1)\to 1\\(2)\to 2\\(3)\to 3\\(4)\to 0\\(5)\to 0\\(6)\to 4\end{array}$	$\{\lambda\}^{(1)}=\left\{\begin{array}{c}1\\2\\3\\\text{----}\\0\\0\\4\end{array}\right\}$
②	$\{\Delta\}^{(2)}=\left\{\begin{array}{c} u_A \\ v_A \\ \theta_A \\ \text{----} \\ u_B \\ v_B \\ \theta_B \end{array}\right\}$	$\begin{array}{l}(1)\to 1\\(2)\to 2\\(3)\to 3\\(4)\to 0\\(5)\to 0\\(6)\to 0\end{array}$	$\{\lambda\}^{(2)}=\left\{\begin{array}{c}1\\2\\3\\\text{----}\\0\\0\\0\end{array}\right\}$

$$(11\text{-}37)$$

在 $[k]^{(e)}$ 中，元素按局部码排放，即局部码为 $[k]^{(e)}$ 的行号和列号。

在 $[K]^{(e)}$ 中，元素按整体码排放，即整体码为 $[K]^{(e)}$ 的行号和列号。

其次，我们应了解单元定位向量 $\{\lambda\}^{(e)}$ 在 $[k]^{(e)}$ 与 $[K]^{(e)}$ 之间的关系。既然 $\{\lambda\}^{(e)}$ 代表了单元结点位移和整体结点位移的对应关系，按单元刚度方程及其增广形式，就不难确定 $[k]^{(e)}$ 与 $[K]^{(e)}$ 中元素的对应关系。

仍以图 11-9 所示的刚架为例。

由例题 11-1 的结果，整体坐标系中单元①的刚度方程为

（局部码）　(1)　　(2)　　(3)　　(4)　　(5)　　(6)

$（\{\lambda\}^{(1)}）$　1　　2　　3　　0　　0　　4

$$\left\{\begin{array}{c} F_1^{(1)} \\ F_2^{(1)} \\ F_3^{(1)} \\ \cdots \\ F_4^{(1)} \\ F_5^{(1)} \\ F_6^{(1)} \end{array}\right\} = \begin{array}{c}(1)\to 1\\(2)\to 2\\(3)\to 3\\(4)\to 0\\(5)\to 0\\(6)\to 4\end{array} \left[\begin{array}{ccc|ccc} 300 & 0 & 0 & -300 & 0 & 0 \\ 0 & 12 & 30 & 0 & -12 & 30 \\ 0 & 30 & 100 & 0 & -30 & 50 \\ \hline -300 & 0 & 0 & 300 & 0 & 0 \\ 0 & -12 & -30 & 0 & 12 & -30 \\ 0 & 30 & 50 & 0 & -30 & 100 \end{array}\right] \times 10^4 \left\{\begin{array}{c} u_A \\ v_A \\ \theta_A \\ u_C \\ v_C \\ \theta_C \end{array}\right\} \quad (11\text{-}38)$$

或记为

$$\{F\}^{(1)} = [k]^{(1)}\{\Delta\}^{(1)} \tag{11-39}$$

由式（10-35）可知，上式的增广形式为

（整体码）　1　　　2　　　3　　　4

$$\left\{\begin{array}{c} F_1^{(1)} \\ F_2^{(1)} \\ F_3^{(1)} \\ F_6^{(1)} \end{array}\right\} = \begin{array}{c}1\\2\\3\\4\end{array}\left[\begin{array}{cccc} k_{11}^{(1)} & k_{12}^{(1)} & k_{13}^{(1)} & k_{14}^{(1)} \\ k_{21}^{(1)} & k_{22}^{(1)} & k_{23}^{(1)} & k_{24}^{(1)} \\ k_{31}^{(1)} & k_{32}^{(1)} & k_{33}^{(1)} & k_{34}^{(1)} \\ k_{41}^{(1)} & k_{42}^{(1)} & k_{43}^{(1)} & k_{44}^{(1)} \end{array}\right]\left\{\begin{array}{c} u_A \\ v_A \\ \theta_A \\ \theta_C \end{array}\right\} \quad (11\text{-}40)$$

13

或记为

$$\{F\}^{(1)} = [K]^{(1)}\{\Delta\} \tag{11-41}$$

比较式 (11-38) 和 (11-40) 可见，$\{\Delta\}^{(1)}$ 中只有 (1)、(2)、(3)、(6) 行有效位移 u_A、v_A、θ_A、θ_C 进入 $\{\Delta\}$，并且排放在 $\{\Delta\}$ 的 1、2、3、4 行。这个对应关系，决定了 $\{\lambda\}^{(1)} = [1\ 2\ 3\ 0\ 0\ 4]^{\mathrm{T}}$。

另一方面，按矩阵相乘法则，$[k]^{(1)}$ 中只有 (1)、(2)、(3)、(6) 行且为 (1)、(2)、(3)、(6) 列元素才对整体刚度矩阵产生贡献，并须排放在 $[K]^{(1)}$ 的 1、2、3、4 行及 1、2、3、4 列上，以保持同单元①结点有效位移 u_A、v_A、θ_A、θ_C 对应相乘的关系。

由此可见，在定位过程中，$\{\lambda\}^{(1)}$ 的元素应作为 $[k]^{(1)}$ 的行号和列号，同时又应作为 $[k]^{(1)}$ 元素在 $[K]^{(1)}$ 中的下标。

从以上讨论，我们归纳出 $[k]^{(e)}$ 元素向 $[K]^{(e)}$ 定位的规则与步骤：

第一步，换码——以单元定位向量 $\{\lambda\}^{(e)}$ 元素替代局部码，作为 $[k]^{(e)}$ 的新行号和新列号。

第二步，重排——更换 $[k]^{(e)}$ 元素下标，使

$$k_{(i),(j)}^{(e)} \rightarrow k_{\lambda_i,\lambda_j}^{(e)} \tag{11-42}$$

第三步，定位——在 $[K]^{(e)}$ 中确定 λ_i 行、λ_j 列位置，使 $k_{(i),(j)}^{(e)}$ 就位。

按上述规则：

$[k]^{(1)}$ 中 (2) 行、(6) 列元素 30，定位在 $[K]^{(1)}$ 的 $k_{2,4}^{(1)}$ 元素处。

$[k]^{(1)}$ 中 (6) 行、(6) 列元素 100，定位在 $[K]^{(1)}$ 的 $k_{4,4}^{(1)}$ 元素处。

但 $[k]^{(1)}$ 中 (5) 行、(3) 列元素 -30，应定位在 $[K]^{(1)}$ 的 0 行、3 列处，显然，$[K]^{(1)}$ 中没有此位置，应予舍弃。其力学解释是：该元素对应的单元结点位移已知为零，所以对整体刚度矩阵不产生贡献。

因此，换码后，$[k]^{(e)}$ 0 行或 0 列上的元素，均应排斥在贡献矩阵 $[K]^{(e)}$ 外。

单元①的贡献矩阵 $[K]^{(1)}$：

$$
[K]^{(1)} = \begin{array}{c} \\ 1 \\ 2 \\ 3 \\ 4 \end{array}
\begin{array}{cccc} (\text{整体码})\ 1 & 2 & 3 & 4 \\ \end{array}
\begin{bmatrix} 300 & 0 & 0 & 0 \\ 0 & 12 & 30 & 30 \\ 0 & 30 & 100 & 50 \\ 0 & 30 & 50 & 100 \end{bmatrix} \times 10^4 \tag{11-43}
$$

对单元②，单元刚度矩阵 $[k]^{(2)}$ 已知为

$$
[k]^{(2)} = \begin{array}{c} 1 \\ 2 \\ 3 \\ 0 \\ 0 \\ 0 \end{array}
\begin{array}{cccccc} (\{\lambda\}^{(2)})\ 1 & 2 & 3 & 0 & 0 & 0 \\ \end{array}
\left[\begin{array}{ccc|ccc}
12 & 0 & -30 & -12 & 0 & -30 \\
0 & 300 & 0 & 0 & -300 & 0 \\
-30 & 0 & 100 & 30 & 0 & 50 \\
\hline
-12 & 0 & 30 & 12 & 0 & 30 \\
0 & -300 & 0 & 0 & 300 & 0 \\
-30 & 0 & 50 & 30 & 0 & 100
\end{array}\right] \times 10^4
$$

单元贡献矩阵 $[K]^{(2)}$：

$$
[K]^{(2)} = \begin{array}{c} \\ 1 \\ 2 \\ 3 \\ 4 \end{array} \begin{bmatrix} 12 & 0 & -30 & 0 \\ 0 & 300 & 0 & 0 \\ -30 & 0 & 100 & 0 \\ 0 & 0 & 0 & 0 \end{bmatrix} \times 10^4 \tag{11-44}
$$

（整体码）　1　　2　　3　　4

最后，叠加单元①、②的贡献矩阵，得整体刚度矩阵

$$
[K] = \sum_{e=1}^{2} [K]^{(e)} = \begin{bmatrix} 312 & 0 & -30 & 0 \\ 0 & 312 & 30 & 30 \\ -30 & 30 & 200 & 50 \\ 0 & 30 & 50 & 100 \end{bmatrix} \tag{11-45}
$$

三、直接刚度法的实施方案

在式（11-45）中，我们将直接刚度法分解为两步：第一步是将 $[k]^{(e)}$ 中的元素按单元定位向量 $\{\lambda\}^{(e)}$ 在 $[K]^{(e)}$ 中定位；第二步是将各 $[K]^{(e)}$ 中的元素累加。这样作的目的是为了便于理解。

在直接刚度法的实施方案中，我们将两步合成一步，采用"边定位"、"边累加"的办法，由 $[k]^{(e)}$ 直接形成 $[K]$（即直接由单元刚度组集整体刚度，故称"直接刚度法"）。这样作的目的是为了使计算过程更为简洁。

实施过程如下：

1. 将 $[K]$ 置零。这时 $[K] = [0]$。

2. 将 $[k]^{(1)}$ 的元素按 $\{\lambda\}^{(1)}$ 在 $[K]$ 中定位并累加。这时 $[K] = [K]^{(1)}$。

3. 将 $[k]^{(2)}$ 的元素按 $\{\lambda\}^{(2)}$ 在 $[K]$ 中定位，并与已有的结果进行累加。这时 $[K] = [K]^{(1)} + [K]^{(2)}$。

4. 对所有的单元循环一遍，最后得到整体刚度矩阵 $[K] = \sum_{(e)} [K]^{(e)}$。

可见，实施过程可以概括为"对号入座，同号相加"。

【例 11-2】　试求图 11-10 所示刚架的整体刚度矩阵。设各杆等长，几何尺寸、弹性常数与例 11-1 相同。

【解】　（1）结点位移分量的整体码

此刚架有七个结点位移分量：u_B、v_B、θ_B，其整体码编为 1、2、3；u_C、v_C、θ_C，整体码编为 4、5、6；θ_D，整体码为 7。

在支座 A、D、E 处，已知为零的结点位移分量，其整体码均编为 0（如图中所示）。

（2）各单元定位向量

单元①、②、③、④的定位向量可由各单元始结点、终结点对应的整体码得出如下：

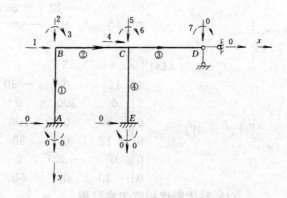

图 11-10

$$\{\lambda\}^{(1)} = \begin{Bmatrix} 1 \\ 2 \\ 3 \\ 0 \\ 0 \\ 0 \end{Bmatrix}, \{\lambda\}^{(2)} = \begin{Bmatrix} 1 \\ 2 \\ 3 \\ 4 \\ 5 \\ 6 \end{Bmatrix}, \{\lambda\}^{(3)} = \begin{Bmatrix} 4 \\ 5 \\ 6 \\ 0 \\ 0 \\ 7 \end{Bmatrix}, \{\lambda\}^{(4)} = \begin{Bmatrix} 4 \\ 5 \\ 6 \\ 0 \\ 0 \\ 0 \end{Bmatrix}$$

（3）各单元刚度矩阵 $[k]^{(e)}$。

利用例 11-1 的结果，各单元整体坐标系中的刚度矩阵及换码后的行、列号（标示于 $[k]^{(e)}$ 外侧）如下：

$$
[k]^{(1)} = \begin{array}{c} \\ 1 \\ 2 \\ 3 \\ 0 \\ 0 \\ 0 \end{array}
\overset{\begin{array}{cccccc} (\{\lambda\}^{(1)}) \quad 1 & \quad 2 & \quad 3 & \quad 0 & \quad 0 & \quad 0 \end{array}}{
\begin{bmatrix}
12 & 0 & -30 & -12 & 0 & -30 \\
0 & 300 & 0 & 0 & -300 & 0 \\
-30 & 0 & 100 & 30 & 0 & 50 \\
-12 & 0 & 30 & 12 & 0 & 30 \\
0 & -300 & 0 & 0 & 30 & 0 \\
-30 & 0 & 50 & 30 & 0 & 100
\end{bmatrix}} \times 10^4
$$

$$
[k]^{(2)} = \begin{array}{c} \\ 1 \\ 2 \\ 3 \\ 4 \\ 5 \\ 6 \end{array}
\overset{\begin{array}{cccccc} (\{\lambda\}^{(2)}) \quad 1 & \quad 2 & \quad 3 & \quad 4 & \quad 5 & \quad 6 \end{array}}{
\begin{bmatrix}
300 & 0 & 0 & -300 & 0 & 0 \\
0 & 12 & 30 & 0 & -12 & 30 \\
0 & 30 & 100 & 0 & -30 & 50 \\
-300 & 0 & 0 & 300 & 0 & 0 \\
0 & -12 & -30 & 0 & 12 & -30 \\
0 & 30 & 50 & 0 & -30 & 100
\end{bmatrix}} \times 10^4
$$

$$
[k]^{(3)} = \begin{array}{c} \\ 4 \\ 5 \\ 6 \\ 0 \\ 0 \\ 7 \end{array}
\overset{\begin{array}{cccccc} (\{\lambda\}^{(3)}) \quad 4 & \quad 5 & \quad 6 & \quad 0 & \quad 0 & \quad 7 \end{array}}{
\begin{bmatrix}
300 & 0 & 0 & -300 & 0 & 0 \\
0 & 12 & 30 & 0 & -12 & 30 \\
0 & 30 & 100 & 0 & -30 & 50 \\
-300 & 0 & 0 & 300 & 0 & 0 \\
0 & -12 & -30 & 0 & 12 & -30 \\
0 & 30 & 50 & 0 & -30 & 100
\end{bmatrix}} \times 10^4
$$

$$
[k]^{(4)} = \begin{array}{c} \\ 4 \\ 5 \\ 6 \\ 0 \\ 0 \\ 0 \end{array}
\overset{\begin{array}{cccccc} (\{\lambda\}^{(4)}) \quad 4 & \quad 5 & \quad 6 & \quad 0 & \quad 0 & \quad 0 \end{array}}{
\begin{bmatrix}
12 & 0 & -30 & -12 & 0 & -30 \\
0 & 300 & 0 & 0 & -300 & 0 \\
-30 & 0 & 100 & 30 & 0 & 50 \\
-12 & 0 & 30 & 12 & 0 & 30 \\
0 & -300 & 0 & 0 & 30 & 0 \\
-30 & 0 & 50 & 30 & 0 & 100
\end{bmatrix}} \times 10^4
$$

（4）整体刚度矩阵组集过程

定位累加 $[k]^{(1)}$ 后，得阶段结果：

$$
\text{(整体码)} \quad 1 \quad 2 \quad 3 \quad 4 \quad 5 \quad 6 \quad 7
$$

$$
[K] \Rightarrow
\begin{array}{c}
1 \\ 2 \\ 3 \\ 4 \\ 5 \\ 6 \\ 7
\end{array}
\left[
\begin{array}{ccc|cccc}
12 & 0 & -30 & & & & \\
0 & 300 & 0 & & [0] & & \\
-30 & 0 & 100 & & & & \\
\hline
 & & & & & & \\
 & [0] & & & [0] & & \\
 & & & & & &
\end{array}
\right] \times 10^4
$$

定位累加 $[k]^{(4)}$ 后，得阶段结果：

$$
\text{(整体码)} \quad 1 \quad 2 \quad 3 \quad 4 \quad 5 \quad 6 \quad 7
$$

$$
[K] \Rightarrow
\begin{array}{c}
1 \\ 2 \\ 3 \\ 4 \\ 5 \\ 6 \\ 7
\end{array}
\left[
\begin{array}{ccc|ccc|c}
12 & 0 & -30 & & & & \\
0 & 300 & 0 & & [0] & & [0] \\
-30 & 0 & 100 & & & & \\
\hline
 & & & 12 & 0 & -30 & \\
 & [0] & & 0 & 300 & 0 & [0] \\
 & & & -30 & 0 & 100 & \\
\hline
 & [0] & & & [0] & & [0]
\end{array}
\right] \times 10^4
$$

定位累加 $[k]^{(3)}$ 后，得阶段结果：

$$
\text{(整体码)} \quad 1 \quad 2 \quad 3 \quad 4 \quad 5 \quad 6 \quad 7
$$

$$
[K] \Rightarrow
\begin{array}{c}
1 \\ 2 \\ 3 \\ 4 \\ 5 \\ 6 \\ 7
\end{array}
\left[
\begin{array}{ccc|cccc}
12 & 0 & -30 & & & & \\
0 & 300 & 0 & & [0] & & \\
-30 & 0 & 100 & & & & \\
\hline
 & & & 312 & 0 & -30 & 0 \\
 & [0] & & 0 & 312 & 30 & 30 \\
 & & & -30 & 30 & 200 & 50 \\
 & & & 0 & 30 & 50 & 100
\end{array}
\right] \times 10^4
$$

定位累加 $[k]^{(2)}$ 后，得最后结果：

$$
\text{(整体码)} \quad 1 \quad 2 \quad 3 \quad 4 \quad 5 \quad 6 \quad 7
$$

$$
[K] =
\begin{array}{c}
1 \\ 2 \\ 3 \\ 4 \\ 5 \\ 6 \\ 7
\end{array}
\left[
\begin{array}{ccccccc}
312 & 0 & -30 & -300 & 0 & 0 & 0 \\
0 & 312 & 30 & 0 & -12 & 30 & 0 \\
-30 & 30 & 200 & 0 & -30 & 50 & 0 \\
-300 & 0 & 0 & 612 & 0 & -30 & 0 \\
0 & -12 & -30 & 0 & 324 & 0 & 30 \\
0 & 30 & 50 & -30 & 0 & 300 & 50 \\
0 & 0 & 0 & 0 & 30 & 50 & 100
\end{array}
\right] \times 10^4 \qquad (11\text{-}46)
$$

为使定位累加的过程看得更清晰，上述运算有意未按单元序号进行。

四、整体刚度矩阵的性质

(1) 整体刚度系数的意义。$[K]$ 中的元素 K_{ij} 称为整体刚度系数。它表示当第 j 个结点位移分量 $\Delta_j = 1$ 时（其他结点位移分量均为零），所产生的第 i 个结点力 F_i。

（2）$[K]$ 是对称矩阵。从式（10-46）不难看出。

（3）按先处理法集成的 $[K]$ 是可逆矩阵。

（4）$[K]$ 是稀疏矩阵，而且常常是带状矩阵。

对于图 11-11 所示的刚架，不难看出其整体刚度方程具有以下形式：

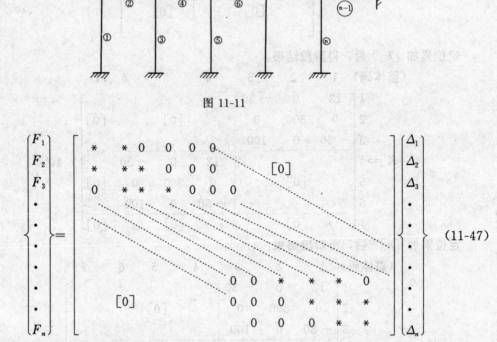

图 11-11

$$
\begin{Bmatrix} F_1 \\ F_2 \\ F_3 \\ \cdot \\ \cdot \\ \cdot \\ \cdot \\ \cdot \\ F_n \end{Bmatrix} = \begin{bmatrix} * & * & 0 & 0 & 0 & 0 & & & & [0] \\ * & * & * & 0 & 0 & 0 & & & & \\ 0 & * & * & * & 0 & 0 & 0 & & & \\ & & & & & & & & & \\ & & & & & & & & & \\ & & & & & & & & & \\ & & & & 0 & 0 & 0 & * & * & * & 0 \\ & [0] & & & & 0 & 0 & 0 & * & * & * \\ & & & & & & 0 & 0 & 0 & * & * \end{bmatrix} \begin{Bmatrix} \Delta_1 \\ \Delta_2 \\ \Delta_3 \\ \cdot \\ \cdot \\ \cdot \\ \cdot \\ \cdot \\ \Delta_n \end{Bmatrix}
\tag{11-47}
$$

$[K]$ 的非零元素集中分布在以主对角线为中线的斜带状区域内，故称稀疏或带状矩阵。

第五节　矩阵位移法基本方程

上一节，我们讨论了结构的整体刚度矩阵 $[K]$，建立了整体刚度方程

$$\{F\} = [K]\{\Delta\} \tag{11-48}$$

为了加深理解，我们先对式（11-48）的意义作一个讨论，然后导出矩阵位移法基本方程。

一、整体刚度方程的意义

按照位移法的基本思想，任何实际的结构都可作如图 11-12 所示形式的分解。

其中状态一不发生结点位移，同时，状态二不承受实际荷载，它所承受的结点力，数值上等于状态一的附加约束反力，但方向相反。因此，按叠加原理，原结构的结点位移，就是状态二的结点位移；原结构的杆端内力，应等于状态一的固端内力与状态二的杆端内力之和。

参看图 11-6 及式（11-24）的导出过程不难发现，整体刚度方程只是状态二的结点位移 $\{\Delta\}$ 与结点力 $\{F\}$ 之间的关系式，而不涉及结构上作用的实际荷载。

因此，整体刚度方程并不是用来分析原结构的位移法基本方程。它只反映了结构的刚

18

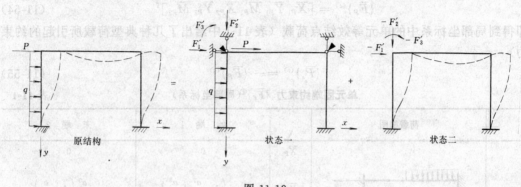

图 11-12

度性质。

二、矩阵位移法基本方程

矩阵位移法基本方程就是位移法的基本方程，区别仅在于建立方程的手法不同。矩阵位移法首先关心的是结点位移。为此，我们利用状态二的结点力 $\{F\}$，建立结构刚度与实际荷载之间的联系，得到矩阵位移法基本方程。

设状态一下实际荷载引起的附加约束力为 $\{F_p\}$，状态二下的结点力为 $\{F\}$，在统一坐标系中显然有

$$\{F\} = -\{F_p\} \tag{11-49}$$

上式代入式（11-48），得到基本方程的初步形式

$$[K]\{\Delta\} = -\{F_p\} \tag{11-50}$$

原结构上的实际荷载可以是结点荷载，或是非结点荷载，或是这两种荷载的组合。因此，在一般情况下，$\{F_p\}$ 可以写成

$$\{F_p\} = \{P'_c\} + \{P'_e\} \tag{11-51}$$

$\{P'_c\}$ 表示由结点荷载引起的附加约束力，$\{P'_e\}$ 为非结点荷载引起的附加约束力。将式（11-51）代入式（11-50），最后得到

$$[K]\{\Delta\} = \{P_c\} + \{P_e\} \tag{11-52}$$

其中

$$\{P_c\} = -\{P'_c\}, \{P_e\} = -\{P'_e\} \tag{11-53}$$

式（11-52）称为矩阵位移法基本方程。它的右端项中，$\{P_c\}$ 称为直接结点荷载向量，$\{P_e\}$ 称为等效结点荷载向量，两者之和又称为综合结点荷载向量。

三、等效结点荷载的概念

从式（11-53）可以看出，$\{P_c\}$ 是由实际结点荷载组成的结点力向量；$\{P_e\}$ 是由实际非结点荷载等效转换过来的结点力向量。这里的等效是指：非结点荷载与其相应的固端内力在状态（一）中产生的附加约束反力相等。利用这种等效关系，就能达到非结点荷载向结点的移置。

直接结点荷载 $\{P_c\}$ 可在整体坐标系中，按对应结点位移的整体码直接形成。等效结点荷载 $\{P_e\}$ 则须按单元集成。具体作法如下：

1. 在局部坐标系中，形成单元的等效结点荷载 $\{\overline{P}_e\}^{(e)}$。

将单元两端完全固定，在实际荷载作用下，求出固端约束力向量 $\{\overline{F}_P\}^{(e)}$：

$$\{\overline{F}_P\}^{(e)} = [\overline{X}_{P1} \ \overline{Y}_{P1} \ \overline{M}_{P1} \ \overline{X}_{P2} \ \overline{Y}_{P2} \ \overline{M}_{P2}]^T \tag{11-54}$$

即得到局部坐标系中的单元等效结点荷载（表 11-1 中给出了几种典型荷载所引起的约束力）

$$\{\overline{P}_e\}^{(e)} = - \{\overline{F}_P\}^{(e)} \tag{11-55}$$

单元固端约束力 $\langle\overline{F}_P\rangle^{(e)}$（局部坐标系）　　　　　表 **11-1**

	荷载简图		始　端　1	末　端　2
1		$\overline{X}_P$	0	0
		$\overline{Y}_P$	$-qa\left(1-\dfrac{a^2}{l^2}+\dfrac{a^3}{2l^3}\right)$	$-q\dfrac{a^3}{l^2}\left(1-\dfrac{a}{2l}\right)$
		$\overline{M}_P$	$-\dfrac{qa^2}{12}\left(6-8\dfrac{a}{l}+3\dfrac{a^2}{l^2}\right)$	$\dfrac{qa^3}{12l}\left(4-3\dfrac{a}{l}\right)$
2		$\overline{X}_P$	0	0
		$\overline{Y}_P$	$-q\dfrac{b^2}{l^2}\left(1+2\dfrac{a}{l}\right)$	$-q\dfrac{a^2}{l^2}\left(1+2\dfrac{b}{l}\right)$
		$\overline{M}_P$	$-q\dfrac{ab^2}{l^2}$	$q\dfrac{a^2b}{l^2}$
3		$\overline{X}_P$	0	0
		$\overline{Y}_P$	$\dfrac{6qab}{l^3}$	$-\dfrac{6qab}{l^3}$
		$\overline{M}_P$	$q\dfrac{b}{l}\left(2-3\dfrac{b}{l}\right)$	$q\dfrac{a}{l}\left(2-3\dfrac{a}{l}\right)$
4		$\overline{X}_P$	0	0
		$\overline{Y}_P$	$-q\dfrac{a}{4}\left(2-3\dfrac{a^2}{l^2}+1.6\dfrac{a^3}{l^3}\right)$	$-\dfrac{q}{4}\dfrac{a^3}{l^2}\left(3-1.6\dfrac{a}{l}\right)$
		$\overline{M}_P$	$-q\dfrac{a^2}{6}\left(2-3\dfrac{a}{l}+1.2\dfrac{a^2}{l^2}\right)$	$\dfrac{qa^2}{4l}\left(1-0.8\dfrac{a}{l}\right)$
5		$\overline{X}_P$	$-qa\left(1-0.5\dfrac{a}{l}\right)$	$-0.5q\dfrac{a^2}{l}$
		$\overline{Y}_P$	0	0
		$\overline{M}_P$	0	0

	荷载简图		始 端 1	末 端 2
6	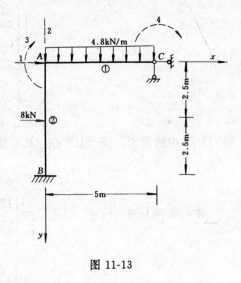	$\overline{X}_P$	$-q\dfrac{b}{l}$	$-q\dfrac{a}{l}$
		$\overline{Y}_P$	0	0
		$\overline{M}_P$	0	0
7		$\overline{X}_P$	0	0
		$\overline{Y}_P$	$q\dfrac{a^2}{l^2}\left(\dfrac{a}{l}+3\dfrac{b}{l}\right)$	$-q\dfrac{a^2}{l^2}\left(\dfrac{a}{l}+3\dfrac{b}{l}\right)$
		$\overline{M}_P$	$-q\dfrac{b^2}{l^2}a$	$q\dfrac{a^2}{l^2}b$

2. 在整体坐标系中，形成单元的等效结点荷载 $\{P_e\}^{(e)}$。

由坐标变换公式（11-14），得到

$$\{P_e\}^{(e)} = [T]^{(e)}\{\overline{P}_e\}^{(e)} \qquad (11\text{-}56)$$

3. 组集整体结构的等效结点荷载 $\{P_e\}$。

对单元循环，按单元定位向量 $\{\lambda\}^{(e)}$ 将 $\{P_e\}^{(e)}$ 的元素在 $\{P_e\}$ 中定位并累加，最后即得到 $\{P_e\}$。

【例 11-3】 试求图 11-9a 所示刚架在图 11-13 给定荷载下的等效结点荷载向量 $\{P_e\}$。

【解】 （1）求局部坐标系中的固端约束力 $\{\overline{F}_P\}^{(e)}$

单元①：由表 11-1 第 1 行，$q=4.8\text{kN/m}$，$a=l=5\text{m}$，得

$$\begin{cases} \overline{X}_{P1}=0 \\ \overline{Y}_{P2}=-12\text{kN} \\ \overline{M}_{P1}=-10\text{kN}\cdot\text{m} \end{cases} \quad \begin{cases} \overline{X}_{P2}=0 \\ \overline{Y}_{P2}=-12\text{kN} \\ \overline{M}_{P2}=10\text{kN}\cdot\text{m} \end{cases}$$

单元②：由表 11-1 第 2 行，$q=-8\text{kN}$，$a=b=2.5\text{m}$，得

$$\begin{cases} \overline{X}_{P1}=0 \\ \overline{Y}_{P1}=4\text{kN} \\ \overline{M}_{P1}=5\text{kN}\cdot\text{m} \end{cases} \quad \begin{cases} \overline{X}_{P2}=0 \\ \overline{Y}_{P2}=4\text{kN} \\ \overline{M}_{P2}=-5\text{kN}\cdot\text{m} \end{cases}$$

因此

图 11-13

$$\{\overline{F}_P\}^{(1)} = \left\{ \begin{array}{c} 0 \\ -12 \\ -10 \\ \hline 0 \\ -12 \\ 10 \end{array} \right\}, \quad \{\overline{F}_P\}^{(2)} = \left\{ \begin{array}{c} 0 \\ 4 \\ 5 \\ \hline 0 \\ 4 \\ -5 \end{array} \right\}$$

21

（2）求各单元在整体坐标系中的等效结点荷载 $\{P_e\}^{(e)}$

单元①：$\alpha_1=0$，$[T]^{(1)}=[I]$，由式（10-56）

$$\{P\}^{(1)}=-\{\overline{F}_P\}^{(1)}=\left\{\begin{array}{c}0\\12\\10\\\hline 0\\12\\-10\end{array}\right\}$$

单元②：$\alpha_2=90°$

$$\{P_e\}^{(2)}=-[T]^{(2)}\{\overline{F}_P\}^{(2)}=-\begin{bmatrix}0&-1&0&0&0&0\\1&0&0&0&0&0\\0&0&1&0&0&0\\0&0&0&0&-1&0\\0&0&0&1&0&0\\0&0&0&0&0&1\end{bmatrix}\left\{\begin{array}{c}0\\4\\5\\\hline 0\\4\\-5\end{array}\right\}=\left\{\begin{array}{c}4\\0\\-5\\\hline 0\\4\\5\end{array}\right\}$$

（3）求刚架的等效结点荷载 $\{P_e\}$

单元的局部坐标系及整体编码见图 11-13。故得单元定位向量

$$\{\lambda\}^{(1)}=\left\{\begin{array}{c}1\\2\\3\\\hline 0\\0\\4\end{array}\right\},\quad\{\lambda\}^{(2)}=\left\{\begin{array}{c}1\\2\\3\\\hline 0\\0\\0\end{array}\right\}$$

将 $\{P\}^{(e)}$ 中的元素，按 $\{\lambda\}^{(e)}$ 在 $\{P_e\}$ 中定位并累加：

（整体码）

装入单元①的 $\{P_e\}^{(1)}$，$\{P_e\}\Rightarrow\left\{\begin{array}{cc}0&1\\12&2\\10&3\\-10&4\end{array}\right.$

（整体码）

装入单元②的 $\{P_e\}^{(2)}$，$\{P_e\}=\left\{\begin{array}{cc}4&1\\12&2\\5&3\\-10&4\end{array}\right.$

上式即为最后得到的等效结点荷载向量。

第六节　计算步骤和应用举例

以上各节，通过对平面结构的单元和整体分析，导出了位移法的基本方程。

这一节，我们首先给出矩阵位移法计算平面结构的一般步骤，根据这些步骤，再将前面得到的分析结果，具体应用到平面刚架，连续梁、平面桁架及组合结构的矩阵分析。

一、矩阵位移法计算步骤

用矩阵位移法计算平面结构的一般步骤如下：

第一步，整理原始数据，对单元和结构进行局部编码和整体编码。

第二步，形成局部坐标系中的单元刚度矩阵 $[\bar{k}]^{(e)}$。

第三步，形成整体坐标系中的单元刚度矩阵。

第四步，用直接刚度法形成整体刚度矩阵 $[K]$。

第五步，形成直接结点荷载 $\{P_c\}$ 和等效结点荷载 $\{P_e\}$，建立矩阵位移法基本方程。

第六步，解方程 $[K]\{\Delta\} = \{P_c\} + \{P_e\}$，求出结点位移 $\{\Delta\}$。

第七步，求各杆杆端内力 $\{\bar{F}\}^{(e)}$。应用公式：

$$\{\bar{F}\}^{(e)} = [\bar{k}]^{(e)}\{\bar{\Delta}\}^{(e)} + \{\bar{F}_P\}^{(e)} \tag{11-57}$$

或公式：

$$\{F\}^{(e)} = [k]^{(e)}\{\Delta\}^{(e)} + \{F_P\}^{(e)}$$
$$\{\bar{F}\}^{(e)} = ([T]^{(e)})^{\mathrm{T}}\{F\}^{(e)} \tag{11-58}$$

第八步，作内力图。这时应注意本章的符号规定与前面规定的异同点。

在计算过程中我们应注意两点：第一，矩阵位移法的特点是计算过程程序化，在对不同结构的分析步骤上，区别仅在于单元分析。第二，平面刚架单元为一般单元，各种特殊单元的刚度矩阵又可根据需要，扩充为一般单元刚度矩阵的同阶矩阵，扩充部分以零代替。

二、平面刚架矩阵分析举例

单元模型：平面刚架单元为一般弯曲杆单元。每个结点的位移分量为：线位移 u 和 v、角位移 θ。

【例 11-4】 求图 11-14a 所示刚架的内力。设各杆为矩形截面，横梁 $b_2 \times h_2 = 0.5\mathrm{m} \times 1.26\mathrm{m}$，立柱 $b_1 \times h_1 = 0.5\mathrm{m} \times 1\mathrm{m}$。为计算上的方便设 $E = 1$。

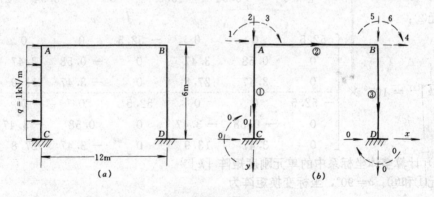

图 11-14

【解】 （1）原始数据及编码

原始数据计算如下：

柱：　　$A_1 = 0.5\mathrm{m}^2$,　　　　$I_1 = \dfrac{1}{24}\mathrm{m}^4$

　　　　$l_1 = 6\mathrm{m}$,　　　　　　$\dfrac{EI_1}{l_1} = 6.94 \times 10^{-3}$

　　　　$\dfrac{EA_1}{l_1} = 83.3 \times 10^{-3}$,　　$\dfrac{2EI_1}{l_1} = 13.9 \times 10^{-3}$

$$\frac{4EI_1}{l_1} = 27.8 \times 10^{-3}, \quad \frac{6EI_1}{l_1^2} = 6.94 \times 10^{-3}$$

$$\frac{12EI_1}{l_1^3} = 2.31 \times 10^{-3}$$

梁： $\quad A_2 = 0.63\mathrm{m}^2, \quad I_2 = \frac{1}{12}\mathrm{m}^4, \quad l_2 = 12\mathrm{m}$

$$\frac{EA_2}{l_2} = 52.5 \times 10^{-3}, \quad \frac{EI_2}{l_2} = 6.94 \times 10^{-3}$$

$$\frac{2EI_2}{l_2} = 13.9 \times 10^{-3}, \quad \frac{4EI_2}{l_2} = 27.8 \times 10^{-3}$$

$$\frac{6EI_2}{l_2^2} = 3.47 \times 10^{-3}, \quad \frac{12EI_2}{l_2^3} = 0.58 \times 10^{-3}$$

单元编码示于图 11-14b，局部坐标用箭头的方向表示。整体坐标和结点位移分量的统一编码亦示于图 11-14b。

结点 C 和 D 为固定端，三个位移分量均为零，用 0 编码。结点 A 和 B 位移的整体码编为 [1，2，3] 和 [4，5，6]。

（2）形成局部坐标系中的单元刚度矩阵 $[\bar{k}]^{(e)}$

单元①和③：

$$[\bar{k}]^{(1)} = [\bar{k}]^{(3)} = 10^{-3} \times \begin{bmatrix} 83.3 & 0 & 0 & -83.3 & 0 & 0 \\ 0 & 2.31 & 6.94 & 0 & -2.31 & 6.94 \\ 0 & 6.94 & 27.8 & 0 & -6.94 & 13.9 \\ -83.3 & 0 & 0 & 83.3 & 0 & 0 \\ 0 & -2.31 & -6.94 & 0 & 2.31 & -6.94 \\ 0 & 6.94 & 13.9 & 0 & -6.94 & 27.8 \end{bmatrix}$$

单元②：

$$[\bar{k}]^{(2)} = 10^{-3} \times \begin{bmatrix} 52.5 & 0 & 0 & -52.5 & 0 & 0 \\ 0 & 0.58 & 3.47 & 0 & -0.58 & 3.47 \\ 0 & 3.47 & 27.8 & 0 & -3.47 & 13.9 \\ -52.5 & 0 & 0 & 52.5 & 0 & 0 \\ 0 & -0.58 & -3.47 & 0 & 0.58 & -3.47 \\ 0 & 3.47 & 13.9 & 0 & -3.47 & 27.8 \end{bmatrix}$$

（3）计算整体坐标系中的单元刚度矩阵 $[k]^{(e)}$

单元①和③：$\alpha = 90°$，坐标变换矩阵为

$$[T]^{(1)} = [T]^{(3)} = \begin{bmatrix} 0 & -1 & 0 & & & \\ 1 & 0 & 0 & & [0] & \\ 0 & 0 & 1 & & & \\ & & & 0 & -1 & 0 \\ & [0] & & 1 & 0 & 0 \\ & & & 0 & 0 & 1 \end{bmatrix}$$

$$[k]^{(1)} = [k]^{(3)} = [T]^{(3)} [\bar{k}]^{(3)} ([T]^{(3)})^{\mathrm{T}}$$

$$=10^{-3}\times\left[\begin{array}{ccc|ccc}2.31 & 0 & -6.94 & -2.31 & 0 & -6.94 \\ 0 & 83.3 & 0 & 0 & -83.3 & 0 \\ -6.94 & 0 & 27.8 & 6.94 & 0 & 13.9 \\ \hline -2.31 & 0 & 6.94 & 2.31 & 0 & 6.94 \\ 0 & -83.3 & 0 & 0 & 83.3 & 0 \\ -6.94 & 0 & 13.9 & 6.94 & 0 & 27.8\end{array}\right]$$

单元②：$\alpha=0°$，$[T]^{(2)}=[I]$

$$[k]^{(2)}=[\bar{k}]^{(2)}$$

（4）用直接刚度法（采用先处理法）集成整体刚度矩阵 $[K]$

由图 11-14b 中单元结点对应的整体码，构成各单元定位向量 $\{\lambda\}^{(e)}$：

$$\{\lambda\}^{(1)}=\left\{\begin{array}{c}1\\2\\3\\0\\0\\0\end{array}\right\},\ \{\lambda\}^{(2)}=\left\{\begin{array}{c}1\\2\\3\\4\\5\\6\end{array}\right\},\ \{\lambda\}^{3}=\left\{\begin{array}{c}4\\5\\6\\0\\0\\0\end{array}\right\}$$

按单元定位向量 $\{\lambda\}^{(e)}$，依次将各单元 $[k]^{(e)}$ 中在元素在 $[K]$ 中定位并累加，最后得到 $[K]$：

$$\begin{array}{c}\text{（整体码）}\quad 1\qquad 2\qquad 3\qquad 4\qquad 5\qquad 6 \\ [K]=\begin{array}{c}1\\2\\3\\4\\5\\6\end{array}\left[\begin{array}{ccc|ccc}54.81 & 0 & -6.94 & -52.5 & 0 & 0 \\ 0 & 83.88 & 3.47 & 0 & -0.58 & 3.47 \\ -6.94 & 3.47 & 55.6 & 0 & -3.47 & 13.9 \\ \hline -52.5 & 0 & 0 & 54.81 & 0 & -6.94 \\ 0 & -0.58 & -3.47 & 0 & 83.88 & -3.47 \\ 0 & 3.47 & 13.9 & -6.94 & -3.47 & 55.6\end{array}\right]\times 10^{-3}\end{array}$$

（5）求等效结点荷载 $\{P_e\}$

本例中，无结点荷载作用，直接结点荷载 $\{P_c\}=\{0\}$。

首先，求单元固端约束力 $\{\bar{F}_P\}^{(e)}$：

只有单元①承受非结点荷载，按表 11-1

$$\{\bar{F}_P\}^{(1)}=\left\{\begin{array}{c}0\\3\\3\\\hline 0\\3\\-3\end{array}\right\}$$

其次，求单元在整体坐标系中的等效结点荷载 $\{P_e\}^{(e)}$：

$$\{P_e\}^{(1)}=-[T]^{(1)}\{\bar{F}_P\}^{(1)}=-\left[\begin{array}{ccc|ccc}0 & -1 & 0 & & & \\ 1 & 0 & 0 & & [0] & \\ 0 & 0 & 1 & & & \\ \hline & & & 0 & -1 & 0 \\ & [0] & & 1 & 0 & 0 \\ & & & 0 & 0 & 1\end{array}\right]\left\{\begin{array}{c}0\\3\\3\\0\\3\\-3\end{array}\right\}=\left\{\begin{array}{c}3\\0\\-3\\3\\0\\3\end{array}\right\}$$

按单元单位向量 $\{\lambda\}^{(1)}$，将 $\{P_e\}^{(1)}$ 中的元素在 $\{P_e\}$ 中定位，得

$$\{P_e\} = \left\{ \begin{array}{c} 3 \\ 0 \\ -3 \\ \hline 0 \\ 0 \\ 0 \end{array} \right\}$$

（6）解基本方程

$$10^{-3} \times \begin{bmatrix} 54.81 & 0 & -6.94 & -52.5 & 0 & 0 \\ 0 & 83.88 & 3.47 & 0 & -0.58 & 3.47 \\ -6.94 & 3.47 & 55.6 & 0 & -3.47 & 13.9 \\ \hline -52.5 & 0 & 0 & 54.81 & 0 & -6.94 \\ 0 & -0.58 & -3.47 & 0 & 83.88 & -3.47 \\ 0 & 3.47 & 13.9 & -6.94 & -3.47 & 55.6 \end{bmatrix} \left\{ \begin{array}{c} u_A \\ v_A \\ \theta_A \\ \hline u_B \\ v_B \\ \theta_B \end{array} \right\} = \left\{ \begin{array}{c} 3 \\ 0 \\ -3 \\ \hline 0 \\ 0 \\ 0 \end{array} \right\}$$

求得

$$\left\{ \begin{array}{c} u_A \\ v_A \\ \theta_A \\ \hline u_B \\ v_B \\ \theta_B \end{array} \right\} = \left\{ \begin{array}{c} 847 \\ -5.13 \\ 28.4 \\ \hline 824 \\ 5.13 \\ 96.5 \end{array} \right\}$$

（7）求杆端力 $\{\overline{F}\}^{(e)}$

单元①：先求 $\{F\}^{(1)}$，再求 $\{\overline{F}\}^{(1)}$

$$\{F\}^{(1)} = [k]^{(1)}\{\Delta\}^{(1)} + \{F_p\}^{(1)}$$

$$= 10^{-3} \times \begin{bmatrix} 2.31 & 0 & -6.94 & -2.31 & 0 & -6.94 \\ 0 & 83.3 & 0 & 0 & -83.3 & 0 \\ -6.94 & 0 & 27.8 & 6.94 & 0 & 13.9 \\ \hline -2.31 & 0 & 6.94 & 2.31 & 0 & 6.94 \\ 0 & -83.3 & 0 & 0 & 83.3 & 0 \\ -6.94 & 0 & 13.9 & 6.94 & 0 & 27.8 \end{bmatrix}$$

$$\times \left\{ \begin{array}{c} 847 \\ -5.13 \\ 28.4 \\ \hline 0 \\ 0 \\ 0 \end{array} \right\} + \left\{ \begin{array}{c} -3 \\ 0 \\ 3 \\ \hline -3 \\ 0 \\ -3 \end{array} \right\} = \left\{ \begin{array}{c} -1.24 \\ -0.43 \\ -2.09 \\ \hline -4.76 \\ 0.43 \\ -8.49 \end{array} \right\}$$

$$\{\overline{F}\}^{(1)} = ([T]^{(1)})^{\mathrm{T}}\{F\}^{(1)} = \left\{ \begin{array}{c} -0.43 \\ 1.24 \\ -2.09 \\ \hline 0.43 \\ 4.76 \\ -8.49 \end{array} \right\}$$

单元②：

$$\{\overline{F}\}^{(2)} = \{F\}^{(2)} = [k]^{(2)}\{\Delta\}^{(2)}$$

$$= 10^{-3} \times \begin{bmatrix} 52.5 & 0 & 0 & -52.5 & 0 & 0 \\ 0 & 0.58 & 3.47 & 0 & -0.58 & 3.47 \\ 0 & 3.47 & 27.8 & 0 & -3.47 & 13.9 \\ -52.5 & 0 & 0 & 52.5 & 0 & 0 \\ 0 & -0.58 & -3.47 & 0 & 0.58 & -3.47 \\ 0 & 3.47 & 13.9 & 0 & -3.47 & 27.8 \end{bmatrix}$$

$$\times \begin{Bmatrix} 847 \\ -5.13 \\ 28.4 \\ 824 \\ 5.13 \\ 96.5 \end{Bmatrix} = \begin{Bmatrix} 1.24 \\ 0.43 \\ 2.09 \\ -1.24 \\ -0.43 \\ 3.04 \end{Bmatrix}$$

单元③：

$$\{F\}^{(3)} = [k]^{(3)}\{\Delta\}^{(3)}$$

$$= 10^{-3} \times \begin{bmatrix} 2.31 & 0 & -6.94 & -2.31 & 0 & -6.94 \\ 0 & 83.3 & 0 & 0 & -83.3 & 0 \\ -6.94 & 0 & 27.8 & 6.94 & 0 & 13.9 \\ -2.31 & 0 & 6.94 & 2.31 & 0 & 6.94 \\ 0 & -83.3 & 0 & 0 & 83.3 & 0 \\ -6.94 & 0 & 13.9 & 6.94 & 0 & 27.8 \end{bmatrix}$$

$$\times \begin{Bmatrix} 824 \\ 5.13 \\ 96.5 \\ 0 \\ 0 \\ 0 \end{Bmatrix} = \begin{Bmatrix} 1.24 \\ 0.43 \\ -3.04 \\ -1.24 \\ -0.43 \\ -4.38 \end{Bmatrix}$$

$$\{\overline{F}\}^{(3)} = ([T]^{(3)})^{\mathrm{T}}\{F\}^{(3)} = \begin{Bmatrix} 0.43 \\ -1.24 \\ -3.04 \\ -0.43 \\ 1.24 \\ -4.38 \end{Bmatrix}$$

（8）根据杆端力绘制内力图，如图 11-15 所示。

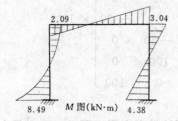
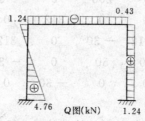
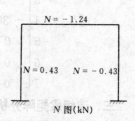

图 11-15

【例 11-5】 试求图 11-16 所示具有铰结点刚架的整体刚度矩阵 $[K]$。设各杆尺寸、弹性常数与例题 11-1 中的杆件相同。

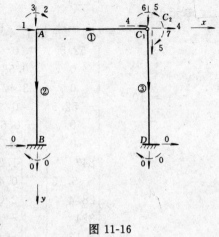

图 11-16

【解】 分析：本例的特点是在刚架中具有铰结点，须采用特殊的处理手法。

(1) 首先考虑结点位移分量的统一编码。

在固定端 B 和 D 处，三个位移分量的整体码均为 $[0\ 0\ 0]$。在刚结点 A 处，三个位移分量均为有效位移，整体码编为 $[1\ 2\ 3]$。在铰结点 C 处，单元①的终结点 C_1 与单元③的始结点 C_2 坐标相同，线位移相同，但角位移不同。为此，我们把 C_1 看作主结点，具有三个独立的有效位移分量，整体编码编为 $[4\ 5\ 6]$，而把 C_2 看作从结点，两个线位移与主结点相同，并采用相同的整体码，角位移独立，因而另行编码。于是从结点 C_2 的整体码编为 $[4\ 5\ 7]$。

(2) 其次考虑单元定位向量

在图 11-16 中，单元①、②、③的 $\bar{x}$ 方向用箭头标明。

$$\{\lambda\}^{(1)} = \begin{Bmatrix} 1 \\ 2 \\ 3 \\ 4 \\ 5 \\ 6 \end{Bmatrix}, \{\lambda\}^{(2)} = \begin{Bmatrix} 1 \\ 2 \\ 3 \\ 0 \\ 0 \\ 0 \end{Bmatrix}, \{\lambda\}^{(3)} = \begin{Bmatrix} 4 \\ 5 \\ 7 \\ 0 \\ 0 \\ 0 \end{Bmatrix}$$

(3) 按单元定位向量组集 $[K]$

按单元定位向量组集整体刚度矩阵，对处理中间铰结点、复杂支座具有更大的灵活性。利用例 11-1 的结果，按 $\{\lambda\}^{(e)}$ 依次将各 $[k]^{(e)}$ 定位并累加，得整体刚度矩阵 $[K]$：

$$
\begin{array}{c}
(\text{整体码}) \\
[K] =
\end{array}
\begin{array}{c}
1 \\ 2 \\ 3 \\ 4 \\ 5 \\ 6 \\ 7
\end{array}
\begin{bmatrix}
312 & 0 & -30 & -300 & 0 & 0 & 0 \\
0 & 312 & 30 & 0 & -12 & 30 & 0 \\
-30 & 30 & 200 & 0 & -30 & 50 & 0 \\
-300 & 0 & 0 & 312 & 0 & 0 & -30 \\
0 & -12 & -30 & 0 & 312 & -30 & 0 \\
0 & 30 & 50 & 0 & -30 & 100 & 0 \\
0 & 0 & 0 & -30 & 0 & 0 & 100
\end{bmatrix} \times 10^4
$$

（整体码）   1   2   3   4   5   6   7

三、连续梁矩阵分析举例

单元模型：梁单元可看作刚架单元的特殊单元，通常不计轴向变形，即：$u=0$，每个结点的有效位移为 v 和 θ。由式 (11-6)，不难导出梁单元刚度矩阵：

$$[\bar{k}]^{(e)} = \begin{bmatrix} \dfrac{12EI}{l^3} & 6EI/l^2 & \dfrac{-12EI}{l^3} & \dfrac{2EI}{l^2} \\[2mm] 6EI/l^2 & 4EI/l & \dfrac{-6EI}{l^2} & \dfrac{2EI}{l} \\[2mm] \hline \dfrac{-12EI}{l^3} & \dfrac{-6EI}{l^2} & \dfrac{12EI}{l^3} & \dfrac{-6EI}{l^2} \\[2mm] \dfrac{6EI}{l^2} & \dfrac{2EI}{l} & \dfrac{-6EI}{l^2} & \dfrac{4EI}{l} \end{bmatrix} \tag{11-59}$$

当把结点取在刚性支座上，上式就成为式（11-10）。

【题 11-6】 试求图 11-17a 所示连续梁内力。各杆 $EI = 6 \times 10^6 \text{kN/m}$。

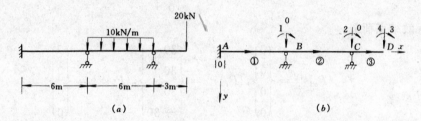

图 11-17

【解】 （1）原始数据及编码

各杆长示于图 11-17a。

结点 A 为固定端，位移编码为 [0，0]，结点 B 和 C 位移的整体码编为 [0，1] 和 [0，2]，结点 D 是自由端，有竖向位移及转角，因此编码为 [3，4]。

（2）求局部坐标系中的单元刚度矩阵 $[\bar{k}]^{(e)}$

单元①和②：

$$[\bar{k}]^{(1)} = [\bar{k}]^{(2)} = \begin{bmatrix} 0.33 & 1 & -0.33 & 1 \\ 1 & 4 & -1 & 2 \\ \hline -0.33 & -1 & 0.33 & -1 \\ 1 & 2 & -1 & 4 \end{bmatrix} \times 10^5$$

单元③：

$$[\bar{k}]^{(3)} = \begin{bmatrix} 2.67 & 4 & -2.67 & 4 \\ 4 & 8 & -4 & 4 \\ \hline -2.67 & -4 & 2.67 & 4 \\ 4 & 4 & -4 & 8 \end{bmatrix} \times 10^5$$

（3）集成整体刚度矩阵

连续梁梁单元的局部坐标与整体坐标系一致，因此

$$[k]^{(1)} = [\bar{k}]^{(1)}, \quad [k]^{(2)} = [\bar{k}]^{(2)}, \quad [k]^{(3)} = [\bar{k}]^{(3)}$$

各单元定位向量：

$$\{\lambda\}^{(1)} = \begin{Bmatrix} 0 \\ 0 \\ 0 \\ 1 \end{Bmatrix}, \quad \{\lambda\}^{(2)} = \begin{Bmatrix} 0 \\ 1 \\ 0 \\ 2 \end{Bmatrix}, \quad \{\lambda\}^{(3)} = \begin{Bmatrix} 0 \\ 2 \\ 3 \\ 4 \end{Bmatrix}$$

按单元定位向量将 $[k]^{(e)}$ 在 $[K]$ 中定位并累加，得

29

$$[K] = \begin{bmatrix} 8 & 2 & 0 & 0 \\ 2 & 12 & -4 & 4 \\ 0 & -4 & 2.67 & -4 \\ 0 & 4 & -4 & 8 \end{bmatrix} \times 10^6$$

（4）求直接结点荷载 $\{P_c\}$ 和等效结点荷载 $\{P_e\}$

直接结点荷载：

$$\{P_c\} = \begin{Bmatrix} 0 \\ 0 \\ 20 \\ 0 \end{Bmatrix}$$

等效结点荷载：

$$\{P_e\}^{(1)} = \begin{Bmatrix} 0 \\ 0 \\ 0 \\ 0 \end{Bmatrix}, \{P_e\}^{(2)} = \begin{Bmatrix} 30 \\ 30 \\ 30 \\ -30 \end{Bmatrix}, \{P_e\}^{(3)} = \begin{Bmatrix} 0 \\ 0 \\ 0 \\ 0 \end{Bmatrix}$$

按单元定位向量组集整体结点荷载向量 $\{P\}$：

$$\{P\} = \begin{Bmatrix} 30 \\ -30 \\ 20 \\ 0 \end{Bmatrix}$$

（5）解基本方程

$$10^6 \times \begin{bmatrix} 8 & 2 & 0 & 0 \\ 2 & 12 & -4 & 4 \\ 0 & -4 & 2.67 & -4 \\ 0 & 4 & -4 & 8 \end{bmatrix} \begin{Bmatrix} \theta_B \\ \theta_C \\ v_D \\ \theta_D \end{Bmatrix} = \begin{Bmatrix} 30 \\ -30 \\ 20 \\ 0 \end{Bmatrix}$$

求得

$$\begin{Bmatrix} \theta_B \\ \theta_C \\ v_D \\ \theta_D \end{Bmatrix} = \begin{Bmatrix} 0.02 \\ 0.06 \\ 0.49 \\ 0.21 \end{Bmatrix}$$

（6）求杆端力 $\{\overline{F}\}^{(e)}$

求 $\{F\}^{(e)}$，对连续梁 $\{\overline{F}\}^{(e)} = \{F\}^{(e)}$

$$\{\overline{F}\}^{(1)} = \{F\}^{(1)} = [k]^{(1)}\{\Delta\}^{(1)} = \begin{Bmatrix} -2.14 \\ 4.29 \\ -2.14 \\ 8.57 \end{Bmatrix}$$

$$\{\overline{F}\}^2 = \{F\}^{(2)} = [k]^{(2)}\{\Delta\}^{(2)} - \{P_e\}^{(2)} = \begin{Bmatrix} +21.43 \\ -8.57 \\ -38.57 \\ 60 \end{Bmatrix}$$

$$\{\overline{F}\}^{(3)} = \{F\}^{(3)} = [k]^{(3)}\{\Delta\}^{(3)} = \begin{Bmatrix} 20 \\ -60 \\ 20 \\ 0 \end{Bmatrix}$$

(7) 据杆端内力绘制内力图，如图 11-18 所示。

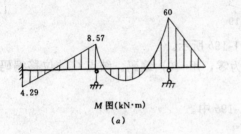
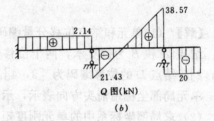

图 11-18

四、平面桁架矩阵分析举例

单元模型：桁架单元只考虑轴向变形，$\overline{v} = \overline{\theta} = 0$。由式（11-11），单元刚度矩阵为

$$[\overline{k}]^{(e)} = \frac{EA}{l}\begin{bmatrix} 1 & -1 \\ -1 & 1 \end{bmatrix}$$

但在结点处，斜杆的轴向位移向整体坐标转换后，含有两个位移分量，即 $[k]^{(e)}$ 为四阶矩阵。为了便于坐标转换，可将 $[\overline{k}]^{(e)}$ 扩充成 $[k]^{(e)}$ 的同价矩阵。扩充后的单元刚度方程为

$$\begin{Bmatrix} \overline{X}_1 \\ \overline{Y}_1 \\ \overline{X}_2 \\ \overline{Y}_2 \end{Bmatrix} = \frac{EA}{l}\begin{bmatrix} 1 & 0 & -1 & 0 \\ 0 & 0 & 0 & 0 \\ -1 & 0 & 1 & 0 \\ 0 & 0 & 0 & 0 \end{bmatrix}\begin{Bmatrix} \overline{u}_1 \\ \overline{v}_1 \\ \overline{u}_2 \\ \overline{v}_2 \end{Bmatrix} \tag{11-60}$$

这时，局部坐标系中的单元刚度矩阵：

$$[\overline{k}]^{(e)} = \begin{bmatrix} 1 & 0 & -1 & 0 \\ 0 & 0 & 0 & 0 \\ -1 & 0 & 1 & 0 \\ 0 & 0 & 0 & 0 \end{bmatrix}\frac{EA}{l} \tag{11-61}$$

对应的坐标变换矩阵

$$[T]^{(e)} = \begin{bmatrix} \cos\alpha & -\sin\alpha & & [0] \\ \sin\alpha & \cos\alpha & \cos\alpha & -\sin\alpha \\ [0] & & \sin\alpha & \cos\alpha \end{bmatrix} \tag{11-62}$$

每个结点的有效位移是：线位移 u 和 v。

【例 11-7】 求图 11-19 所示桁架的内力，各杆 EA 相同。

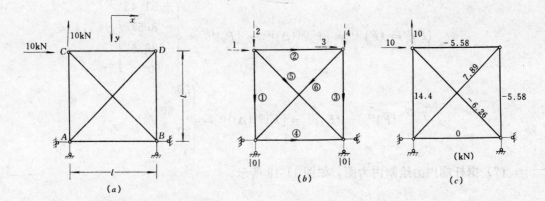

图 11-19

【解】 (1)单元和结点位移分量编码如图 11-19*b* 所示。

结点 A 和 B 为铰支承，两个位移分量都为零，用 $\{0\}$ 编码。结点 C 的位移编码为 $[1,2]$，结点 D 的位移编码为 $[3,4]$。

单元局部坐标用箭头方向表示，示于图 11-19*b* 中。

(2) 求局部坐标系中的单元刚度矩阵 $[\bar{k}]^{(e)}$

按式 (11-61)

$$[\bar{k}]^{(1)} = [\bar{k}]^{(2)} = [\bar{k}]^{(3)} = [\bar{k}]^{(4)} = \frac{EA}{l}\begin{bmatrix} 1 & 0 & -1 & 0 \\ 0 & 0 & 0 & 0 \\ -1 & 0 & 1 & 0 \\ 0 & 0 & 0 & 0 \end{bmatrix}$$

$$[\bar{k}]^{(5)} = [\bar{k}]^{(6)} = \frac{EA}{\sqrt{2}\,l}\begin{bmatrix} 1 & 0 & -1 & 0 \\ 0 & 0 & 0 & 0 \\ -1 & 0 & 1 & 0 \\ 0 & 0 & 0 & 0 \end{bmatrix}$$

(3) 求整体坐标系中的单元刚度矩阵 $[k]^{(e)}$

单元①和③：$\alpha = \dfrac{\pi}{2}$，由式 (11-62)

$$[T]^{(1)} = [T]^{(3)} = \begin{bmatrix} 0 & -1 & 0 & 0 \\ 1 & 0 & 0 & 0 \\ 0 & 0 & 0 & -1 \\ 0 & 0 & 1 & 0 \end{bmatrix}$$

$$[k]^{(1)} = [k]^{(3)} = [T]^{(1)}[\bar{k}]^{(1)}([T]^{(1)})^{\mathrm{T}} = \frac{EA}{l}\begin{bmatrix} 0 & 0 & 0 & 0 \\ 0 & 1 & 0 & -1 \\ 0 & 0 & 0 & 0 \\ 0 & -1 & 0 & 1 \end{bmatrix}$$

单元②和④：$\alpha = 0$

32

$$[k]^{(2)} = [k]^{(4)} = \frac{EA}{l} \begin{bmatrix} 1 & 0 & -1 & 0 \\ 0 & 0 & 0 & 0 \\ -1 & 0 & 1 & 0 \\ 0 & 0 & 0 & 0 \end{bmatrix}$$

单元⑤：$\alpha = \dfrac{\pi}{4}$

$$[T]^{(5)} = \frac{1}{\sqrt{2}} \begin{bmatrix} 1 & -1 & 0 & 0 \\ +1 & 1 & 0 & 0 \\ 0 & 0 & 1 & -1 \\ 0 & 0 & 1 & 1 \end{bmatrix}$$

$$[k]^{(2)} = [T]^{(2)}[\bar{k}]^{(2)}([T]^{(2)})^{\mathrm{T}} = \frac{1}{2\sqrt{2}} \frac{EA}{l} \begin{bmatrix} 1 & 1 & -1 & -1 \\ 1 & 1 & -1 & -1 \\ -1 & -1 & 1 & 1 \\ -1 & -1 & 1 & 1 \end{bmatrix}$$

单元⑥：$\alpha = \dfrac{3\pi}{4}$

$$[T]^{(6)} = \frac{1}{\sqrt{2}} \begin{bmatrix} -1 & -1 & 0 & 0 \\ 1 & -1 & 0 & 0 \\ 0 & 0 & -1 & -1 \\ 0 & 0 & 1 & -1 \end{bmatrix}$$

$$[k]^{(6)} = [T]^{(6)}[\bar{k}]^{(6)}([T]^{(6)})^{\mathrm{T}} = \frac{1}{2\sqrt{2}} \frac{EA}{l} \begin{bmatrix} 1 & -1 & -1 & 1 \\ -1 & 1 & 1 & -1 \\ -1 & 1 & 1 & -1 \\ 1 & -1 & -1 & 1 \end{bmatrix}$$

（4）求整体刚度矩阵 $[K]$

各单元定位向量：

$$\{\lambda\}^{(1)} = [1\ 2\ 0\ 0]^{\mathrm{T}}$$
$$\{\lambda\}^{(2)} = [1\ 2\ 3\ 4]^{\mathrm{T}}$$
$$\{\lambda\}^{(3)} = [3\ 4\ 0\ 0]^{\mathrm{T}}$$
$$\{\lambda\}^{(4)} = [0\ 0\ 0\ 0]^{\mathrm{T}}$$
$$\{\lambda\}^{(5)} = [1\ 2\ 0\ 0]^{\mathrm{T}}$$
$$\{\lambda\}^{(6)} = [3\ 4\ 0\ 0]^{\mathrm{T}}$$

将各 $[k]^{(e)}$ 元素在 $[K]$ 中定位并累加，得

$$[K] = \begin{bmatrix} 1.35 & 0.35 & -1 & 0 \\ 0.35 & 1.35 & 0 & 0 \\ 0 & 0 & 1.35 & -0.35 \\ 0 & 0 & -0.35 & 1.35 \end{bmatrix} \times \frac{EA}{l}$$

（5）求结点荷载 $\{P\}$

桁架只有结点荷载作用，$\{P\}$ 可直接写出为

$$\{P\} = \{P_c\} = \begin{Bmatrix} 10 \\ -10 \\ 0 \\ 0 \end{Bmatrix}$$

（6）解基本方程

$$\frac{EA}{l} \begin{bmatrix} 1.35 & 0.35 & -1 & 0 \\ 0.35 & 1.35 & 0 & 0 \\ 0 & 0 & 1.35 & -0.35 \\ 0 & 0 & -0.35 & 1.35 \end{bmatrix} \begin{Bmatrix} u_C \\ v_C \\ u_D \\ v_D \end{Bmatrix} = \begin{Bmatrix} 10 \\ -10 \\ 0 \\ 0 \end{Bmatrix}$$

得：

$$\begin{Bmatrix} u_C \\ v_C \\ u_D \\ v_D \end{Bmatrix} = \frac{l}{EA} \times \begin{Bmatrix} 26.94 \\ -14.42 \\ 21.36 \\ 5.58 \end{Bmatrix}$$

（7）求各杆杆端力 $\{\overline{F}\}^{(e)}$

单元①：

$$\{\overline{F}\}^{(1)} = ([T]^{(1)})^{\mathrm{T}}\{F\}^{(1)} = ([T]^{(1)})^{\mathrm{T}}[k]^{(1)}\{\Delta\}^{(1)}$$

$$= \begin{bmatrix} 0 & 1 & 0 & 0 \\ -1 & 0 & 0 & 0 \\ 0 & 0 & 0 & 1 \\ 0 & 0 & -1 & 0 \end{bmatrix} \begin{bmatrix} 0 & 0 & 0 & 0 \\ 0 & 1 & 0 & -1 \\ 0 & 0 & 0 & 0 \\ 0 & -1 & 0 & 1 \end{bmatrix} \begin{Bmatrix} 26.94 \\ -14.42 \\ 0 \\ 0 \end{Bmatrix} = \begin{Bmatrix} -14.4 \\ 0 \\ 14.4 \\ 0 \end{Bmatrix}$$

单元②：

$$\{\overline{F}\}^{(2)} = \{F\}^{(2)} = [k]^{(2)}\{\Delta\}^{(2)} = \begin{Bmatrix} 5.58 \\ 0 \\ -5.58 \\ 0 \end{Bmatrix}$$

单元③：

$$\{\overline{F}\}^{(3)} = ([T]^{(3)})^{\mathrm{T}}[k]^{(3)}\{\Delta\}^{(3)} = \begin{Bmatrix} 5.58 \\ 0 \\ -5.58 \\ 0 \end{Bmatrix}$$

单元④：

$$\{\overline{F}\}^{(4)} = \{F\}^{(4)} = [k]^{(4)}\{\Delta\}^{(4)} = \{0\}$$

单元⑤：

$$\{\overline{F}\}^{(5)} = ([T]^{(5)})^{\mathrm{T}}[k]^{(5)}\{\Delta\}^{(5)} = \left\{\begin{array}{c} 6.26 \\ 0 \\ -6.26 \\ 0 \end{array}\right\}$$

单元⑥

$$\{\overline{F}\}^{(6)} = ([T]^{(6)})^{\mathrm{T}}\{F\}^{(6)} = ([T]^{(6)})^{\mathrm{T}}[k]^{(6)}\{\Delta\}^{(6)}$$

$$= \frac{1}{\sqrt{2}}\begin{bmatrix} -1 & 1 & 0 & 0 \\ -1 & -1 & 0 & 0 \\ 0 & 0 & -1 & 1 \\ 0 & 0 & -1 & -1 \end{bmatrix} \times \frac{1}{2\sqrt{2}}\begin{bmatrix} 1 & -1 & -1 & 1 \\ -1 & 1 & 1 & -1 \\ -1 & 1 & 1 & -1 \\ 1 & -1 & -1 & 1 \end{bmatrix}$$

$$\times \left\{\begin{array}{c} 21.36 \\ 5.58 \\ 0 \\ 0 \end{array}\right\} = \left\{\begin{array}{c} -7.89 \\ 0 \\ 7.89 \\ 0 \end{array}\right\}$$

各杆轴力标示于图 11-19c。

五、组合结构矩阵分析举例

计算组合结构时，先区分梁式杆和桁杆。对梁式杆，采用一般单元的单元刚度方程，及相应的计算公式。对桁杆，采用桁架单元的单元刚度方程及相应的计算公式。

【例 11-8】 求图 11-20a 所示组合结构的内力。设横梁截面抗拉和抗弯刚度分别为 EA 和 EI，且 $EA = 2EI$。又吊杆截面抗拉刚度 $E_1A_1 = \dfrac{EI}{20}$。

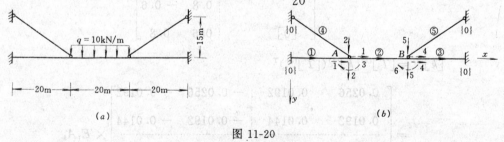

图 11-20

【解】 (1) 单元和结点位移分量的统一编码如图 11-20b 中所示。

横梁固定端的三个位移分量都为零，用 {0} 编码。拉杆④和⑤在支座处的二个线位移分量均为零，也用 {0} 编码。单元①和②间刚结点 A，编码为 [1，2，3]。单元②和③

35

间刚结点 B，编码为 $[4，5，6]$。单元④、⑤和横梁的铰结点处，线位移不独立，因此，应采用同码，分别为 $[1，2]$ 和 $[4，5]$。

所取的整体坐标系也示于图 11-20b 中。

（2）形成局部坐标系中的单元刚度矩阵 $[\bar{k}]^{(e)}$

单元①、②、③为梁式杆，按一般单元的式（11-6）形成单元刚度矩阵 $[\bar{k}]^{(e)}$。

$$[\bar{k}]^{(1)} = [\bar{k}]^{(2)} = [\bar{k}]^{(3)} = \frac{EI}{20} \times \begin{bmatrix} 2 & 0 & 0 & -2 & 0 & 0 \\ 0 & 0.03 & 0.3 & 0 & -0.03 & 0.3 \\ 0 & 0.3 & 4 & 0 & -0.3 & 2 \\ -2 & 0 & 0 & 2 & 0 & 0 \\ 0 & -0.03 & -0.3 & 0 & 0.03 & -0.3 \\ 0 & 0.3 & 2 & 0 & -0.3 & 4 \end{bmatrix}$$

单元④、⑤为桁杆，按桁架单元的式 11-61 形成单元刚度矩阵 $[\bar{k}]^{(e)}$。

$$[\bar{k}]^{(4)} = [\bar{k}]^{(5)} = E_1 A_1 \times \begin{bmatrix} 0.04 & 0 & -0.04 & 0 \\ 0 & 0 & 0 & 0 \\ -0.04 & 0 & 0.04 & 0 \\ 0 & 0 & 0 & 0 \end{bmatrix}$$

（3）形成整体坐标系中的单元刚度矩阵 $[k]^{(e)}$

单元①、②、③：$\alpha = 0$，所以

$$[k]^{(1)} = [k]^{(2)} = [k]^{(3)} = [\bar{k}]^{(1)} = [\bar{k}]^{(2)} = [\bar{k}]^{(3)}$$

单元④：$\cos\alpha = 0.8$，$\sin\alpha = 0.6$。由式（11-62）

$$[T]^{(4)} = \begin{bmatrix} 0.8 & -0.6 & & [0] \\ 0.6 & 0.8 & & \\ & & 0.8 & -0.6 \\ [0] & & 0.6 & 0.8 \end{bmatrix}$$

$$[k]^{(4)} = [T]^{(4)} [\bar{k}]^{(4)} ([T]^{(4)})^{\mathrm{T}}$$

$$= \begin{bmatrix} 0.0256 & 0.0192 & -0.0256 & -0.0192 \\ 0.0192 & 0.0144 & -0.0192 & -0.0144 \\ -0.0256 & -0.0192 & 0.0256 & 0.0192 \\ -0.0192 & -0.0144 & 0.0192 & 0.0144 \end{bmatrix} \times E_1 A_1$$

单元⑤：$\cos\alpha = 0.8$，$\sin\alpha = -0.6$。

36

$$[T]^{(1)} = \begin{bmatrix} 0.8 & +0.6 & & [0] \\ -0.6 & 0.8 & & \\ \hline & [0] & 0.8 & +0.6 \\ & & -0.6 & 0.8 \end{bmatrix}$$

$$[k]^{(5)} = [T]^{(5)}[\bar{k}]^{(5)}([T]^{(5)})^{\mathrm{T}}$$

$$= \begin{bmatrix} 0.0256 & -0.0192 & -0.0256 & 0.0192 \\ -0.0192 & 0.0144 & 0.0192 & -0.0144 \\ \hline -0.0256 & 0.0192 & 0.0256 & -0.0192 \\ 0.0192 & -0.0144 & -0.0192 & 0.0144 \end{bmatrix} \times E_1 A_1$$

（4）用直接刚度法形成整体刚度矩阵 $[K]$

图 11-20b 中，各单元的 $\bar{x}$ 轴正方向用箭头标明。各杆的单元定位向量可由图直接写出如下：

$$\{\lambda\}^{(1)} = [0\ 0\ 0\ 1\ 2\ 3]^{\mathrm{T}}$$

$$\{\lambda\}^{(2)} = [1\ 2\ 3\ 4\ 5\ 6]^{\mathrm{T}}$$

$$\{\lambda\}^{(3)} = [4\ 5\ 6\ 0\ 0\ 0]^{\mathrm{T}}$$

$$\{\lambda\}^{(4)} = [0\ 0\ 1\ 2]^{\mathrm{T}}$$

$$\{\lambda\}^{(5)} = [4\ 5\ 0\ 0]^{\mathrm{T}}$$

按照单元定位向量 $\{\lambda\}^{(e)}$，将各单元 $[k]^{(e)}$ 中的元素在 $[K]$ 中定位并与前阶段结果累加，最后得到 $[K]$ 如下。集成时用了 $E_1 A_1 = \dfrac{EI}{20}$ 的关系。

$$[K] = \begin{array}{c} \\ 1 \\ 2 \\ 3 \\ 4 \\ 5 \\ 6 \end{array} \begin{array}{cccccc} 1 & 2 & 3 & 4 & 5 & 6 \end{array} \\ \begin{bmatrix} 4.0256 & 0.0192 & 0 & -2 & 0 & 0 \\ 0.0192 & 0.0744 & 0 & 0 & -0.03 & 0.3 \\ 0 & 0 & 8 & 0 & -0.3 & 2 \\ \hline -2 & 0 & 0 & 4.0256 & -0.0192 & 0 \\ 0 & -0.03 & -0.3 & -0.0192 & 0.0744 & 0 \\ 0 & 0.3 & 2 & 0 & 0 & 8 \end{bmatrix} \times \dfrac{EI}{20}$$

（5）求等效结点荷载 $\{P\}$

首先，求单元固端约束力 $\{\bar{F}_P\}^{(e)}$

只有单元②有 $\{\bar{F}_P\}^{(2)}$。因为无需转换坐标，所以

37

$$\{P\}^{(2)} = -\{F_P\}^{(2)} = -\left\{\begin{array}{c} 0 \\ -\dfrac{200}{2} \\ -\dfrac{10}{12} \times 400 \\ \hline 0 \\ -\dfrac{200}{2} \\ \dfrac{10}{12} \times 400 \end{array}\right\} = \left\{\begin{array}{c} 0 \\ 100 \\ 333 \\ \hline 0 \\ 100 \\ -333 \end{array}\right\}$$

按单元定位向量 $\{\lambda\}^{(2)} = [1\ 2\ 3\ 4\ 5\ 6]^T$，将 $\{P\}^{(2)}$ 中的元素在 $\{P\}$ 中定位，得

$$\{P\} = \begin{array}{c} 1 \\ 2 \\ 3 \\ 4 \\ 5 \\ 6 \end{array} \left\{\begin{array}{c} 0 \\ 100 \\ 333 \\ \hline 0 \\ 100 \\ -333 \end{array}\right\}$$

（6）解基本方程

$$\frac{EI}{20} \times \left[\begin{array}{cccccc} 4.0256 & 0.0192 & 0 & -2 & 0 & 0 \\ 0.0192 & 0.0744 & 0 & 0 & -0.03 & 0.3 \\ 0 & 0 & 8 & 0 & -0.3 & 2 \\ \hline -2 & 0 & 0 & 4.0256 & -0.0192 & 0 \\ 0 & -0.03 & -0.3 & -0.0192 & 0.0744 & 0 \\ 0 & 0.3 & 2 & 0 & 0 & 8 \end{array}\right] \left\{\begin{array}{c} u_A \\ v_A \\ \theta_A \\ \hline u_B \\ v_B \\ \theta_B \end{array}\right\} = \left\{\begin{array}{c} 0 \\ 100 \\ 333 \\ \hline 0 \\ 100 \\ -333 \end{array}\right\}$$

得

$$\left\{\begin{array}{c} u_A \\ v_A \\ \theta_A \\ \hline u_B \\ v_B \\ \theta_B \end{array}\right\} = \frac{20}{EI} \times \left\{\begin{array}{c} -12.67 \\ 3976 \\ 254.3 \\ \hline 12.67 \\ 3976 \\ -254.3 \end{array}\right\}$$

(7) 求各杆杆端力 $\{\overline{F}\}^{(e)}$

$$\{\overline{F}\}^{(1)} = \frac{EI}{20} \begin{bmatrix} 2 & 0 & 0 & -2 & 0 & 0 \\ 0 & 0.03 & 0.3 & 0 & -0.03 & 0.3 \\ 0 & 0.3 & 4 & 0 & -0.3 & 2 \\ \hline -2 & 0 & 0 & 2 & 0 & 0 \\ 0 & -0.03 & -0.3 & 0 & 0.03 & -0.3 \\ 0 & 0.3 & 2 & 0 & -0.3 & 4 \end{bmatrix}$$

$$\times \frac{20}{EI} \times \begin{Bmatrix} 0 \\ 0 \\ 0 \\ -12.67 \\ 3976 \\ 254.3 \end{Bmatrix} = \begin{Bmatrix} 25.34 \\ -42.99 \\ -684.2 \\ -25.34 \\ 42.99 \\ -175.6 \end{Bmatrix}$$

$$\{\overline{F}\}^{(2)} = \begin{bmatrix} 2 & 0 & 0 & -2 & 0 & 0 \\ 0 & 0.03 & 0.3 & 0 & -0.03 & 0.3 \\ 0 & 0.3 & 4 & 0 & -0.3 & 2 \\ \hline -2 & 0 & 0 & 2 & 0 & 0 \\ 0 & -0.03 & 0.3 & 0 & 0.03 & -0.3 \\ 0 & 0.3 & 2 & 0 & -0.3 & 4 \end{bmatrix} \begin{Bmatrix} -12.67 \\ 3976 \\ 254.3 \\ 12.67 \\ 3976 \\ -254.3 \end{Bmatrix}$$

$$+ \begin{Bmatrix} 0 \\ -100 \\ -333 \\ 0 \\ -100 \\ 333 \end{Bmatrix} = \begin{Bmatrix} -50.68 \\ -100 \\ 175.6 \\ 50.68 \\ -100 \\ -175.6 \end{Bmatrix}$$

$$\{\overline{F}\}^{(4)} = ([T]^{(4)})^{\mathrm{T}} [k]^{(4)} \{\Delta\}^{(4)}$$

$$= \frac{EI}{20} \times \begin{bmatrix} 0.04 & 0 & -0.04 & 0 \\ 0 & 0 & 0 & 0 \\ \hline -0.04 & 0 & 0.04 & 0 \\ 0 & 0 & 0 & 0 \end{bmatrix} \begin{bmatrix} 0.8 & 0.6 & & [0] \\ -0.6 & 0.8 & & \\ \hline & & 0.8 & 0.6 \\ [0] & & -0.6 & 0.8 \end{bmatrix}$$

$$\times \begin{Bmatrix} 0 \\ 0 \\ -12.67 \\ 3976 \end{Bmatrix} \times \frac{20}{EI} = \begin{Bmatrix} -95.02 \\ 0 \\ 95.02 \\ 0 \end{Bmatrix}$$

$$\{\overline{F}\}^{(5)} = \left\{ \begin{array}{c} -95.02 \\ 0 \\ \hline 95.02 \\ 0 \end{array} \right\}$$

（8）作内力图

内力图如图 11-21 所示。

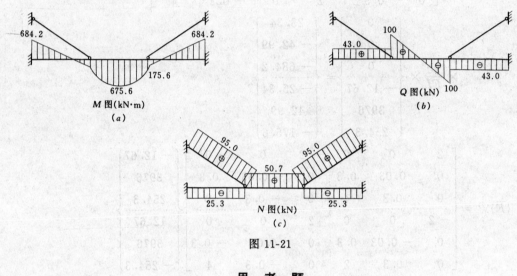

M 图(kN·m)
(a)

Q 图(kN)
(b)

N 图(kN)
(c)

图 11-21

思 考 题

1. 矩阵位移法对静定和超静定结构是否都适用？计算步骤是否相同？

2. 单元刚度系数与整体刚度系数有什么区别？

3. 为什么刚度矩阵的主对角元素都是正数？

4. 单元定位向量有什么作用？

5. 等效结点荷载是什么？它与单元固端力有什么关系？

6. 整体刚度方程与位移法基本方程有何区别和联系？

7. 什么是结点有效位移？

8. 直接刚度法包括哪几种方法？它们之间有什么区别与联系？

习 题

11-1 计算图示固端梁内力。

11-2 计算图示连续梁的转角和杆端内力。

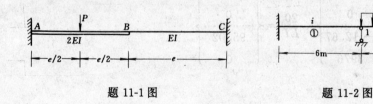

题 11-1 图   题 11-2 图

11-3 图示等截面连续梁，设支座 C 沉陷 $\Delta=0.005l$，求作内力图。设 $E=3\times10^7 \text{kN/m}^2$，$I=\dfrac{1}{24}\text{m}^4$。

11-4 试用矩阵位移法建立图示刚架的整体刚度矩阵。设 $E=2.1\times10^7 \text{kN/m}$，$I=\dfrac{1}{24}\text{m}^4$，$EA=\dfrac{1}{2}EI$。

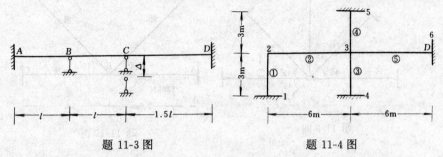

题 11-3 图　　　　　　　　　　题 11-4 图

11-5 试求图示刚架的整体刚度矩阵 $[K]$（考虑轴向变形），设各杆几何尺寸相同，$l=5\text{m}$，$A=0.5\text{m}^2$，$I=\dfrac{1}{24}\text{m}^4$，$E=3\times10^7 \text{kN/m}^2$。

11-6 求作图示平面刚架的 M 图。$EI=1\times10^6 \text{kN}\cdot\text{m}^2$。

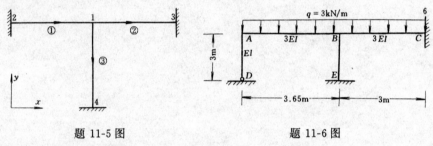

题 11-5 图　　　　　　　　　　题 11-6 图

11-7 试写出图示结构的位移法基本方程。设各杆的 E、A、I 为常数。

11-8 试求图示刚架各杆内力。

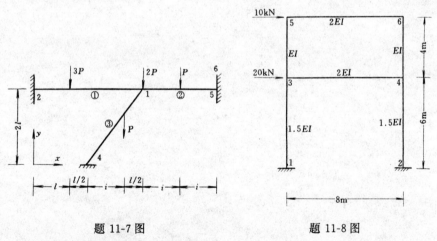

题 11-7 图　　　　　　　　　　题 11-8 图

11-9 试求图示桁架各杆轴力。设各杆 $\dfrac{EA}{l}$ 相同。

11-10 试求图示结构 ABC 梁的弯矩图。设缆索 $EA=1\times10^6 \text{kN}$，ABC 梁的 $EA=1\times10^5 \text{kN}$，$EI=1\times10^6 \text{kN}\cdot\text{m}^2$。

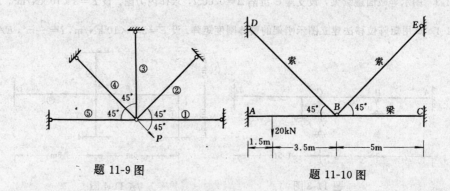

题 11-9 图   题 11-10 图

第十二章 结 构 动 力 计 算

第一节 概 述

一、动荷载

动荷载是随时间迅速改变的荷载。在它的作用下,结构上各质点的加速度不容忽视。如果荷载变化缓慢,其所产生的惯性力可以忽略不计,就属于静荷载。

二、结构动力反应的特点

(1) 在动力计算时必须考虑惯性力。内力、位移不仅是位置坐标的函数,而且是时间 t 的函数,同一截面的内力和位移在不同时刻是不同的;

(2) 在任何动力荷载作用下,结构将产生振动。结构动力反应不仅与荷载及结构的几何特征、弹性特征有关,还与结构自身的动力特性有关。

三、结构动力计算的目的

掌握动内力、动位移的计算原理和方法及结构动力特性的确定,以作出合理的动力设计是动力计算的目的。

建筑结构中常见的动力计算有动力基础的振动、多层厂房楼板的振动、抗地震计算、隔振计算等。

四、动力计算中体系的自由度

结构动力计算的基本未知量是质点的位移。确定质点位置所需要的独立坐标的数目称为体系的自由度。有几个自由度,就有几个基本未知量。

体系的自由度可以用加支杆的方法确定:如果加上 n 个支杆后,各个质点均不能运动,则体系的自由度等于 n。

这是因为无此 n 个支杆时(即原来状态)必可能发生 n 个独立位移,即有 n 个未知量。

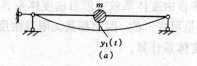
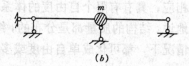

$y_1(t)$
(a)

(b)

图 12-1

下面举例说明。

图 12-1 所示体系有一个自由度,因为加一个支杆,质点就不动了(图 12-1b)。未知量是质点的位移 $y_1(t)$,它是时间 t 的函数。

有一个自由度的体系称为单自由度体系。图 12-2 所示体系有两个自由度。

并不是有几个质点就有几个自由度。

当不计轴向变形时,质点 1 与质点 2 的位移相等(图 12-3a),都是 $y_1(t)$,因此虽有两

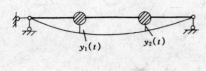

图 12-2

个质点，但自由度等于1。用加支杆的方法判断（图12-3b）也是这样。

图12-4所示单质点体系有两个自由度：竖向位移$y_1(t)$，水平位移$y_2(t)$。

图12-5示二层房屋水平振动计算简图，有两个自由度（后面还将作详细说明）。

图12-6示一具有分布质量的杆，在x处的质量分布集度（单位长度上的质量）以$\overline{m}(x)$表示。这种杆称为质量杆或有重杆。它可以看成是多质点体系的极限情况，有无限多个点的未知位移。这些点的位移形成一条连续的位移曲线$y(x,t)$。这种体系称为无限自由度体系。它的未知量$y(x,t)$不仅是时间t的函数，而且是坐标x的函数。

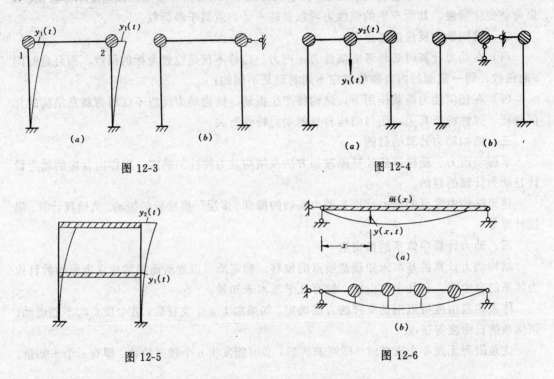

图 12-3　　　　　　　　　　　图 12-4

图 12-5　　　　　　　　　　　图 12-6

与此相应，具有有限个自由度的体系称为多自由度体系或有限自由度体系。

严格地说，结构的质量都是分布的，结构都是可变形的，因而都是无限自由度体系。但是在多数情况下，都可化成单自由度或多自由度体系计算。

第二节　运动方程的建立

通常用动力平衡法（或称动静法）建立运动方程。即根据达朗贝尔原理，把惯性力加上去，当作平衡问题建立方程。这样建立的"平衡方程"就是运动方程。

用动力平衡法建立运动方程有两种方法，即柔度法和刚度法。

一、柔度法

利用柔度系数，写出质点位移的表达式，即列出柔度方程。

【例 12-1】   用柔度法列单质点体系（图 12-7a）的运动方程。

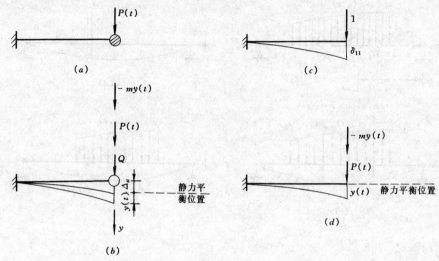

图 12-7

【解】   设位移 y 以向下为正（图 12-7b）。位移的正向同时也是速度 $\dot{y}$ 及加速度 $\ddot{y}$ 的正向，因为速度是位移对标量 t 的一阶导数，加速度是位移对标量 t 的二阶导数。

正的惯性力与加速度的正向（位移正向）相反。为了方便，通常把惯性力正向写成与加速度正向（即位移正向）一致，而冠以负号。图 12-7b 中 $-m\ddot{y}(t)$ 即为惯性力，它沿 y 的正向作用。

在质点上作用有质点自重 Q，动外力 $P(t)$ 及惯性力 $-m\ddot{y}(t)$（图 12-7b）。质点的位移分为两部分，一部分是质点自重 Q 产生的静位移 Δ_{st}

$$\Delta_{st} = Q \cdot \delta_{11} \qquad (A)$$

δ_{11} 为单位力产生的位移（图 12-7c）。按结构静力学方法计算。

对应于 Δ_{st} 的质点位置称为静力平衡位置（图 12-7b）。

位移的另一部分是动位移 $y(t)$，它从静力平衡位置起算，是附加的位移，是动荷载 $P(t)$ 和惯性力 $-m\ddot{y}(t)$ 引起的。由此，

$$y(t) = \delta_{11}\{P(t) + [-m\ddot{y}(t)]\} \qquad (B)$$

式 (B) 即体系的运动方程。

在通常情况下，自重 Q 与动位移 $y(t)$ 无关，为了求动位移 $y(t)$，无需画出自重 Q 及其产生的静位移 Δ_{st}，即假定原始位置就是静力平衡位置（图 12-7d）。后面都这样做。

求得位移后，再与静位移组合起来，做为设计依据。

式 (B) 可以改写为

$$m\ddot{y} + \frac{1}{\delta_{11}}y(t) = P(t) \qquad (12\text{-}1)$$

这个运动方程是以时间 t 为自变量的二阶常微分方程，后面再研究它的解。

【例 12-2】 用柔度法列图 12-8a 所示二自由度体系的运动方程。

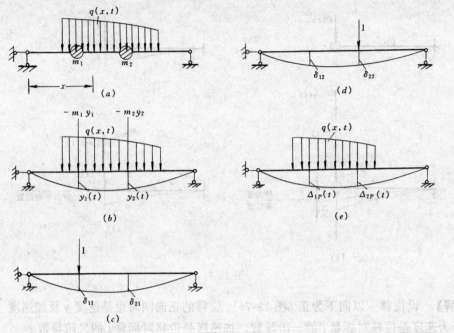

图 12-8

【解】 y_1、y_2 的正向示于图 12-8b，惯性力 $-m_1\ddot{y}_1$、$-m_2\ddot{y}_2$ 沿位移正向作用。动位移 y_1、y_2 是惯性力、荷载静力作用引起的，故有

$$\left.\begin{aligned}y_1(t) &= -m_1\ddot{y}_1(t)\delta_{11} - m_2\ddot{y}_2(t)\delta_{12} + \Delta_{1P}(t)\\y_2(t) &= -m_1\ddot{y}_1(t)\delta_{21} - m_2\ddot{y}_2(t)\delta_{22} + \Delta_{2P}(t)\end{aligned}\right\} \quad (A)$$

其中 δ_{11}、δ_{12}、δ_{21}、δ_{22} 的含义如图 c、d 所示。$\Delta_{1P}(t)$、$\Delta_{2P}(t)$ 如图 12-8e 所示，它是荷载 $q(x,t)$ 产生的静位移，按结构静力学方法计算，是时间 t 的函数。

式 (A) 即该体系的运动方程。它是常微分方程组，自变量是时间 t。

将式 (A) 写成矩阵形式：

$$\begin{Bmatrix}y_1\\y_2\end{Bmatrix} = \begin{bmatrix}\delta_{11}&\delta_{12}\\\delta_{21}&\delta_{22}\end{bmatrix}\begin{Bmatrix}-m_1\ddot{y}_1\\-m_2\ddot{y}_2\end{Bmatrix} + \begin{Bmatrix}\Delta_{1P}\\\Delta_{2P}\end{Bmatrix} \quad (B)$$

惯性力列阵可改写为

$$\begin{Bmatrix}-m_1\ddot{y}_1\\-m_2\ddot{y}_2\end{Bmatrix} = -\begin{bmatrix}m_1&\\&m_2\end{bmatrix}\begin{Bmatrix}\ddot{y}_1\\\ddot{y}_2\end{Bmatrix} \quad (12\text{-}2)$$

于是式 (B) 变为

$$\begin{Bmatrix}y_1\\y_2\end{Bmatrix} = -\begin{bmatrix}\delta_{11}&\delta_{12}\\\delta_{21}&\delta_{22}\end{bmatrix}\begin{bmatrix}m_1&\\&m_2\end{bmatrix}\begin{Bmatrix}\ddot{y}_1\\\ddot{y}_2\end{Bmatrix} + \begin{Bmatrix}\Delta_{1P}\\\Delta_{2P}\end{Bmatrix} \quad (12\text{-}3)$$

46

或简写为

$$\{y\} = -[\delta][m]\{\ddot{y}\} + \{\Delta_P\} \tag{12-4}$$

其中，$[\delta]$ 为体系的柔度矩阵，$[m]$ 为体系的质量矩阵。

多自由度体系的运动方程（柔度方程）都可以写成式（12-4）的形式。

对于有的体系，柔度系数不好求，改用刚度法列运动方程。

二、刚度法

有三种写法，见下面各例题。

【例 12-3】 用刚度法列运动方程（图 12-9a）。

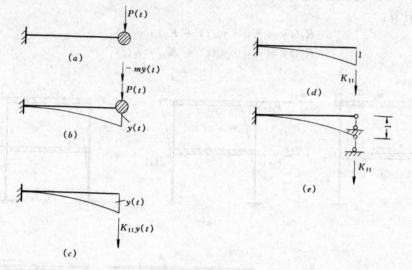

图 12-9

【解】 在外荷载 $P(t)$ 及惯性力 $-m\ddot{y}(t)$ 共同作用下产生的位移为 $y(t)$（图 12-9b）。另一方面。要想发生位移 $y(t)$ 必须加力 $K_{11} \cdot y(t)$（图 12-9c）。其中 K_{11} 为发生单位位移所需加的力（图 12-9d），也就是附加支杆发生单位位移时产生的支杆反力（图 12-9e）。所以有

$$K_{11}y(t) = P(t) - m\ddot{y}(t) \tag{12-5}$$

式之左侧为发生位移 $y(t)$ 所需加的力，右侧是产生位移 $y(t)$ 的实际的力。

如果右侧之力与左侧之力不等，则 $P(t)$ 及 $-m\ddot{y}(t)$ 必不能使体系在 $y(t)$ 位置上处于动力平衡。所以式（12-5）是动力平衡条件，或动力平衡方程。

式（12-5）可改写为

$$m\ddot{y} + K_{11}y(t) = P(t) \tag{12-6}$$

注意到 K_{11} 与 δ_{11} 互为倒数，即

$$K_{11} = 1/\delta_{11}$$

刚度方程（12-6）与柔度方程（12-1）是相通的。

K_{11} 与 δ_{11} 互为倒数可以这样来理解：在力 K_{11} 作用下产生的位移等于 1（图 12-9d），另方面在力 K_{11} 作用下产生的位移等于 K_{11} 乘以单位力产生的位移 δ_{11}，于是有

$$K_{11} \cdot \delta_{11} = 1$$

即互为倒数。

这样，刚度方程的第一种列法是，在动平衡的位置上，发生位移所需加的力等于实际的外力 $[P(t)$ 及惯性力]。

【例 12-4】 列二层房屋（图 12-10a）水平振动的运动方程。梁的 EI 为无穷大。

【解】 自由度等于 2。受力状态如图 12-10b 所示。对于此例由于刚度系数比柔度系数好算，列刚度方程，其形式为

$$\left.\begin{array}{l} R_1(t) = -\, m_1\, \ddot{y}_1(t) + P_1(t) \\ R_2(t) = -\, m_2\, \ddot{y}_2(t) + P_2(t) \end{array}\right\} \qquad (A)$$

其中：$R_1(t)$、$R_2(t)$ 为发生位移 $y_1(t)$、$y_2(t)$ 所需加之力（图 12-10c），用结构静力学的方法（位移法）计算：

$$\left.\begin{array}{l} R_1(t) = K_{11} \cdot y_1(t) + K_{12} \cdot y_2(t) \\ R_2(t) = K_{21} \cdot y_1(t) + K_{22} \cdot y_2(t) \end{array}\right\} \qquad (B)$$

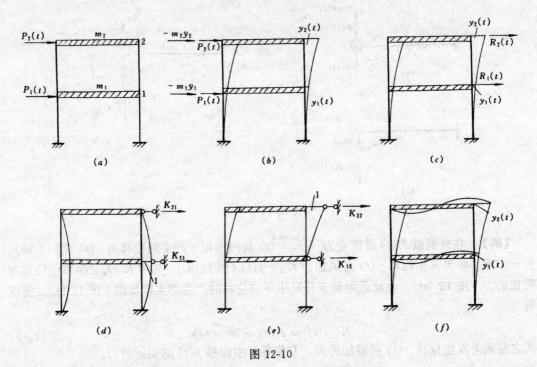

图 12-10

K_{11}、K_{12}、K_{21}、K_{22} 的含义如图 12-10d、e 所示，即位移法中的 r_{11}、r_{12}、r_{21}、r_{22}。图中所示均为正向，实际上这里 K_{12}、K_{21} 是负值。

式（A）右端为实际的外力：惯性力及外荷载。

将式（B）代入式（A）得

$$\left.\begin{array}{l} K_{11}y_1 + K_{12}y_2 = -\, m_1\, \ddot{y}_1 + P_1(t) \\ K_{21}y_1 + K_{22}y_2 = -\, m_2\, \ddot{y}_2 + P_2(t) \end{array}\right\} \qquad (12\text{-}7)$$

式（14-7）即该二层房屋的运动方程（刚度方程）。将其写成矩阵的形式：

$$\begin{bmatrix} K_{11} & K_{12} \\ K_{21} & K_{22} \end{bmatrix} \begin{Bmatrix} y_1 \\ y_2 \end{Bmatrix} = - \begin{bmatrix} m_1 & \\ & m_2 \end{bmatrix} \begin{Bmatrix} \ddot{y}_1 \\ \ddot{y}_2 \end{Bmatrix} + \begin{Bmatrix} P_1(t) \\ P_2(t) \end{Bmatrix} \qquad (12\text{-}8)$$

或简写为

$$[K]\{y\} = -[m]\{\ddot{y}\} + \{P(t)\} \tag{12-9}$$

其中 $[K]$ 为刚度矩阵。

刚度方程（12-9）代表方程组（12-7），其左端为发生位移 $\{y\}$ 所需之力。右端为实际的外力。

下面简要对二层房屋的计算简图（图12-10）加以说明：

（1）这是计算水平振动的简图，计算竖向振动时必须考虑楼面的竖向位移。

（2）由于柱子质量通常较楼面质量小得多，将柱子的分布质量集中到上下端楼面上去（底层将1/3柱质量集中到上端楼面，其它层柱子将其质量各1/2集中到上下两层楼面），图中 m_1，m_2 实际上包含柱子质量。

（3）发生水平位移时，楼面不仅发生水平位移，而且要发生竖向位移（图12-10f）。但由于竖向惯性力远较水平惯性力为小，故略去竖向惯性力不计。

【例12-5】 以质点为隔离体列图12-7a所示体系的运动方程。

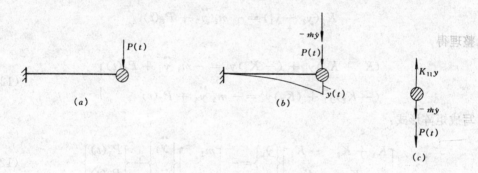

图 12-11

【解】 将其重绘于图12-11a。体系的受力情况如图12-11b所示。在此位置上将质点截出，其受力图如图12-11c所示。由动力平衡方程 $\Sigma Y = 0$，得

$$K_{11}y = -m\ddot{y} + P(t)$$

与前面得到的式（12-5）一致。

【例12-6】 略去楼面的弯曲变形（$EI_b = \infty$），列二层房屋水平振动的运动方程（图12-12a）。

【解】 受力及变形状态示于12-12b。当有无限刚梁（这里是无限刚楼面），且柱子平

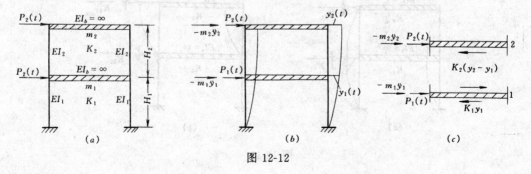

图 12-12

行时，梁不变形，平行移动，结点不转动；柱的工作相当于两端固定杆上下两端发生相对位移的情况。在这种情况下，柱中剪力只与上下两层楼面的相对位移有关，定义一个楼层刚度，它是上下楼面发生单位相对位移时楼层中各柱剪力之和。对于本题，第一层楼层刚度 K_1 等于

$$K_1 = \frac{12EI_1}{H_1^3} \times 2$$

第二层楼层刚度

$$K_2 = \frac{12EI_2}{H_2^3} \times 2$$

取楼面 1 及楼面 2 为隔离体，其受力图如图 12-12c 所示。

在楼面 1 上除作用有 $P_1(t)$、$-m_1 \ddot{y}_1$ 外，还作用有一层各柱剪力之和 $K_1 y_1$ 和二层柱子剪力之和 $K_2(y_2 - y_1)$，其方向由变形图（图 12-12b）可以看出。由 $\Sigma X = 0$ 得

$$K_1 y_1 - K_2(y_2 - y_1) = -m_1 \ddot{y}_1 + P_1(t) \tag{A}$$

同理，楼面 2，由 $\Sigma X = 0$ 得

$$K_2(y_2 - y_1) = -m_2 \ddot{y}_2 + P_2(t) \tag{B}$$

整理得

$$\left.\begin{array}{l}(K_1 + K_2)y_1 + (-K_2)y_2 = -m_1 \ddot{y}_1 + P_1(t) \\ (-K_2)y_1 + (K_2)y_2 = -m_2 \ddot{y}_2 + P_2(t)\end{array}\right\} \tag{12-10}$$

写成矩阵形式：

$$\begin{bmatrix} K_1 + K_2 & -K_2 \\ -K_2 & K_2 \end{bmatrix} \begin{Bmatrix} y_1 \\ y_2 \end{Bmatrix} = -\begin{bmatrix} m_1 & \\ & m_2 \end{bmatrix} \begin{Bmatrix} \ddot{y}_1 \\ \ddot{y}_2 \end{Bmatrix} + \begin{Bmatrix} P_1(t) \\ P_2(t) \end{Bmatrix} \tag{12-11}$$

这就是该体系的运动方程。

这是以楼面为隔离体列出的。也可以按例题 12-4 的思路，以体系（支承质点的体系）为研究对象列出。对于有无限刚梁的体系，式（12-8）中的刚度系数

$$K_{11} = K_1 + K_2, \quad K_{12} = K_{21} = -K_2$$

$$K_{22} = K_2$$

读者可参考下面的变形图（图 12-13）自己验证，注意在图 12-13b 中，下柱无弯曲变形，因而无弯矩、无剪力。

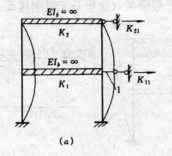
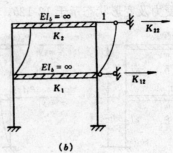

图 12-13

例题 12-5、例题 12-6 说明可以以质体（有质量的物体）为隔离体，用刚度法列运动方程，这是第二种写法。

第三种写法是加附加约束的方法。其概念与静力计算中的位移法相似，在真正的动平衡位置上，体系恢复自然的运动状态，因而附加的约束反力等于零。即

$$\{R\} = \{0\} \tag{12-12}$$

其展式为

$$[K]\{y\} + \{R_I\} + \{R_P\} = \{0\} \tag{12-13}$$

其中：$[K]\{y\}$ 为位移 $\{y\}$ 产生的附加约束反力；

$\{R_I\}$ 为惯性力产生的附加约束反力；

$\{R_P\}$ 为外荷载产生的附加约束反力。

具体做法见下面的例题。

【例 12-7】 用加附加约束的方法列单质点体系（图 12-14a）的运动方程。

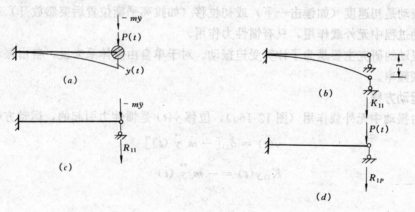

图 12-14

【解】 本体系只需加一个支杆，即可使质点不动。附加支杆反力等于零的方程为

$$R_1 = K_{11}y + R_{1I} + R_{1P} = 0 \tag{12-14}$$

K_{11} 为单位位移产生的支杆反力（图 12-14b），可用静力法算出。R_{1I} 为惯性力产生的支杆反力（图 12-14c）。所有反力均以与位移方向一致为正，图中所示均为反力正向。R_{1I} 等于

$$R_{1I} = m\ddot{y}$$

R_{1P} 为外载产生的支杆反力（图 12-14d）：

$$R_{1P} = -P(t)$$

代入方程（12-14），得

$$K_{11}y + m\ddot{y} - P(t) = 0$$

或

$$m\ddot{y} + K_{11}y = P(t)$$

与前面所得结果一致。

对于一些复杂体系，例如图 12-15 所示的体系，宜用加附加约束的方法列运动方程，这里不讨论。

列运动方程小结如下：

1. 列运动方程的步骤

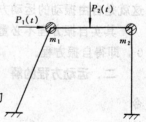

图 12-15

(1) 判断自由度数目，标出未知位移正向。

(2) 沿所设位移正向，作用惯性力，冠以负号。

(3) 根据求柔度系数方便，还是求刚度系数方便，确定写柔度方程，还是写刚度方程。

2. 刚度方程的几种写法

(1) 当结构给质体的反力容易求时，宜以质体为隔离体列方程（如例题 12-5、12-6）。否则以结构为对象列方程（如例题 12-4。该例题考虑楼面变形）。

(2) 当用上述方法有困难时宜用加附加约束的方法列方程。

第三节　单自由度体系的自由振动

很多工程结构可以简化为单自由度体系，此外单自由度体系的计算是多自由度体系计算的基础，所以单自由度体系的研究很重要。

自由振动是初速度（如锤击一下）或初位移（如拉离平衡位置后突然放开）产生的振动，在振动过程中无外载作用，只有惯性力作用。

自由振动的研究主要是为了计算受迫振动。对于单自由度体系来说，自由振动计算主要是求自振频率。

一、运动方程

在自由振动中无外载作用（图 12-16a），位移 $y(t)$ 是惯性力引起的，运动方程为

$$y(t) = \delta_{11}[- m \ddot{y}(t)]$$

或

$$K_{11}y(t) = - m \ddot{y}(t)$$

整理得

$$\left.\begin{array}{l} m \ddot{y}(t) + \dfrac{1}{\delta_{11}}y(t) = 0 \\[2mm] m \ddot{y}(t) + K_{11}y(t) = 0 \end{array}\right\} \tag{12-15}$$

或

$$(a) \qquad\qquad\qquad (b)$$

图 12-16

这就是自由振动的运动方程，或称自振方程。

其实自振方程不必重列，令有外载的运动方程（12-1）或（12-6）中的外载项 $P(t) = 0$，即得自振方程。

二、运动方程的解

令

$$\left.\begin{array}{l} \dfrac{1}{m\delta_{11}} = \omega^2 \\[2mm] \dfrac{K_{11}}{m} = \omega^2 \end{array}\right\} \tag{12-16}$$

或

式（12-5）变为

$$\ddot{y}(t) + \omega^2 y(t) = 0 \tag{12-17}$$

这是齐次二阶常微分方程，其解为

$$y(t) = B\cos\omega t + C\sin\omega t \tag{A}$$

积分常数 B、C 由初始条件确定。

位移 $y(t)$ 对时间 t 取导，得速度

$$\dot{y}(t) = -B\omega\sin\omega t + C\omega\cos\omega t \tag{B}$$

设已知 $t=0$ 时的位移（叫初位移）

$$y(0) = y_0 \tag{C}$$

$t=0$ 时的速度（叫初速度）

$$\dot{y}(0) = v_0 \tag{D}$$

由式（A）得

$$y(0) = B$$

代入式（C）得

$$B = y_0 \tag{E}$$

同样，由式（B）及式（D）得

$$C = v_0/\omega \tag{F}$$

将式（E）、（F）代入式（A）得

$$y(t) = y_0\cos\omega t + \frac{v_0}{\omega}\sin\omega t \tag{12-18}$$

也可写成单项的形式：

$$y(t) = A\sin(\omega t + \alpha) \tag{12-19}$$

其中

$$A = \sqrt{y_0^2 + \frac{v_0^2}{\omega^2}}, \operatorname{tg}\alpha = y_0\omega/v_0 \tag{12-20}$$

推证如下：展开式（12-19），得

$$y(t) = A\sin\omega t \cdot \cos\alpha + A\cos\omega t \cdot \sin\alpha \tag{A}$$

将式（A）与式（12-18）对照，欲其在任何瞬时都相等，两式中 $\cos\omega t$ 的系数和 $\sin\omega t$ 的系数，必须对应两两相等。由此有

$$\left.\begin{array}{l} A\cos\alpha = v_0/\omega \\ A\sin\alpha = y_0 \end{array}\right\} \tag{B}$$

两式平方相加后开方即得式（12-20）中 A 的表达式；相除即得 $\operatorname{tg}\alpha$ 的表达式。

三、自由振动解的分析

1. 自由振动中质点的运动规律

式（12-19）表明，自由振动中质点的运动规律可以表达为正弦函数。正弦函数与余弦函数可以互相变换，只差一个相位角 $\pi/2$，是同一种函数，叫简谐函数。用简谐函数表达的振动称为简谐振动，自由振动是简谐振动。

简谐函数是以 2π 为周期的，即

$$\sin(\omega t + \alpha) = \sin(\omega t + \alpha + 2\pi)$$

或

$$\sin(\omega t + \alpha) = \sin\left[\omega\left(t + \frac{2\pi}{\omega}\right) + \alpha\right]$$

因之

$$A\sin(\omega t + \alpha) = A\sin\left[\omega\left(t + \frac{2\pi}{\omega}\right) + \alpha\right]$$

将此式与式（12-19）相对照，可见等式左侧为瞬时 t 的位移 $y(t)$，右侧为瞬时 $t + \frac{2\pi}{\omega}$ 的位移 $y\left(t + \frac{2\pi}{\omega}\right)$。于是

$$y(t) = y\left(t + \frac{2\pi}{\omega}\right)$$

此式说明，在简谐运动中 t 秒时的位移与再经过 $2\pi/\omega$ 秒时的位移相同，即振动是周期性的，其周期 T 等于

$$T = 2\pi/\omega(\text{s}) \tag{12-21}$$

由式（12-19）可见 A 是振动过程中的最大位移，称为振幅。振幅由式（12-20）确定。

位移 $y(t)$ 随时间 t 的改变规律如图 12-17 所示。$y(t)$ 为正时表示质点（图 12-18）这时位于轴线（静力平衡位置）之下；$y(t)$ 为负时质点位于其上。每隔一周期 T 秒振动一周，回到原来位置。振幅为 A。

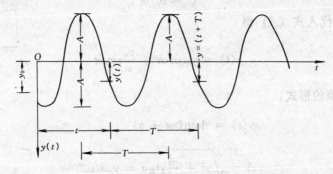

图 12-17

不要误认为质点沿曲线运动，质点是作直线往复运动（图 12-18）。图 12-17 示这个直线往复运动随时间改变其大小及方向的规律，而非表示运动轨迹。

每秒的振动次数以 f 表示，称 f 为频率。它与周期 T 间的关系是

$$f = 1/T \quad \text{次 / 秒} \tag{12-22}$$

这是因为 T 秒间振动一次，所以一秒间振动 $1/T$ 次。

f 的单位为赫兹（Hz）。

由式（12-21）得

$$\omega = 2\pi/T \quad (1/\text{秒}) \tag{12-23}$$

考虑到（式 12-22）

$$\omega = 2\pi f \tag{12-24}$$

由此，如果把 2π 考虑为 2π 秒，则 ω 表示 2π 秒间的振动次数（完整的循环次数）。称 ω 为圆频率。今后如不加说明，在本书中频率指 ω 而不是指 f，称 f 为每秒的振动次数。

ω 按式（12-16）计算。算出 ω 后按式（12-21）计算周期 T。

每分钟的振动次数用 N 表示，它等于

$$N = 60f \qquad (12\text{-}25)$$

或

$$N = 60 \cdot \frac{\omega}{2\pi} \qquad (12\text{-}26)$$

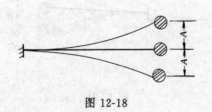

图 12-18

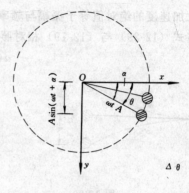

图 12-19

为说明圆频率 ω 和式（12-19）中 α 的含义，考察一个比拟的圆周运动。

设有一小球（图 12-19）以刚性杆与转动轴相连，以角速度 ω 绕点 O 作匀速圆周运动，在起始时（$t=0$ 时）杆与轴 x 的夹角为 α，在瞬时 t 杆与 x 轴的夹角为（$\omega t + \alpha$）。如取杆长等于图 12-19 所示质点的振幅 A，则在瞬时 t 小球的纵坐标为 $A\sin(\omega t + \alpha)$。

由此得出结论，质点（图 12-18）自由振动（直线往复运动）中质点位移随时间的改变规律与小球（图 12-19）作匀速圆周运动中小球的纵坐标的改变规律相同，从这个意义上来说，它们是相互比拟的。

标志着 $t=0$ 时的位置，称为初相位角，角 $\theta = \omega t + \alpha$ 称为相位角。

ω 在比拟圆周运动中是角速度，故称为圆频率。

不仅自由振动，所有简谐规律的运动都可以作上述圆周运动的比拟。

2. 自由振动中速度的改变规律

自由振动中位移的表达式为式（12-19）

$$y(t) = A\sin(\omega t + \alpha)$$

由此，速度 $v(t)$ 的表达式为

$$v(t) = \dot{y}(t) = A\omega\cos(\omega t + \alpha) \qquad (12\text{-}27)$$

当 $\cos(\omega t + \alpha) = 1$ 时速度达到最大值：

$$v_{max} = A \cdot \omega \qquad (12\text{-}28)$$

即最大的速度等于振幅 A 与频率 ω 的积。

当 $v = v_{max}$ 时 $\cos(\omega t + \alpha) = 1$，因而 $\sin(\omega t + \alpha) = 0$，由式（12-19）得 $y=0$，即位移等于零时速度达到最大值。

与此相应，当 $y = y_{max} = A$ 时，$\sin(\omega t + \alpha) = 1$，$\cos(\omega t + \alpha) = 0$，从而由式（12-27），$v=0$，即位移达到最大值时速度等于零。

这种关系示于图 12-20。

3. 自由振动中加速度和惯性力的变化规律

由式（12-27）得加速度 $a(t)$ 等于

$$a(t) = \ddot{y}(t) = -A\omega^2\sin(\omega t + \alpha) \qquad (12\text{-}29)$$

由此，最大加速度等于

$$a_{max} = -A\omega^2 \quad\quad\quad (12\text{-}30)$$

即最大加速度的绝对值等于振幅与频率平方的乘积。

将式（12-29）与（12-19）相对照，可见

$$a(t) = -\omega^2 y(t) \quad\quad\quad (12\text{-}31)$$

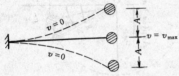

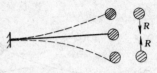

图 12-20   图 12-21

即加速度与位移成比例，比例系数为 ω^2，但方向相反。就是说，质点在平衡位置以上时加速度向下；质点在下时，加速度向上，即加速度永远指向平衡位置。这是因为质点所受的弹性力 R 永远指向平衡位置（图 12-21）。

惯性力 $Z(t) = -m\ddot{y}(t)$，按式（12-29）、（12-31）得

$$Z(t) = m\omega^2 y(t) = m\omega^2 \cdot A\sin(\omega t + \alpha) \quad\quad\quad (12\text{-}32)$$

这就是说惯性力永远与位移方向一致，在数量上与位移成比例，其比例系数为 $m\omega^2$。

惯性力的幅值（最大值）Z_{max} 等于

$$Z_{max} = m\omega^2 A \quad\quad\quad (12\text{-}33)$$

应当指出，上面推导的公式：

$$v_{max} = A\omega$$
$$a_{max} = -A\omega^2$$
$$Z_{max} = m\omega^2 A$$
$$a(t) = -\omega^2 y(t)$$
$$Z(t) = m\omega^2 y(t)$$

不但用于自由振动，而且适用于任何简谐运动，因为推导它们用到的是简谐振动的共性。但是应将 ω 理解为振动的频率。例如对于按 $\sin(\theta t + \alpha)$ 规律振动的情况，应以 θ 代替上列各式中的 ω。

4. 自由振动的衰减

按照本节的分析，自由振动一经发生便以同一振幅一直延续下去（图 12-17），这是由于没有考虑阻尼的缘故。实际上由于阻尼的作用，自由振动在几秒乃至百分之几秒内消逝。图 12-22 示一锤基础振动衰减的情况。

图 12-22

但是，阻尼对自振频率影响很小，通常不加考虑，本节求自振频率的公式，也用于有阻尼的情况。关于阻尼的影响，后面讨论。

四、用能量法计算自频

在无阻尼自由振动中动能 $T(t)$ 与势能 $U(t)$ 之和（机械能）保持为常数，不随时间而变；位移等于零时（通过静力平衡位置时）动能达到最大值 T，而势能为零；位移达到最大值（振幅处时）势能达到最大值 U，而动能为零。由此有

$$U + 0 = 0 + T \quad\quad\quad (12\text{-}34)$$

式之左端为达到振幅时的机械能，右端为通过静力平衡位置时的机械能。

动能的表达式为

$$T(t) = \frac{1}{2}mv^2(t) = \frac{1}{2}mA^2\omega^2\cos^2(\omega t + \alpha)$$

由此，动能 $T(t)$ 的最大值 T 等于

$$T = \frac{1}{2}mA^2\omega^2 \qquad\qquad (12\text{-}35)$$

令

$$\overline{T} = \frac{1}{2}mA^2 \qquad\qquad (12\text{-}36)$$

$\overline{T}$ 为 $\omega=1$ 时的最大动能。于是

$$T = \overline{T} \cdot \omega^2 \qquad\qquad (12\text{-}37)$$

代入式（12-34）得

$$\omega^2 = \frac{U}{\overline{T}} \qquad\qquad (12\text{-}38)$$

这就是用能量法求自振频率的算式。自振频率简称为自频。

后面将会看到，对于多质点的单自由度体系，用能量法求自频是很方便的。这里先用一简例（图 12-23）说明其用法。

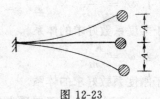

图 12-23

最大势能产生于振幅处，等于

$$U = \frac{1}{2}K_{11}A^2 \qquad\qquad (12\text{-}39)$$

其中 K_{11} 为发生单位位移所需之力。该式表示，弹性势能等于外力所作的实功。由势能零位置（静力平衡位置）移至振幅 A 过程中外力所作的实功等于力的最终数值（$K_{11}A$）与位移（A）乘积的一半。

$$\overline{T} = \frac{1}{2}mA^2$$

于是自频

$$\omega^2 = \frac{U}{\overline{T}} = \frac{\frac{1}{2}K_{11}A^2}{\frac{1}{2}mA^2} = \frac{K_{11}}{m}$$

与前面所得的结果相同。

五、用幅值方程计算自频

式（12-32）

$$Z(t) = m\omega^2 y(t) = m\omega^2 A\sin(\omega t + \alpha)$$

表明惯性力 $Z(t)$ 与位移 $y(t)$ 按同一规律 $\sin(\omega t + \alpha)$ 改变，所以可以用达到幅值这一瞬时的方程（叫幅值方程）代替其他任何瞬时的方程。后者约去一个公共乘数 $\sin(\omega t + \alpha)$ 即得前者。

例如，对于图（12-24a）所示体系，求自频时幅值方程可以这样来列：在达到振幅 A 时，惯性力 $Z(t)$ 达到其幅值 $m\omega^2 A$，惯性力与位移方向一致，位移 A 是惯性力幅值 $m\omega^2 A$ 产生的，故有

$$m\omega^2 A \cdot \delta_{11} = A$$

由于 $A \neq 0$（$A=0$ 时不振动），

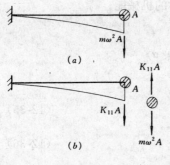

图 12-24

所以

$$\omega^2 = \frac{1}{m\delta_{11}}$$

或者由刚度方程（图 12-24b）

$$K_{11}A = m\omega^2 A$$

得

$$\omega^2 = \frac{K_{11}}{m}$$

所得结果与前同。

这样，求自频时可列幅值方程，而不必列自由振动时的运动微分方程。由于幅值方程是代数方程，所以得到简化。对于较为复杂的体系宜用幅值方程求自频（见后）。

六、自振频率算例

首先小结求自频的方法：

1. $\omega^2 = \frac{1}{m\delta_{11}}$

用于柔度系数好求的体系。

2. $\omega^2 = \frac{K_{11}}{m}$

用于刚度系数好求的体系。

以上两个方法用于单质点的单自由度体系。对于多质点的单自由度体系，可用下述两个方法求自频。

3. $\omega^2 = \frac{U}{T}$ （能量法）

4. 用幅值方程求自频。

【例 12-8】 悬臂梁长度 $l=1$m，其末端装一质量为 123kg 的电动机（图 12-25a）。钢梁（$E=2.060 \times 10^{11}$N/m²）的惯性矩 $I=78$cm⁴。与电动机重量相比，梁的自重可忽略不计。求自振频率及自振周期。

图 12-25

【解】 是一个自由度问题。

$$\delta_{11} = \frac{l^3}{3EI}$$

$$\omega^2 = \frac{1}{m \cdot \delta_{11}} = \frac{3 \times 2.06 \times 10^{11} \times 78 \times 10^{-8}}{123 \times (1)^3} = 3.919 \times 10^3 \quad 1/\text{s}^2$$

$$\omega = 62.6 \quad 1/\text{s}$$

每秒钟振动次数 $f = \frac{\omega}{2\pi} = 9.963$ 次/s = 9.963Hz

每分钟振动次数 $N = 60f = 598$ 次/min

周期 $T = \frac{1}{f} = 0.1$s

【例 12-9】 求排架（图 12-26a）的水平振动的自振频率。不计屋盖的变形。

【解】 刚度系数易求

$$K_{11} = \frac{3EI}{H^3} \times 2$$

于是 $\omega^2 = \frac{K_{11}}{m} = \frac{6EI}{mH^3}$

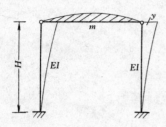
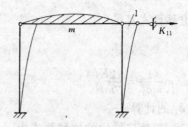

图 12-26

【例 12-10】 求块式基础（图 12-27a）的竖向自振频率。基础的质量为 $m=156$t。地基刚度系数 $K_z=1314.5\times10^3$kN/m。块式基础视为刚体。

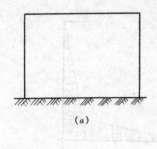
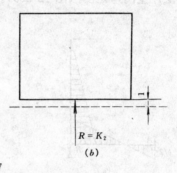

(a)   (b)

图 12-27

【解】 K_z 的定义是基础向下发生单位位移时地基的反力（图 12-27b）

$$\omega^2 = \frac{K_z}{m} = \frac{1314.5\times10^3}{156} = 4826 \quad 1/s^2$$

$\omega=91.79 \quad 1/s$

$f=14.61$Hz

$N=60f=877$ 次/min

【例 12-11】 求图 12-28a 所示体系的自振频率。$EI=$ 常数。

【解】 可利用公式

$$\omega^2 = \frac{1}{m\delta_{11}}$$

计算。但要注意，这个体系是超静定体系，δ_{11}（图 12-28b）是超静定体系的位移。按求超

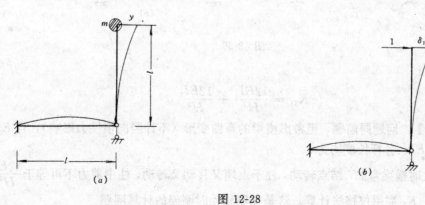
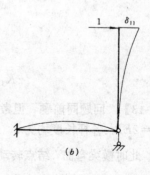

(a)   (b)

图 12-28

静定体系位移算式算得

$$\delta_{11} = \frac{7}{12}\frac{l^3}{EI}$$

于是 $\omega^2 = \frac{1}{m\delta_{11}} = \frac{12EI}{7ml^3}$

[注] δ_{11} 的计算

如所已知超静定结构的位移算式为

$$\Delta_{1P} = \Sigma \int M_1^0 \frac{Mds}{EI}$$

这里 M 为单位力在超静定体系上产生的弯矩图（图 12-29a）；M_1^0 为单位力在力法基本体系（静定体系）上产生的弯矩图（图 12-29b）。图乘即得 δ_{11}。

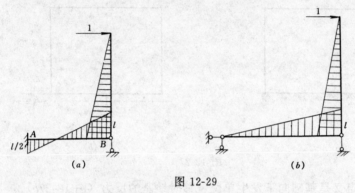

图 12-29

【例 12-12】 求具有无限刚梁的刚架（图 12-30）的自振频率。

【解】 按式

$$\omega^2 = \frac{K_{11}}{m}$$

计算。K_{11} 等于（图 12-30b）

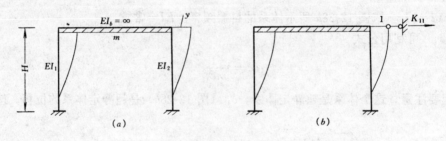

图 12-30

$$K_{11} = \frac{12EI_1}{H^3} + \frac{12EI_2}{H^3}$$

【例 12-13】 问题同前题，但考虑横梁的弯曲变形（不计竖向惯性力影响），且 $EI_b = EI_2 = 2EI_1 = 2EI$。各杆长度均为 l。

【解】 此时横梁弯曲，结点转动，柱子上端又移动又转动，柱中剪力不再等于 $\frac{12EI}{H^3} \cdot$ 1（图 12-31）。K_{11} 需用位移法计算。这是支座移动时刚架的计算问题。

算得
$$K_{11} = 26.18 \frac{EI}{l^3}$$

于是
$$\omega^2 = \frac{K_{11}}{m} = \frac{26.18EI}{ml^3}$$

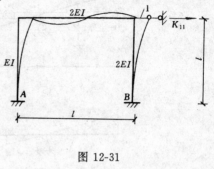

图 12-31

[注] K_{11} 的计算

令支杆位移为 Z_3（图 12-32）。现已知位移 $Z_3=1$，据此求转角 Z_1、Z_2，然后由 Z_1，Z_2 及 $Z_3=1$ 求支杆反力 R_3 即 K_{11}。

附加约束 1、2 反力矩等于零的条件为
$$R_1 = r_{11}Z_1 + r_{12}Z_2 + r_{13}Z_3 = 0 \atop R_2 = r_{21}Z_1 + r_{22}Z_2 + r_{23}Z_3 = 0 \Big\} \quad (A)$$
其中 $Z_3=1$。

容易求得
$$r_{11} = 4i + 8i = 12i, r_{12} = 4i, r_{13} = -6i/l$$
$$r_{21} = 4i, r_{22} = 8i + 8i = 16i, r_{23} = -12i/l$$

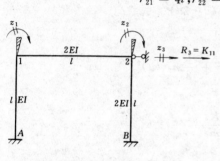

图 12-32

其中 $i = \dfrac{EI}{l}$

解方程组 (A)，得
$$Z_1 = 0.273/l, Z_2 = 0.682/l \quad (B)$$

支杆反力 R_3 等于
$$R_3 = r_{31}Z_1 + r_{32}Z_2 + r_{33}Z_3 \quad (C)$$

容易求出
$$r_{31} = -\frac{6i}{l}, r_{32} = \frac{12i}{l},$$
$$r_{33} = \frac{12i}{l^2} + \frac{24i}{l^2} = \frac{36i}{l^2}$$

将 Z_1、Z_2、Z_3 之值代入式 (C)，得
$$R_3 = 26.178 \frac{i}{l^2} = 26.18 \frac{EI}{l^3}$$
$$K_{11} = 26.18 \frac{EI}{l^3}$$

【例 12-14】 求图 12-33a 所示体系的自频。

【解】 该体系有两个质点，但由于是刚性杆，只有一个自由度（绕点 O 转动）。两个质点位置由一个参数决定。可以取转角 $\alpha(t)$ 为参数，也可取任意一点的位移为参数。

由于质点不是一个，不能用单质点时的自频算式 (12-16) 计算，可以用能量法或幅值方程计算。

（1）用能量法计算自频
$$\omega^2 = \frac{U}{T}$$

这里有两个弹簧，势能 U 等于
$$U = \Sigma \frac{1}{2} KA^2$$

61

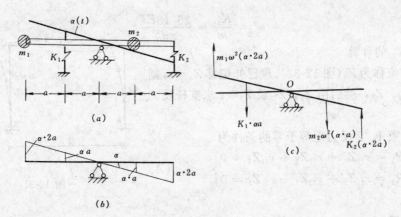

图 12-33

其中 A 为弹性支承点的位移幅值（振幅图示于图 12-32b，a 为 a (t) 的幅值）。于是

$$U = \frac{1}{2}K_1(a \cdot a)^2 + \frac{1}{2}K_2(a \cdot 2a)^2$$

这里有两个质点，$\omega=1$ 时的最大动能 $\overline{T}$ 等于

$$\overline{T} = \Sigma \frac{1}{2}mA^2 = \frac{1}{2}m_1(a \cdot 2a)^2 + \frac{1}{2}m_2(\alpha a)^2$$

于是得

$$\omega^2 = \frac{U}{\overline{T}} = \frac{K_1 + 4K_2}{4m_1 + m_2}$$

（2）用幅值方程计算自频

在振幅上，在杆上作用有惯性力的幅值及弹性力的幅值（图 12-33c）。

惯性力幅值的方向与位移相同，其数值等于 $m_i\omega^2 A_i$。弹簧反力与位移方向相反，其数值等于 $K_i A_i$。

由 $\Sigma M_0 = 0$：

$$m_1\omega^2(a \cdot 2a) \cdot 2a + m_2\omega^2(\alpha a)a - K_1(\alpha a)a - K_2(\alpha \cdot 2a)2a = 0$$

得

$$\omega^2 = \frac{K_1 + 4K_2}{4m_1 + m_2}$$

与前面所得结果相同。

七、自振频率的性质及改变自振频率的方法

自频算式

$$\omega^2 = \frac{K_{11}}{m}$$

中的 K_{11} 代表支承体系的刚度，m 是振动物体的质量。

此式表明，自振频率只与体系的刚度和振动物体的质量有关，而与振幅的大小及初速度、初位移的大小无关。故常称为体系的固有频率。

支承体系的刚度愈大或振动物体的质量愈小时，自振频率愈高，反之愈低。

结构的自振频率与荷载的频率相同时发生共振，接近时振幅也大。为了避免共振，减小振幅，往往需要考虑增大或减小自振频率。

提高自振频率的方法，视具体情况而定。例如，对于机器放在梁上的情况（图12-34），可以：

图12-34

  A. 缩短跨长（K_{11}增大）；

  B. 增大截面（K_{11}增大）；

  C. 机器座同结构刚性联结（K_{11}增大）；

  D. 增强结构的端部联系，如将梁与柱子的接头，由铰结改为刚结等（K_{11}增大）；

  E. 移动机器位置使靠近支座（K_{11}增大）；

  F. 增加联系，例如下面用柱子顶上（K_{11}增大）；

  G. 减少质量，如采用轻的机器座，等等。

减小频率的方法与上述相反。

第四节　阻尼对自由振动的影响

一、阻尼和阻尼理论

耗散能量的因素称为阻尼因素。阻尼因素主要有：材料的内摩擦、能量向土体的扩散、构件间接合部的摩擦等。

由于能量耗散，自由振动逐渐衰减，共振时振幅不能无限增大。

能量耗散通过在振动中对质点作负功的非弹性力——阻尼力来描述。

由于对阻尼力的描述不同，存在许多阻尼理论。在建筑结构中常用的主要有两种阻尼理论：粘滞阻尼理论和滞变阻尼理论。本书主要介绍前者。

二、粘滞阻尼理论

该理论认为阻尼力与变形速度成比例，其正向与弹性力正向相同。

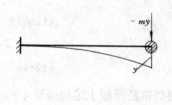

图12-35

对于单自由度体系（图12-35），考虑阻尼时，在自由振动中，在质点上除有惯性力及与位移成比例的弹性力 Ky 外（K 即前面的 K_{11}），还有与弹性力同向与速度成比例的非弹性力 $C\dot{y}$ 作用。C 为比例系数、称为阻尼常数。由于非弹性力 $C\dot{y}$ 与运动方向相反，在运动中作负功、使能量耗散。

运动方程为

$$Ky + C\dot{y} = - m\ddot{y} \tag{12-40}$$

它表明，考虑阻尼时发生运动状态所需要加的力有两种，一种是弹性力，一种是非弹性力。

据此，有限自由度体系，考虑阻尼时的自由振动方程为

$$[K]\{y\} + [C]\{\dot{y}\} = - [m]\{\ddot{y}\} \tag{12-41}$$

其中 $[C]$ 为阻尼矩阵。

三、考虑阻尼时单自由度体系的自由振动

运动方程

$$Ky + C\dot{y} = - m\ddot{y}$$

改写为

$$m\ddot{y} + C\dot{y} + Ky = 0 \qquad (12\text{-}42)$$

或

$$\ddot{y} + \frac{C}{m}\dot{y} + \frac{K}{m}y = 0$$

已知

$$\frac{K}{m} = \omega^2$$

因之有

$$\ddot{y} + \frac{C}{m}\dot{y} + \omega^2 y = 0 \qquad (A)$$

取解的形式为

$$y = e^{st} \qquad (B)$$

代入式（A），得

$$s^2 + \frac{C}{m}s + \omega^2 = 0$$

由此得

$$s = -\frac{1}{2}\frac{C}{m} \pm \sqrt{\left(\frac{C}{2m}\right)^2 - \omega^2} \qquad (12\text{-}43)$$

上式的解有三种情况：

(1) $\frac{C}{2m} > \omega$ 或 $\frac{C}{2m\omega} > 1$，是大阻尼情况，得两个不等的实根。

(2) $\frac{C}{2m} = \omega$ 或 $\frac{C}{2m\omega} = 1$，叫临界阻尼情况，得等实根。

(3) $\frac{C}{m} < \omega$ 或 $\frac{C}{2m\omega} < 1$，是小阻尼情况，得两个复根。

可以证明，临界阻尼及大阻尼情况均不能产生自由振动。初位移或初速度使其离开静力平衡位置后很快回到静力平衡位置，而不振动。只有小阻尼体系才能产生自由振动。在建筑结构中通常所遇到的都是小阻尼体系。

定义 $\frac{C}{2m} = \omega$ 时的 C 为临界阻尼常数，以 C_c 表示。这样，

$$C_c = 2m\omega \qquad (12\text{-}44)$$

定义

$$\zeta = \frac{C}{C_c} \qquad (12\text{-}45)$$

为阻尼比，它表示体系的阻尼是它的临界阻尼的百分之多少。例如钢筋混凝土结构通常 $\zeta = 0.05$，即表示它的阻尼是临界阻尼的 5%。

将式（12-44）代入式（12-45），得

$$\zeta = \frac{C}{2m\omega} \qquad (12\text{-}46)$$

这样，临界阻尼情况 $\zeta = 1$，大阻尼情况 $\zeta > 1$，小阻尼情况 $\zeta < 1$。

当 $\zeta < 1$ 时，式（12-43）变为

$$s = -\zeta\omega \pm i\omega\sqrt{1 - \zeta^2} \qquad (12\text{-}47)$$

其中 i 为虚根，即

$$i = \sqrt{-1}$$

令

$$\omega_D = \omega\sqrt{1 - \zeta^2} \qquad (12\text{-}48)$$

64

则有

$$s_1 = -\xi\omega + i\omega_D \atop s_2 = -\xi\omega + i\omega_D \Bigg\} \qquad (A)$$

根据所设解的形式

$$y = e^{st}$$

有
$$y = De^{s_1 t} + Ee^{s_2 t}$$

其中 D、E 为积分常数。

将式（A）代入得

$$y = e^{-\omega\zeta t}[De^{i\omega_D t} + Ee^{-i\omega_D t}]$$

它可以变换为

$$y = e^{-\omega\zeta t}[B\cos\omega_D t + C\sin\omega_D t] \qquad (12\text{-}49)$$

其中 B、C 为变换后的积分常数，由初始条件确定。

设初位移、初速度为

$$y(0) = y_0 \atop \dot{y}(0) = v_0 \Bigg\} \qquad (12\text{-}50)$$

将 y 微分得

$$\dot{y} = -\omega\zeta e^{-\omega\zeta t}[B\cos\omega_D t + C\sin\omega_D t]$$
$$+ e^{-\omega\zeta t}[-B\omega_D\sin\omega_D t + C\omega_D\cos\omega_D t]$$

由 $y(0) = y_0$ 得

$$B = y_0$$

由 $\dot{y}(0) = v_0$ 得

$$C = (v_0 + \omega\zeta y_0)/\omega_D$$

将 B、C 之值代入式（12-49）得

$$y(t) = e^{-\omega\zeta t}\left[y_0\cos\omega_D t + \frac{v_0 + \omega\zeta y_0}{\omega_D}\sin\omega_D t\right] \qquad (12\text{-}51)$$

此式表明 ω_D 为有阻尼自频。

当 $y_0 = 0$，由初速度 v_0 产生的自由振动为

$$y(t) = e^{-\omega\zeta t} \cdot \frac{v_0}{\omega_D}\sin\omega_D t \qquad (12\text{-}52)$$

式（12-51）可以表示为单项式：

$$y(t) = Ae^{-\omega\zeta t}\sin(\omega_D t + \alpha) \qquad (12\text{-}53)$$

推导如下：

展开式（12-53），

$$y(t) = e^{-\omega\zeta t}[A\sin\omega_D t \cdot \cos\alpha + A\cos\omega_D t \cdot \sin\alpha]$$

与式（12-51）对比，得

$$A\cos\alpha = \frac{v_0 + \omega\zeta y_0}{\omega_D}$$

$$A\sin\alpha = y_0$$

由此得

$$A = \sqrt{\left(\frac{v_0 + \omega\zeta y_0}{\omega_D}\right) + y_0^2}$$
$$\mathrm{tg}\varepsilon = \frac{y_0\omega_D}{v_0 + \omega\zeta y_0}$$
(12-54)

四、有阻尼自由振动分析

1. 有阻尼自频

$$\omega_D = \omega \sqrt{1 - \zeta^2} \doteq \omega$$

通常 $\zeta \leqslant 0.2$。当 $\zeta = 0.2$ 时，$\omega_D = 0.98\omega$。因此，求自频可以不计阻尼。

2. 有阻尼自由振动是周期性的衰减振动。称位移

$$y(t) = Ae^{-\zeta\omega t}\sin(\omega_D t + \alpha)$$

中 $\sin(\omega_D t + \alpha)$ 的周期

$$T_D = \frac{2\pi}{\omega_D}$$
(12-55)

为有阻尼自由振动的周期。

称 $\sin(\omega_D t + \alpha) = 1$ 时的位移值 $Ae^{-\zeta\omega_D t}$ 为有阻尼自由振动的振幅。

振幅是变的（图 12-36）。设在 $t = t_s$ 时 $\sin(\omega_D t_s + \alpha) = 1$，振幅：

$$A_s = Ae^{-\zeta\omega t_s}$$

经过一个周期 T_D，$\sin[\omega_D(t_s + T_D) + \alpha] = 1$，得相邻振幅：

$$A_{s+1} = Ae^{-\zeta\omega}(t_s + T_D)$$

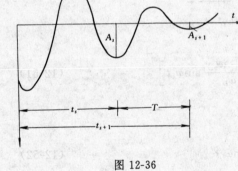

图 12-36

显然 $A_{s+1} < A_s$，振幅是衰减的。相邻振幅的比值（以小的除大的）为

$$\frac{A_s}{A_{s+1}} = e^{\zeta\omega T_D} = 常数$$

这说明，在有阻尼自由振动中振幅是按等比级数衰减的。

称比值 $\dfrac{A_s}{A_{s+1}}$ 的自然对数

$$\delta = \ln\frac{A_s}{A_{s+1}} = \zeta\omega T_D$$

为对数衰减率。

考虑到

$$T_D = \frac{2\pi}{\omega_D} \doteq \frac{2\pi}{\omega}$$

对数衰减率 δ 等于

$$\delta = 2\pi\zeta$$
(12-56)

可见，阻尼比愈大，衰减愈快。

最后指出，位移 $y(t) = Ae^{-\zeta\omega t}\sin(\omega_D t + \alpha)$ 并不是通常意义下的周期性函数 $[y(t + T) = y(t)]$。振幅也不是位移的极值，位移的极值应由 $y(t)$ 的导数 $\dot{y} = 0$ 条件确定。但这里的振幅与位移的极值是接近的。

第五节 简谐荷载作用下无阻尼单自由度体系的受迫振动

在振动过程中有动荷载作用时称为受迫振动。研究受迫振动的目的是求最大的动位移和最大的动内力。

按正弦或余弦规律改变的荷载称为简谐荷载。机器转子（转动部分），由于其质心对转轴不可避免的偏离而产生的惯性荷载就是简谐荷载。

设质心对转轴的偏心距为 e（图 12-37），机器转动角速度为 θ。当机器匀速转动时 θ 为常数。其所产生的离心惯性力为

$$P = me\theta^2 \qquad (12\text{-}57)$$

其中 m 为转子质量。

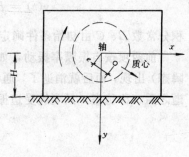

图 12-37

设在时间 $t=0$ 时，P 与 x 轴重合，则在时间 t 时，转角 $\alpha = \theta t$。惯性力 P 的水平分量为 $P\cos\theta t$ 竖向分量为 $P\sin\theta t$。这两个惯性力分量都作用在转轴上，并通过它作用在支承机器的结构上。它们对于结构来说就是动荷载。$P\sin\theta t$ 为竖向荷载，$P\cos\theta t$ 形成水平荷载 $P\cos\theta t$ 及力矩荷载 $PH\cos\theta t$。这些荷载都是简谐荷载。通常分别考虑其作用，而后叠加。

角速度 θ 取 rad/s 为单位，可由机器每分钟的转速 N_0 来计算。每秒钟的转速为

$$n_0 = N_0/60 \ \text{r/s} \qquad (12\text{-}58)$$

角速度为

$$\theta = 2\pi n_0 \ \text{rad/s 或 } 1/s \qquad (12\text{-}59)$$

例如机器每分钟的转速为 $N_0 = 1500\text{r/min}$，则

$$n_0 = 1500/60 = 25 \ \text{r/s}$$
$$\theta = 2\pi \cdot n_0 = 157 \ 1/s$$

θ 也可理解为 2π 秒间的转动次数。

动荷载又称扰力，θ 称为扰力 $P\sin\theta t$、$P\cos\theta t$，$PH\cos\theta t$ 的频率，或简称扰频。

除机器能直接产生简谐荷载外，一切周期性荷载都能分解成简谐分量，非周期性的一般动荷载也能通过复的谐分量计算。因此简谐荷载作用下结构受迫振动的计算是很重要的。

一、运动方程

在简谐荷载 $P\sin\theta t$（图 12-38a）作用下，结构的受力情况如图 12-38b 所示。质点的受力情况如图 12-38c 所示。由 $\Sigma Y = 0$ 得

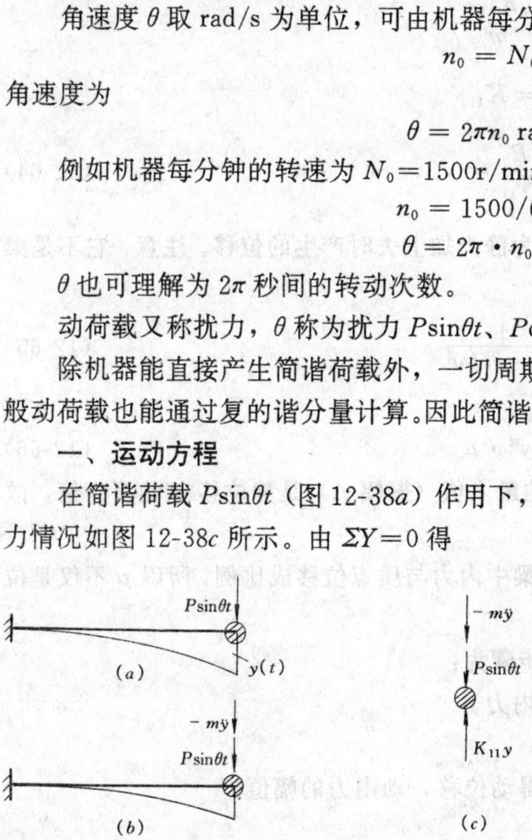

$$K_{11}y = -m\ddot{y} + P\sin\theta t$$

或

$$m\ddot{y} + K_{11}y = P\sin\theta t$$

或

$$\ddot{y} + \frac{K_{11}}{m}y = \frac{P}{m}\sin\theta t$$

已知

$$\frac{K_{11}}{m} = \omega^2$$

故有

(a)

(b)

$-m\ddot{y}$

$P\sin\theta t$

$K_{11}y$

(c)

图 12-38

$$\ddot{y} + \omega^2 y = \frac{P}{m}\sin\theta t \tag{12-60}$$

二、运动方程的解

运动方程（12-60）是非齐次二阶常微分方程，其解由齐次解及特解组成：

$$y(t) = B\cos\omega t + C\sin\omega t + \frac{P}{m(\omega^2 - \theta^2)}\sin\theta t \tag{12-61}$$

积分常数 B、C 由初始条件确定。

前两项按自振频率振动，如果考虑阻尼，则是衰减函数，只在很短的开始阶段（称做瞬态）出现，而后就消逝了，通常不考虑。第三项按扰频 θ 振动，叫纯受迫振动。前两项消逝之后（称稳态）只剩纯受迫振动。通常只考虑稳态，这时

$$y(t) = \frac{P}{m(\omega^2 - \theta^2)}\sin\theta t \tag{12-62}$$

振幅 A 等于

$$A = \frac{P}{m(\omega^2 - \theta^2)} = \frac{P}{m\omega^2} \cdot \frac{1}{1 - \theta^2/\omega^2} \tag{12-63}$$

注意到

$$\omega^2 = \frac{K_{11}}{m}$$

或

$$m\omega^2 = K_{11}$$

由此

$$\frac{P}{m\omega^2} = \frac{P}{K_{11}} = y^{st} \tag{12-64}$$

y^{st} 叫静位移，它是将扰力 $P\sin\theta t$ 的幅值 P 作为静力加上去时产生的位移。注意，它不是梁上静荷载产生的位移。

令

$$\mu = \frac{1}{1 - \theta^2/\omega^2} \tag{12-65}$$

于是得振幅的表达式：

$$A = y^{st} \cdot \mu \tag{12-66}$$

此式表明，μ 的物理意义是：它表示动位移的最大值（振幅 A）是静位移 y^{st} 的多少倍，故称为动力系数。

对于单质点单自由度体系（图 12-38a），梁中内力与质点位移成比例，所以 μ 不仅是位移的动力系数，同时也是内力的动力系数。

这样，求动位移、动内力最大值的计算步骤为：

（1）在扰力幅值作用下求静位移 y^{st} 及静内力。

（2）求动力系数。

（3）将静位移，静内力乘以动力系数即得动位移，动内力的幅值。

三、算式分析

振幅算式

$$A = y^{st} \cdot \mu$$

动力系数 $\qquad \mu = \dfrac{1}{1 - \theta^2/\omega^2}$,

它随扰频 θ 与自频 ω 的比值 θ/ω 而变。μ 与 θ/ω 的
关系图如图 12-39 所示。分析如下：

1. 当 $\theta \ll \omega$ 时，$\mu \to 1$。

这说明当机器转得很慢时，可当作静力计算。计算
表明当 $\theta < \dfrac{1}{5}\omega$ 时，当作静力计算，误差小于 5%。

2. $\theta < \omega$ 时 $\mu > 0$，$\theta > \omega$ 时 $\mu < 0$。

μ 的正负代表什么物理意义呢？由下式即可了解：

$$y(t) = y^{st} \cdot \mu \cdot \sin\theta t = \frac{P}{K_{11}} \mu \sin\theta t = \mu \cdot \frac{1}{K_{11}} P(t)$$

此式表明，当 $\mu > 0$ 时，位移 $y(t)$ 与动荷载 $P(t)$ 同向
（图 12-40a）；当 $\mu < 0$ 时，位移与动荷载方向相反（图
12-40b）。

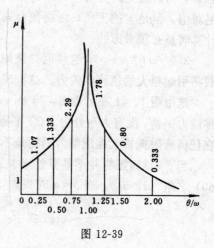

图 12-39

位移方向与外力方向相反是同静力现象相反的。但是这并不奇怪，如果把惯性力考虑
进去，就完全符合静力规律，即惯性力与动载的合力永远同位移方向一致。

设在时刻 t 位移 $y(t)$ 是向下的（图 12-40），我们来考查在什么条件下动载 $P(t)$ 是向下
的（与位移方向相同），在什么条件下动载 $P(t)$ 是向上的（与位移方向相反）。

惯性力 $m\theta^2 y(t)$ 永远同位移 $y(t)$ 方向一致，作用在质点上的弹性力 $K_{11}y(t)$ 同位移方
向相反。显然如果弹性力 $K_{11}y(t)$ 大于惯性力 $m\theta^2 y(t)$ 时，动载 $P(t)$ 必须向下（即同位移
方向一致），即 $K_{11} > m\theta^2$ 时 $P(t)$ 与位移方向一致，反之如弹力 $K_{11}y(t)$ 小于惯性力 $m\theta^2 y(t)$
时，动载 $P(t)$ 必须向上（同位移方向相反），即 $K_{11} < m\theta^2$ 时 $P(t)$ 与位移方向相反。$K_{11} >$
$m\theta^2$ 时 $\omega > \theta \left(\dfrac{K_{11}}{m} = \omega^2 \right)$，$\mu$ 是正的，$K_{11} < m\theta^2$ 时 $\omega < \theta$，μ 是负的。

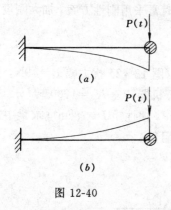

图 12-40

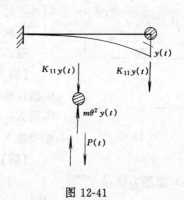

图 12-41

这就说明了为什么 μ 是正的时动载与位移方向一致，μ 是负的时动载与位移方向相反。

惯性力同动载的合力永远同作用于质点上的弹性力平衡，永远同作用于结构上的力
$K_{11}y(t)$ 数值相同方向一致，所以永远同结构的位移方向相同。

由于振动是往复的，所以位移与外力的方向一致也好，不一致也好，即 μ 是正的也好，
负的也好，对于单自由度体系的振动计算来说并无实际意义，需要的是 μ 的绝对值，它标

志着动力效应是静力效应的多少倍。因此在图 12-39 上把 μ 都画成正的，即给出的是 μ 的绝对值。但是 μ 的正负，后面便会知道，当将多自由度体系的计算分解成单自由度体系来计算时是必须考虑的。

3. $\theta \rightarrow \omega$ 时 $\mu \rightarrow \infty$，这说明外载频率与结构自振频率一致时振幅将无限增大。不大的荷载将引起很大的位移和内力。这种现象称为共振。

这由图 12-41 亦可看出，当 $\theta = \omega$ 时惯性力 $m\theta^2 y(t) = m\omega^2 y(t) = K_{11} y(t)$，惯性力与弹性力平衡，没有力与外力 $P(t)$ 平衡，无论振幅 $y(t)$ 多大都是如此。这说明在这种情况下在任何有限振幅上维持动力平衡是不可能的。

当 $\theta = \omega$ 时振幅并不是突然增加到无穷大的。由微分方程的理论得知，微分方程（12-60）之解（12-61），当 $\theta = \omega$ 时失效，它的解当为

$$y(t) = B\cos\omega t + C\sin\omega t - \frac{1}{2\omega}\frac{P}{m}t\cos\omega t \qquad (12\text{-}67)$$

其中积分常数，B、C 由起始条件确定。

式（12-67）中第三项的振幅 $\left(\dfrac{1}{2\omega}\dfrac{P}{m}t\right)$ 随时间而增大，这说明当 $\theta = \omega$ 时，即当共振时，结构位移的幅值从有限值不断增大直至无穷。由于类似原因，对于高转速机器（$\theta > \omega$）在起动或停车过程中经过共振区时希望迅速通过。

考虑阻尼时振幅不能增至无穷，但共振时振幅也是突出大的，这时动载 $P(t)$ 为非弹性抗力所平衡。

4. $\theta \gg \omega$ 时，$|\mu| < 1$。

当机器转速很高或结构自频很低（刚度很小，或质量很大）时，动力系数的绝对值小于 1，即动位移小于静位移。极限为 $\mu \rightarrow 0$。

利用这个性质，当 $\theta > \omega$ 时常常用减小自频的办法（减小刚度或增大质量）以减小振幅，这种设计方案叫柔性方案。

与此相对应，$\theta < \omega$ 时常采用刚性方案，加大刚度，提高自频，以减小振幅。

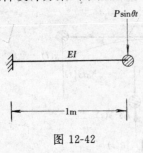

图 12-42

四、算例

【例 12-15】 已知（图 12-42）扰力幅 $P = 49\text{N}$，扰力来自机器转动产生的离心力。机器转速 $N_0 = 1200$ 转/分。梁的弹性模量 $E = 2.06 \times 10^{11}\text{N/m}^2$，惯性矩 $I = 78\text{cm}^4$。求梁中最大动位移和最大动弯矩。不计阻尼。

【解】

（1）求静力位移 y^{st}

$$\frac{Pl^3}{3EI} = \frac{49 \times (1)^3}{3 \times 2.06 \times 10^{11} \times 78 \times 10^{-8}}$$
$$= 0.102 \times 10^{-3}\text{m} = 0.102\text{mm}$$

（2）求动力系数 μ

扰频

$$\theta = \frac{N_0}{60} \times 2\pi = 125.66 \ 1/s$$

前（例题 12-8 中）已算出自频

$$\omega = 62.6\ 1/s$$

由此 $$\theta/\omega = 125.66/62.6 = 2$$

动力系数 $$\mu = \frac{1}{1-\omega^2/p^2} = -\frac{1}{3}$$

（3）求最大位移

$$A = y^{st}\mu = 0.102\left(-\frac{1}{3}\right) = -0.034\text{mm}$$

（4）求最大内力

静力弯矩 M^{st} 图示于图 12-43a。动弯矩

$$M^D = M^{st}\cdot\mu$$

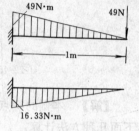

示于图 12-43b，最大动弯矩为 16.33N·m

【例 12-16】 $\theta = 0.5\omega$（图 12-44a），求动弯矩幅。不计阻尼。

【解】

（1）绘静力弯矩图 M^{st}

静力弯矩图如图 12-44c 所示，一般可用位移法计算。本例利用

图 12-43

刚性横梁的条件，可以更简单地得到。横梁平移，柱子反弯点在中间 $H/2$ 处（图 12-44b），此处只有剪力，无弯矩。由于二柱刚度及高度相同，二柱剪力各为 $P/2$，由此即可画出柱上弯矩图。梁端弯矩由结点平衡条件确定。

（2）求动力系数

$$\mu = \frac{1}{1-\theta^2/\omega^2} = \frac{1}{1-(0.5)^2} = \frac{4}{3}$$

（3）求动弯矩幅

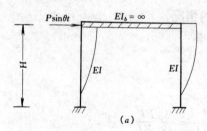

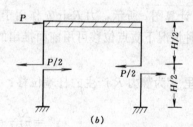

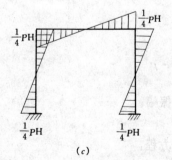

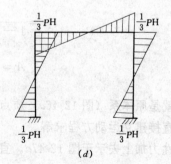

图 12-44

静力弯矩图 M^{st} 乘以动力系数 μ 即得动弯矩幅 M^D 图，如图 12-44d 所示。

【例 12-17】 力 $P\sin\theta t$ 作用于悬臂等截面杆的中间（图 12-45），求质点稳态振幅。

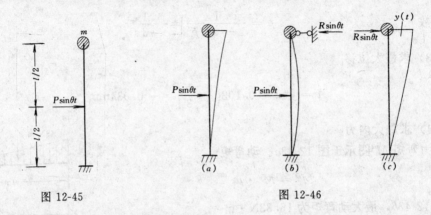

图 12-45   图 12-46

【解】 本例的特点是外力不作用在质点上，不能直接利用前面推出的公式计算。可用下面几种方法计算：

(1) 加附加支杆，化成力作用于质点上的情况计算（图 12-46）。

图 12-46a 所示的情况等于图 12-46b 与图 12-46c 所示两种情况的叠加。而在图 12-46b 所示的情况下质点的位移等于零，因此图 12-46c 上质点的位移就等于原情况图 12-46a 上质点的位移。计算步骤如下：

a）计算图 b 上附加支杆反力。

由于质点无位移（无惯性力），按静力方法计算反力。对于本例可以算得

$$R = \frac{5}{16}P$$

b）计算图 c 所示，力 $R\sin\theta t$ 作用于质点上的情况。

这种情况下质点位移可用前面推出的公式计算：

$$A = y^{st} \cdot \mu$$

这里 y^{st} 为静力 R 产生的杆端位移：

$$y^{st} = \frac{Rl^3}{3EI} = \frac{5P}{16}\frac{l^3}{3EI} = \frac{5}{48}\frac{Pl^3}{EI}$$

$$\mu = \frac{1}{1 - \theta^2/\omega^2}$$

于是

$$A = \frac{5}{48}\frac{Pl^3}{EI} \cdot \mu$$

这也就是原体系（图 12-46a）质点的稳态振幅。

(2) 直接建立运动方程求解。

将惯性力加上去示于图 12-47a。宜列柔度方程：

$$y = -m\ddot{y}\,\delta_{11} + P\sin\theta t \cdot \delta_{12}$$

72

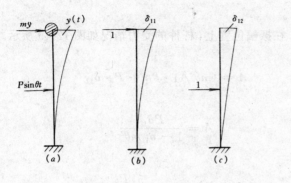

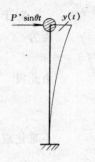

图 12-47   图 12-48

或
$$m\ddot{y} + \frac{1}{\delta_{11}}y = P\frac{\delta_{12}}{\delta_{11}} \cdot \sin\theta t$$

令
$$P^* = P\frac{\delta_{12}}{\delta_{11}} \tag{A}$$

上式变为：

$$m\ddot{y} + \frac{1}{\delta_{11}}y = P^*\sin\theta t$$

或
$$\ddot{y} + \omega^2 y = \frac{P^*}{m}\sin\theta t \tag{B}$$

将式 (B) 与式 (12-60) 相对照，可见位移 $y(t)$ 相当于作用于质点上动载 $P \cdot \sin\omega t$ 产生的位移。而这个位移是可用前面推出的公式计算的：

$$A = y^{st} \cdot \mu$$

其中
$$y^{st} = \frac{P^* l^3}{3EI}$$

按式(A)
$$P^* = P\frac{\delta_{12}}{\delta_{11}}$$

不难算出
$$\delta_{11} = \frac{l^3}{3EI}, \delta_{12} = \frac{5}{48}\frac{l^3}{EI}$$

于是
$$P^* = P\frac{\delta_{12}}{\delta_{11}} = \frac{5}{16}P$$

$$y^{st} = \frac{P^* l^3}{3EI} = \frac{5}{48}\frac{Pl^3}{EI}$$

$$A = \frac{5}{48}\frac{Pl^3}{EI} \cdot \mu$$

这就是所求的质点稳态振幅。

也可以直接解算微分方程式 (B)，得到相同的结果。

(3) 利用幅值方程解算。

与无阻尼自由振动一样，稳态受迫振动也是简谐振动。在简谐振动中，惯性力与位移

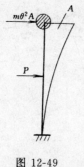

图 12-49

变化规律相同,同时到达最大值,可列幅值方程。惯性力与位移方向一致,其幅值为 $m\theta^2A$。

对于本例,在振幅位置上,杆件的受力情况如图 12-49 所示。幅值方程为

$$A = (m\theta^2 A) \cdot \delta_{11} + P \cdot \delta_{12}$$

由此得

$$A = \frac{P\delta_{12}}{1 - \delta_{11}m\theta^2}$$

不难化成

$$A = P\delta_{12} \cdot \mu = \frac{5}{48}\frac{Pl^3}{EI} \cdot \mu$$

与前面所得结果一致。

第六节 简谐荷载作用下有阻尼单自由度体系的受迫振动

一、运动方程(图 12-50)

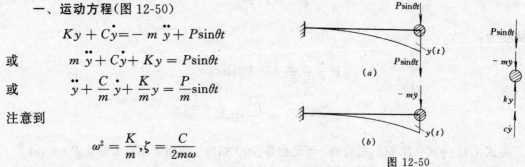

图 12-50

$$Ky + C\dot{y} = -m\ddot{y} + P\sin\theta t$$

或

$$m\ddot{y} + C\dot{y} + Ky = P\sin\theta t$$

或

$$\ddot{y} + \frac{C}{m}\dot{y} + \frac{K}{m}y = \frac{P}{m}\sin\theta t$$

注意到

$$\omega^2 = \frac{K}{m}, \zeta = \frac{C}{2m\omega}$$

上式可改写为

$$\ddot{y}(t) + 2\zeta\omega\dot{y}(t) + \omega^2 y(t) = \frac{P}{m}\sin\theta t \tag{12-68}$$

二、运动方程的解

运动方程 (12-68) 是非齐次二阶常微分方程,其解由齐次解 $y_0(t)$ 及特解 $y_P(t)$ 组成:

$$y(t) = y_0(t) + y_P(t)$$

其中齐次解为微分方程

$$\ddot{y}(t) + 2\zeta\omega\dot{y}(t) + \omega^2 y(t) = 0$$

之解,即自由振动微分方程解

$$y_0(t) = e^{-\zeta\omega t}(B\cos\omega_D t + C\sin\omega_D t)$$

是衰减振动。在稳态只剩下特解(叫纯受迫振动)。于是稳态解为

$$y(t) = y_P(t)$$

稳态解的来源后面讲述,解的结果是

$$y = A\sin(\theta t + \alpha) \tag{12-69}$$

其中

$$A = y^{st} \cdot \mu \tag{12-70}$$

动力系数

74

$$\mu = \frac{1}{\sqrt{(1-\beta^2)^2 + (2\zeta\beta)^2}} \tag{12-71}$$

频率比
$$\beta = \theta/\omega \tag{12-72}$$

ζ 为阻尼比

静力位移

$$y^{st} = \frac{P}{K} \tag{12-73}$$

角 α 由下式确定：

$$\mathrm{tg}\alpha = \frac{2\zeta\beta}{1-\beta^2} \tag{12-74}$$

当 $\beta < 1$（即 $\theta < \omega$）时，α 在区向 $0 \sim \pi/2$；当 $\beta > 1$（即 $\theta > \omega$）时，α 在 $\pi/2 \sim \pi$；当 $\beta = 1$（$\theta = \omega$ 即共振）时，$\alpha = \pi/2$。来源见后面公式推导。

【例 12-18】 机器放在基础上（机器未画出）。机器连同基础的质量为 $m = 156\mathrm{t}$。地基竖向刚度系数 $K_z = 1314.5 \times 10^3 \mathrm{kN/m}$。竖向阻尼比 $\zeta_z = 0.2$。机器转速 $N_0 = 800\mathrm{r/min}$。扰力幅 $P = 30\mathrm{kN}$。求基础振幅。

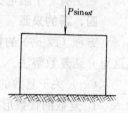

图 12-51

【解】

静力位移

$$y^{st} = \frac{P}{K_z} = \frac{30}{1314.5 \times 10^3} = 0.0228 \times 10^{-3}\mathrm{m} = 0.0228\mathrm{mm}$$

自频
$$\omega = \sqrt{\frac{K_z}{m}} = \sqrt{\frac{1314.5 \times 10^3}{156}} = 91.79 \ 1/\mathrm{s}$$

扰频
$$\theta = \frac{N_0}{60} \times 2\pi = \frac{800}{60} \times 2\pi = 83.78 \ 1/\mathrm{s}$$

频率比
$$\beta = \theta/\omega = 0.913$$

动力系数

$$\mu = \frac{1}{\sqrt{(1-\beta^2)^2 + (2\zeta\beta)^2}} = 2.49$$

振幅

$$A = y^{st} \cdot \mu = 0.0228 \times 2.49 = 0.0568\mathrm{mm}$$

三、解的分析

1. 动力系数

动力系数

$$\mu = \frac{1}{\sqrt{(1-\beta^2)^2 + (2\zeta\beta)^2}}$$

与频率比 β 及阻尼比 ζ 有关。对应不同的 ζ 值，绘得 μ 与 β 的关系曲线，如图 12-52 所示。

图上 $\zeta = 0$ 为无阻尼情况。随着阻尼比 ζ 的增大，而动力系数减小。

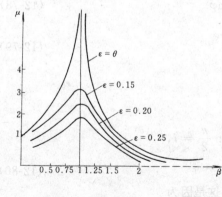

图 12-52

对应一定的阻尼比（一定的体系），μ 的最大值 μ_{max} 发生于 $\beta = 1$（$\theta = \omega$）的附近，而略偏左。一般可以认为发生于 $\beta = 1$ 处。$\beta = 1$ 处的动力系数以 $\mu_{共}$ 表示，由 μ 的算式可以算出，

它等于 $1/2\zeta$。于是有

$$\mu_{\max} \doteq \mu_{\text{共}} = \frac{1}{2\zeta} \tag{12-75}$$

对于钢筋混凝土结构，通常 $\zeta=0.05$，于是 $\mu_{\text{共}}=10$，即共振振幅为扰力静力位移的 10 倍。

2. 位移滞后于扰力

式 (12-69) 给出位移的表达式为

$$y(t) = A\sin(\theta t - \alpha)$$

而扰力的表达式为

$$P(t) = P\sin\theta t$$

可见，考虑阻尼时，位移与扰力不同步，而是滞后一个角度 α，α 称为滞后角。不同步的原因，在于有一个阻尼力，它不与位移成比例，而与速度成比例。

四、解的来源

方程 (12-68) 的特解，可以用实数方法，也可以用复数方法得到。考虑到今后的需要，这里介绍复数解法。

（一）关于复数的说明

1. 复数的代数形式为

$$Z = a + bi \tag{12-76}$$

称 a 为实部，b 为虚部，$i=\sqrt{-1}$ 为虚根。

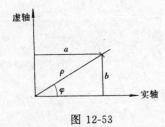

图 12-53

复数可表示为复平面上的一个点（图 12-53）。ρ 称为复数的模或绝对值。φ 称为辐角。

$$a = \rho\cos\varphi, b = \rho\sin\varphi$$

复数 Z 可表示为

$$Z = \rho(\cos\varphi + i\sin\varphi) \tag{12-77}$$

称为复数的三角形式。

按尤拉公式

$$e^{i\varphi} = \cos\varphi + i\sin\varphi \tag{12-78}$$

复数可表示为

$$z = \rho e^{i\varphi} \tag{12-79}$$

称为复数的指数形式。

由此，$e^{i\varphi}$ 是模 $\rho=1$ 的复数。

2. $\varphi=\pi/2$ 时

$$e^{i\varphi} = e^{i\frac{\pi}{2}} = \cos\frac{\pi}{2} + i\sin\frac{\pi}{2} = i,$$

即

$$e^{i\frac{\pi}{2}} = i \tag{12-80}$$

一个复数乘以 i 时，其模不变，辐角增大 $\pi/2$。这是因为

$$(\rho e^{i\varphi})i = \rho e^{i\varphi} \cdot e^{i\frac{\pi}{2}} = \rho e^{i(\varphi+\frac{\pi}{2})}。$$

3. 当辅角 γ 很小时，有

$$e^{i\gamma} \doteq 1 + i\gamma \tag{12-81}$$

这是因为

$$e^{i\gamma} = \cos\gamma + i\sin\gamma \doteq 1 + i\gamma$$

（二）求运动微分方程

$$\ddot{y} + 2\zeta\omega\dot{y} + \omega^2 y = \frac{P}{m}\sin\theta t$$

的特解。这里介绍复数解法。其步骤为

1. 将 $\sin\theta t$ 改换为 $e^{i\theta t}$

这时运动方程变为复的微分方程

$$m\ddot{y} + C\dot{y} + Ky = Pe^{i\theta t} \tag{12-82}$$

或

$$\ddot{y} + 2\zeta\omega\dot{y} + \omega^2 y = \frac{P}{m}e^{i\theta t} \tag{12-83}$$

2. 求复微分方程（12-82）的复特解。复特解的虚部，即微分方程

$$m\ddot{y} + C\dot{y} + Ky = P\sin\theta t \tag{12-84}$$

的解。复特解的实部，即微分方程

$$m\ddot{y} + C\dot{y} + Ky = P\cos\theta t \tag{12-85}$$

之解。

即先求复特解，如果荷载为 $P\sin\theta t$，则取其虚部，如果荷载为 $P\cos\theta t$，则取其实部。这样就得到了特解。

以 $e^{i\theta t}$ 代替 $\sin\theta t$，相当于以复荷载 $Pe^{i\theta t}$ 代替实荷载 $P\sin\theta t$。

理论根据：

设

$$m\ddot{y} + C\dot{y} + Ky = Pe^{i\theta t} \tag{A}$$

的复特解为

$$y = u(t) + iv(t) \tag{B}$$

其中 $u(t)$、$v(t)$ 为实函数。

按欧拉公式

$$e^{i\theta t} = \cos\theta t + i\sin\theta t \tag{C}$$

将式（B）、式（C）代入式（A）

$$m(\ddot{u} + i\ddot{v}) + C(\dot{u} + i\dot{v}) + K(u + iv) = P(\cos\theta t + i\sin\theta t)$$

或

$$(m\ddot{u} + C\dot{u} + Ku) + i(m\ddot{v} + C\dot{v} + Kv) = P\cos\theta t + iP\sin\theta t$$

二复数相等时，实部等于实部，虚部等于虚部，由此得二微分方程：

$$m\ddot{u} + C\dot{u} + Ku = P\cos\theta t$$

$$m\ddot{v} + C\dot{v} + Kv = P\sin\theta t$$

这表明，复特解的实部 u 为方程（12-85）之特解，复特解的虚部 v 为方程（12-84）之特解。这就是要证明的。

应当指出，这种解法也适用于其他一些微分方程，其条件是线性的且具有实系数。

下面求微分方程

$$\ddot{y} + 2\zeta\omega\dot{y} + \omega^2 y = \frac{P}{m}e^{i\theta t} \tag{12-86}$$

的复特解。

设复特解的形式为

$$y(t) = \rho e^{i\theta t} \tag{12-87}$$

其中 ρ 为待定的复常数。

将式（12-87）代入微分方程（12-86），得

$$(i\theta)^2 \rho + 2\zeta\omega(i\theta)\rho + \omega^2\rho = \frac{P}{m}$$

由此

$$\rho = \frac{P}{m\omega^2} \frac{1}{\left(1 - \dfrac{\theta^2}{\omega^2}\right) + i2\zeta\dfrac{\theta}{\omega}}$$

注意到

$$m\omega^2 = K, \frac{P}{m\omega^2} = \frac{P}{K} = y^{st}, \beta = \frac{\theta}{\omega}$$

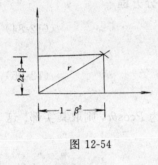

图 12-54

上式可改写为

$$\rho = y^{st} \cdot \frac{1}{(1 - \beta^2) + i2\zeta\beta}$$

$(1 - \beta^2) + i2\zeta\beta$ 为一复数（图 12-54），它可表为

$$(1 - \beta^2) + i2\zeta\beta = re^{i\beta}$$

其中

$$r = \sqrt{(1 - \beta^2)^2 + (2\zeta\beta)^2}$$

$$\mathrm{tg}\alpha = \frac{2\zeta\beta}{1 - \beta^2}$$

于是 ρ 可表为

$$\rho = y^{st} \frac{1}{re^{is}} = y^{st} \frac{1}{r} e^{-is}$$

因此位移

$$y = \rho e^{i\theta t} = y^{st} \frac{1}{r} e^{i(\theta t - \alpha)}$$

$$= y^{st} \frac{1}{r} [\cos(\theta t - \alpha) + i\sin(\theta t - \alpha)]$$

这就是所求的复特解。

由于所给的荷载是 $P\sin\theta t$，所以取其虚部。位移等于

$$y = y^{st} \frac{1}{r} \sin(\theta t - \alpha)$$

即

$$y = y^{st} \cdot \mu\sin(\theta t - \alpha)$$

其中

$$\mu = \frac{1}{r} = \frac{1}{\sqrt{(1 - \beta^2)^2 + (2\zeta\beta)^2}}$$

这样就推出了位移表达式。

注意到 $2\zeta\beta$ 总是正值（图 12-53），当 $\beta<1$（$\theta<\omega$）时，横标 $1-\beta^2$ 得正值，α 为第一象限角（$0\sim\pi/2$），当 $\beta>1$（$\theta>\omega$）时，横标 $1-\beta^2$ 为负值，α 为第二象限角 $\left(\dfrac{\pi}{2}\sim\pi\right)$；当 $\beta=1$（$\theta=\omega$，共振），$1-\beta^2=0$，$\alpha=\pi/2$。

五、滞变阻尼理论简介

在工程计算中，除用到粘滞阻尼理论外，还用到滞变阻尼理论。由于滞变阻尼理论的

运动方程是复的，所以又名复阻尼理论。

滞变阻尼理论认为：

1. 非弹性力（阻尼力）幅值等于弹性力幅值乘以阻尼系数 γ。对于钢筋混凝土结构，一般，$\gamma = 0.1$。

2. 非弹性力在相位上较弹性力超前 $\pi/2$。

据此，弹性力为 Ky，非弹性力为 $i\gamma Ky$。其中 i 用以考虑相位角增加 $\pi/2$。

单自由度体系的运动微分方程为（图 12-55）

$$Ky + i\gamma Ky = -m\ddot{y} + Pe^{i\theta t} \qquad (12\text{-}88)$$

或

$$m\ddot{y} + (1 + i\gamma)Ky = Pe^{i\theta t} \qquad (12\text{-}89)$$

列运动方程的方法可归结为

1. 按无阻尼列运动方程。

2. 将刚度系数乘以 $(1+i\gamma)$。

据此，滞变阻尼有限自由度体系的运动方程为

$$(1 + i\gamma)[K]\{y\} = -[m]\{\ddot{y}\} + \{P\}e^{i\theta t} \qquad (12\text{-}90)$$

单自由度体系运动方程（12-89）也采用复数解法，解算过程与前类似。略去。

在 $P\sin\theta t$ 作用下，计算结果为

$$y(t) = y^{st} \cdot \mu \cdot \sin(\theta t - \alpha) \qquad (12\text{-}91)$$

其中

$$\left. \begin{array}{l} \mu = \dfrac{1}{\sqrt{(1 - \beta^2)^2 + \gamma^2}} \\[3mm] \mathrm{tg}\alpha = \dfrac{\gamma}{1 - \beta^2} \end{array} \right\} \qquad (12\text{-}92)$$

由此

$$\mu_{共} = \frac{1}{\gamma} \qquad (12\text{-}93)$$

如果取

$$\zeta = \frac{\gamma}{2} \qquad (12\text{-}94)$$

则两种阻尼理论所得的结果是相近的。

图 12-55

第七节 多自由度体系的自振频率和振型计算

为了研究多自由度体系的受迫振动先研究自振频率和振型的计算。

以两层房屋（图 12-56）为例来说明。

在计算自频、振型时，可以不计阻尼。

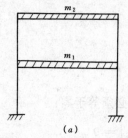 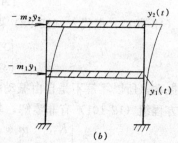

图 12-56

在自由振动中、无动载作用，只有惯性力作用。令受迫振动时的运动方程(12-7，见§12-2) 中的荷载项等于零，即得自由运动时的运动方程：

$$\left.\begin{aligned} K_{11}y_1 + K_{12}y_2 &= -m_1\ddot{y}_1 \\ K_{21}y_1 + K_{22}y_2 &= -m_2\ddot{y}_2 \end{aligned}\right\} \tag{12-95}$$

或

$$\begin{bmatrix} K_{11} & K_{21} \\ K_{21} & K_{22} \end{bmatrix}\begin{Bmatrix} y_1 \\ y_2 \end{Bmatrix} = -\begin{bmatrix} m_1 & \\ & m_2 \end{bmatrix}\begin{Bmatrix} \ddot{y}_1 \\ \ddot{y}_2 \end{Bmatrix} \tag{12-96}$$

或

$$[K]\{y\} = -[m]\{\ddot{y}\} \tag{12-97}$$

这是齐次的常微分方程组，其全解由特解组合而成。先求特解。

设特解的形式为

$$\begin{Bmatrix} y_1 \\ y_2 \end{Bmatrix} = \begin{Bmatrix} A_1 \\ A_2 \end{Bmatrix}\sin(\omega t + \alpha) \tag{12-98}$$

这个特解有以下特点：

1. 各质点同频同步。

2. 振动形状保持不变。这是因为，两层楼面的位移比

$$\frac{y_2(t)}{y_1(t)} = \frac{A_2}{A_1} = 常数$$

由于比值不变，所以振动形状不变。

这样的振动叫按振型振动。这种振动形式叫振型。

振型只能满足特定的起始条件。在一般起始条件下，振动由各个振型分量组合而成，振动是多频的，形状随时间而变。

将式 (12-98) 代入式 (12-96)，得

$$\begin{bmatrix} K_{11} & K_{12} \\ K_{21} & K_{22} \end{bmatrix}\begin{Bmatrix} A_1 \\ A_2 \end{Bmatrix} = \omega^2\begin{bmatrix} m_1 & \\ & m_2 \end{bmatrix}\begin{Bmatrix} A_1 \\ A_2 \end{Bmatrix} \tag{12-99}$$

或

$$[K]\{A\} = \omega^2[m]\{A\} \tag{12-100}$$

移项得

$$\begin{bmatrix} K_{11} - m_1\omega^2 & K_{12} \\ K_{21} & K_{22} - m_2\omega^2 \end{bmatrix}\begin{Bmatrix} A_1 \\ A_2 \end{Bmatrix} = \begin{Bmatrix} 0 \\ 0 \end{Bmatrix} \tag{12-101}$$

或

$$([K] - \omega^2[m])\{A\} = \{0\} \tag{12-102}$$

这是齐次的线性代数方程组。零解

$$\begin{Bmatrix} A_1 \\ A_2 \end{Bmatrix} = \begin{bmatrix} 0 \\ 0 \end{bmatrix}$$

满足方程组 (12-101)，但代入 (12-98) 得

$$\begin{Bmatrix} y_1 \\ y_2 \end{Bmatrix} = \begin{bmatrix} 0 \\ 0 \end{bmatrix}$$

即对应于不振动。所以零解不是自由振动的解。

欲齐次方程组 (12-101) 有非零解，其系数行列式必须等于零：

$$\begin{vmatrix} K_{11} - m_1\omega^2 & K_{12} \\ K_{21} & K_{22} - m_2\omega^2 \end{vmatrix} = 0 \tag{12-103}$$

展开得关于 ω^2 的二次方程。称为频率方程。

可以证明、ω^2 的两个根都是正的，从而得 ω 的两个正根。

从小到大排列（$\omega_1 < \omega_2$）。ω_1 称为基本频率或基频。ω_2 称为高阶频率或高频。

将 ω_1 代入方程组（12-101）中可求得振型 1。由于方程组的系数行列式等于零，其中有一个方程是非独立的，所以这里只有一个独立方程（取哪一个作为独立方程都可以）。由这一个方程求不出 A_1、A_2 的确定值，但能求出其比值 A_2/A_1。有了这个比值就确定了振动的形状。为了标明它是振型 1，改写为 A_{21}/A_{11}。

同样地把 ω_2 代入方程组（12-101）中的任一个方程中、可求得比值 A_{22}/A_{12}，即得振型 2。

称方程组（12-101）为振型方程。

【例 12-19】 求自频及振型，不计楼面变形。$m_1 = m_2 = 100\text{t}$。层间刚度 $K_1 = 2.943 \times 10^4\text{kN/m}$，$K_2 = 1.962 \times 10^4\text{kN/m}$。

【解】 在例题 12-6（§12-3）中已算得

$$[K] = \begin{bmatrix} K_{11} & K_{12} \\ K_{21} & K_{22} \end{bmatrix} = \begin{bmatrix} K_1 + K_2 & -K_2 \\ -K_2 & K_2 \end{bmatrix}$$

将 K_1、K_2 之值代入得

$$[K] = \begin{bmatrix} 4.905 & -1.962 \\ -1.962 & 1.962 \end{bmatrix} \times 10^4\text{kN/m}$$

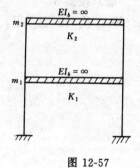

图 12-57

1. 求自频

频率方程为

$$\begin{vmatrix} K_{11} - m_1\omega^2 & K_{12} \\ K_{21} & K_{22} - m_2\omega^2 \end{vmatrix} = 0$$

将数值代入，展开得

$$(\omega^2)^2 - 687\omega^2 + 57740 = 0$$

解之得

$$\omega_1^2 = 98.04 \ 1/\text{s}^2, \omega_2^2 = 589 \ 1/\text{s}^2$$

$$\omega_1 = 9.902 \ 1/\text{s}, \omega_2 = 24.27 \ 1/\text{s}$$

与此相应

$$f_1 = \frac{\omega_1}{2\pi} = 1.58\text{Hz}, f_2 = 3.86\text{Hz}$$

$$T_1 = \frac{1}{f_1} = 0.633\text{s}, T_2 = 0.259\text{s}$$

2. 求振型

（1）振型 1

将 ω_1^2 代入振型方程

$$\begin{bmatrix} K_{11} - m_1\omega_1^2 & K_{12} \\ K_{21} & K_{22} - m\omega_1^2 \end{bmatrix} \begin{Bmatrix} A_{11} \\ A_{21} \end{Bmatrix} = \begin{Bmatrix} 0 \\ 0 \end{Bmatrix}$$

81

得

$$\begin{bmatrix} 40 & -20 \\ -20 & 10 \end{bmatrix} \begin{Bmatrix} A_{11} \\ A_{21} \end{Bmatrix} = \begin{Bmatrix} 0 \\ 0 \end{Bmatrix}$$

或

$$\begin{array}{c} 40A_{11} - 20A_{21} = 0 \\ -20A_{11} + 10A_{21} = 0 \end{array} \Bigg\}$$

二方程线性相关，由其中任一个方程得

$$\frac{A_{21}}{A_{11}} = 2 \quad \text{或} \ A_{21} = 2A_{11}$$

由此，振幅向量

$$\begin{Bmatrix} A_{11} \\ A_{21} \end{Bmatrix} = A_{11} \begin{Bmatrix} 1 \\ 2 \end{Bmatrix}$$

称比值（无量纲）$\begin{Bmatrix} 1 \\ 2 \end{Bmatrix}$ 为振型1，通常记为

$$\{X\}_1 = \begin{Bmatrix} X_{11} \\ X_{21} \end{Bmatrix} = \begin{Bmatrix} 1 \\ 2 \end{Bmatrix}$$

（2）振型 2

将 ω_2^2 代入振型方程，得

$$\frac{A_{22}}{A_{12}} = -\frac{1}{2}$$

$$\begin{Bmatrix} A_{12} \\ A_{22} \end{Bmatrix} = A_{12} \begin{Bmatrix} 1 \\ -\dfrac{1}{2} \end{Bmatrix}$$

或 $\quad \{X\}_2 = \begin{Bmatrix} X_{12} \\ X_{22} \end{Bmatrix} = \begin{Bmatrix} 1 \\ -\dfrac{1}{2} \end{Bmatrix}$

振型 1、振型 2 简示于图 12-58。

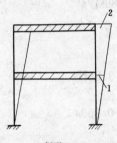
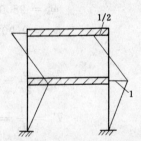

图 12-58

【讨论 1】

在按振型的自由振动中位移

$$\begin{Bmatrix} y_1(t) \\ y_2(t) \end{Bmatrix} = \begin{Bmatrix} A_1 \\ A_2 \end{Bmatrix} \sin(\omega t + \alpha)$$

惯性力
$$\begin{Bmatrix} -m_1\ddot{y}_1(t) \\ -m_2\ddot{y}_2(t) \end{Bmatrix} = \begin{Bmatrix} m_1\omega^2 A_1 \\ m_2\omega^2 A_2 \end{Bmatrix}\sin(\omega t + \alpha)$$

可见，在按振型的自由振动中

（1）惯性力与位移同频同步变化，同时到达幅值。

（2）惯性力与位移方向相同，数值成比例，比例系数为 $m_i\omega^2$。

因此，

1. 振型可视为惯性力幅值作用下产生的静力位移形式（位移图）。本例中各振型的受力图如图 12-59 所示。

2. 求振型及频率可列幅值方程，即把惯性力幅值加上去，列静力平衡方程。

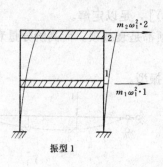 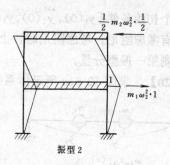

图 12-59

对于图 12-60 所示的二层房屋，设其按振型作自由振动的振幅为 A_1、A_2，相应的惯性力幅值示于图上。动力平衡方程为

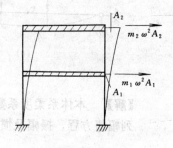

$$\left.\begin{aligned} K_{11}A_1 + K_{12}A_2 = m_1\omega^2 A_1 \\ K_{21}A_1 + K_{22}A_2 = m_2\omega^2 A_2 \end{aligned}\right\} \qquad (12\text{-}104)$$

由此，移项得

$$\begin{bmatrix} K_{11}-m_1\omega^2 & K_{12} \\ K_{21} & K_{22}-m_2\omega^2 \end{bmatrix}\begin{Bmatrix} A_1 \\ A_2 \end{Bmatrix} = \begin{Bmatrix} 0 \\ 0 \end{Bmatrix} \quad (12\text{-}105)$$

图 12-60

与前面解微分方程得到的式（12-101）相同。其自频与振型的计算同前。

由于幅值方程是代数方程，无需解微分方程，所以得到简化。

【讨论 2】

按振型的自由振动，只能在一定的初始条件下产生。这是因为位移比

$$\frac{y_2(t)}{y_1(t)} = \frac{A_2\sin(\omega t + \alpha)}{A_1\sin(\omega t + \alpha)} = \frac{A_2}{A_1}$$

与时间无关；速度比

$$\frac{\dot{y}_2(t)}{\dot{y}_1(t)} = \frac{A_2\omega\cos(\omega t + \alpha)}{A_1\omega\cos(\omega t + \alpha)} = \frac{A_2}{A_1}$$

也与时间无关。因此，初位移比、初速度比也必须满足这个比例关系，才能发生按振型的振动。对于前例，只有初位移和初速度都满足（2：1）的关系才能按振型 1 振动；只有满

足$\left(-\dfrac{1}{2}:1\right)$的关系才能按振型 2 振动。

在一般初始条件下产生的自由振动包含各个振型成分。对于前例

$$\begin{Bmatrix} y_1 \\ y_2 \end{Bmatrix} = \begin{Bmatrix} y_{11} \\ y_{21} \end{Bmatrix} + \begin{Bmatrix} y_{12} \\ y_{22} \end{Bmatrix} = \underbrace{A_{11} \begin{Bmatrix} 1 \\ 2 \end{Bmatrix} \sin(\omega_1 + \alpha_1)}_{\text{振型1成分}}$$

$$+ \underbrace{A_{12} \begin{Bmatrix} 1 \\ -\dfrac{1}{2} \end{Bmatrix} \sin(\omega_2 t + \alpha_2)}_{\text{振型2成分}}$$

这里，每个振型分量（成分）只含两个未知量，其有 4 个未知量（A_{11}、α_1、A_{12}、α_2）。与此同时共有 4 个初始条件 $[y_1(0)、\ddot{y}_1(0)、y_2(0)、\dot{y}_2(0)]$，足以定解。

这里没有考虑阻尼。考虑阻尼时，上式中两项都是衰减项。而高阶分量衰减得快，过一段时间只剩第一振型分量。

【例 12-20】 求图 12-61a 所示体系的自频及振型。

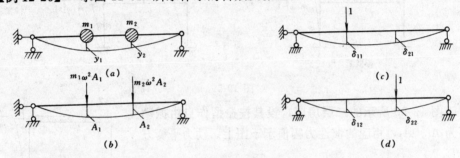

图 12-61

【解】 本体系柔度系数比刚度系数容易计算，列柔度方程。

列幅值方程。振幅及惯性力幅值示于图 b。柔度方程为

$$\left.\begin{aligned} A_1 &= \delta_{11} \cdot m_1 \omega^2 A_1 + \delta_{12} \cdot m_2 \omega^2 A_2 \\ A_2 &= \delta_{21} \cdot m_1 \omega^2 A_1 + \delta_{22} \cdot m_2 \omega^2 A_2 \end{aligned}\right\} \tag{12-106}$$

或 $$\{A\} = \omega^2 [\delta][m]\{A\} \tag{12-107}$$

令 $$[D] = [\delta][m] \tag{12-108}$$

得 $$\{A\} = \omega^2 [D]\{A\}$$

或 $$\frac{1}{\omega^2}\{A\} = [D]\{A\}$$

移项得振型方程

$$\left(\frac{1}{\omega^2}[1] - [D]\right)\{A\} = \{0\} \tag{12-109}$$

对图 12-61a 体系 $\quad [D] = [\delta][m] = \begin{bmatrix} \delta_{11} & \delta_{12} \\ \delta_{21} & \delta_{22} \end{bmatrix}\begin{bmatrix} m_1 & \\ & m_2 \end{bmatrix} = \begin{bmatrix} m_1\delta_{11} & m_2\delta_{12} \\ m_1\delta_{21} & m_2\delta_{22} \end{bmatrix}$

频率方程为

$$\left| \frac{1}{\omega^2}[1] - [D] \right| = 0 \tag{12-110}$$

展开得

$$\begin{vmatrix} \dfrac{1}{\omega^2}-m_1\delta_{11} & -m_2\delta_{12} \\ -m_1\delta_{21} & \dfrac{1}{\omega^2}-m_2\delta_{22} \end{vmatrix}=0 \qquad (12\text{-}111)$$

由频率方程求出自频 ω_1、ω_2，代入振型方程（12-109）可求出振型 $\{X\}_1$、$\{X\}_2$。

设图 12-61 体系二质点质量相等，即 $m_1=m_2=m$，位于等截面梁的三分点处（图 12-62a）。

算得

$$\delta_{11}=\delta_{22}=\frac{8}{486}\frac{l^3}{EI},$$

$$\delta_{12}=\delta_{21}=\frac{7}{486}\frac{l^3}{EI}。$$

$$\omega_1=5.69\sqrt{\frac{EI}{ml^3}},$$

$$\omega_2=22.0\sqrt{\frac{EI}{ml^3}}。$$

$$\{X\}_1=\begin{Bmatrix}1\\1\end{Bmatrix},\{X\}_2=\begin{Bmatrix}1\\-1\end{Bmatrix}。$$

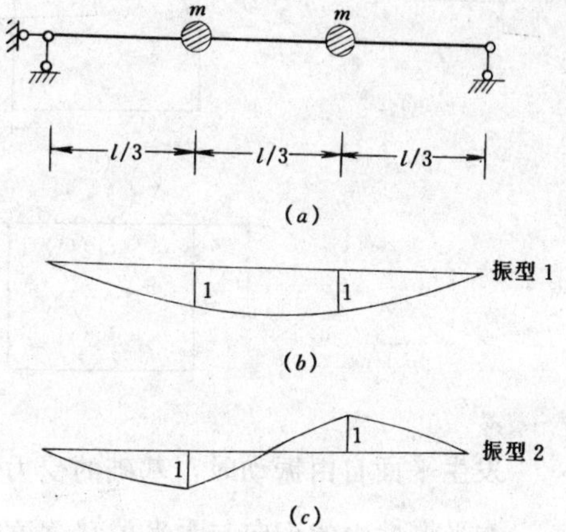

振型 1 为对称形式（图 b），振型 2 为反对称形式（图 c）。

存在一般规律，对称体系（几何形状、刚度分布、质量分布均对称）有对称、反对称两组振型。

据此，对称体系的自频、振型计算可以简化，分别计算对称、反对称变形情况的等代体系（半刚架）的自频及振型即可。

对于本例，等代体系如图 12-63a、b 所示。它们都是单自由度体系，其自频可按算式

$$\omega^2=\frac{1}{m\delta_{11}}$$

计算。结果相同。

图 12-62

图 12-63

【例 12-21】 求块式基础（图 12-64a）的平面振动频率和振型。基础质心 c 与基础底面形心 b 在一条竖线上。已知地基刚度 $K_z=1401.4\times10^3\text{kN/m}$，$K_x=981.0\times10^3\text{kN/m}$，$K_\varphi=4081.0\times10^3\text{kN/m}$。$K_z$（图 b）为地基抗压刚度——基础沿竖向（$Z$ 向）作单位平移时，整个基础底面上产生的竖向地基反力的合力，作用于基础底面形心 b 处。K_x（图 c）为地基抗剪刚度——基础沿水平向（X 向）作单位平移时，整个基础底面上产生的水平反力的合力。K_φ（图 d）为地基抗转动刚度——基础绕通过底面形心，垂直于基础振动平面的轴作单

85

位转动时，基础底面上产生的地基反力矩。基础质量 $m=156.96$ t。基础对通过质心 c、垂直于振动平面的轴的转动惯量 $J_0=406.1$ t·m²。基础质心 c 到基础底面的距离 $h_0=1.25$m。

【解】 由于是平面运动，自由度等于 3（图 12-64a）；质心 c 的竖向位移 $Z(t)$，质心 c 的水平位移 $X(t)$ 及绕质心的转角 $\varphi(t)$。

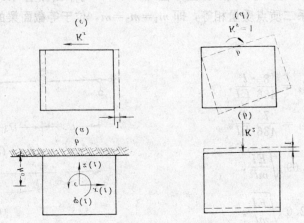

图 12-64

发生平面自由振动时，基础的受力图如图 12-65 所示。说明如下：

水平惯性力的正向与水平位移 X 的正向一致，数值为 $(-m\ddot{X})$，作用于质心 c。竖向惯性力的正向与竖向位移 Z 正向一致，数值为 $(-m\ddot{Z})$，作用于质心。惯性力矩为 $(-J_0\ddot{\varphi})$，沿转角 φ 正向作用。

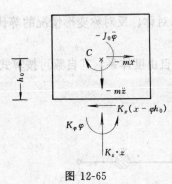

图 12-65

竖向反力 $K_z\cdot Z$ 作用于底面形心 b。底面水平位移为 $(X-\varphi\cdot h_0)$，向右为正。故地基水平反力向左，其值为 $K_X(X-\varphi\cdot h_0)$。由于是刚体转动，基础底面转角亦为 φ，顺时针为正。由此，地基反力矩为 $K_\varphi\cdot\varphi$，反时针方向。

这里的受力图对应于质心 c 与底面形心 b 在一条竖线的情况。若 c 偏离 b（叫质量偏心基础），则绕质心 c 转动 φ 角时底面形心 b 将产生竖向位移，从而发生与 φ 有关的竖向反力，在投影方程 $\Sigma Z=0$ 中将不仅出现 Z，而且要出现 φ。另外，c 偏离 b 时，在对 c 点取矩的方程 $\Sigma M_C=0$ 中将包含竖向力 $(K_Z\cdot Z)$ 之矩。在一般情况下，避免质量偏心，因为它对基础上面的设备不利。

共有 3 个动力平衡方程：

$$\Sigma Z=0: m\ddot{Z}+K_z\cdot Z=0$$

$$\Sigma X=0: m\ddot{X}+K_X(X-\varphi\cdot h_0)=0$$

$$\Sigma M_C=0: J_0\ddot{\varphi}+K_\varphi\cdot\varphi-K_X(X-\varphi\cdot h_0)h_0=0$$

整理得

$$m\ddot{Z}+K_z\cdot Z=0 \tag{12-112}$$

$$m\ddot{X} + K_X X + (-K_x h_0)\varphi = 0 \left.\vphantom{\begin{array}{c}1\\1\end{array}}\right\}$$
$$J_0 \ddot{\varphi} + (-K_x h_0)X + (K_\varphi + K_x h_0^2)\varphi = 0 \quad\quad\quad (12\text{-}113)$$

可见，竖向位移 Z 与 φ、X 无关，而 φ 与 X 是耦联的。

得竖向振动微分方程（12-112）之解为

$$Z(t) = A_Z \sin(\omega_Z t + \alpha_Z) \quad\quad\quad (12\text{-}114)$$

代入方程（12-112）得

$$-m\omega_Z^2 A_Z + K_Z \cdot A_Z = 0$$

由此得竖向自频

$$\omega_Z^2 = \frac{K_Z}{m} \qu\quad\quad\quad (12\text{-}115)$$

将数据代入得 $\omega_Z = 94.49$ 1/s。

A_Z 及 α_Z 由竖向自振的初始条件确定。

方程组（12-113）的特解为

$$X(t) = A_X \sin(\omega_{X\varphi} t + \alpha_{X\varphi}) \left.\vphantom{\begin{array}{c}1\\1\end{array}}\right\}$$
$$\varphi(t) = A_\varphi \sin(\omega_{X\varphi} t + \alpha_{X\varphi}) \quad\quad\quad (12\text{-}116)$$

代入方程组，并整理得

$$A_X(K_X - m\omega_{X\varphi}^2) + A_\varphi(-K_x h_0) = 0 \left.\vphantom{\begin{array}{c}1\\1\end{array}}\right\}$$
$$A_X(-K_x h_0) + A_\varphi(K_\varphi + K_x h_0^2 - J_0\omega_{X\varphi}^2) = 0 \qu\quad (12\text{-}117)$$

该式即振型方程。

将所给数据代入得

$$A_X(0.981 \times 10^6 - 0.15696 \times 10^3 \omega_{X\varphi}^2) + A_\varphi(-1.226 \times 10^6) = 0 \left.\vphantom{\begin{array}{c}1\\1\end{array}}\right\}$$
$$A_X(-1.226 \times 10^6) + A_\varphi(5.614 \times 10^6 - 0.4061 \times 10^3 \omega_{X\varphi}^2) = 0 \ququad (A)$$

由系数行列式等于零得频率方程

$$(\omega_{X\varphi}^2)^2 - (\omega_{X\varphi}^2)(20.09 \times 10^3) + 62.86 \times 10^6 = 0 \qu\quad\quad (B)$$

解之得自频

$$\omega_{1\varphi}^X = 62.27 \text{ 1/s} \left.\vphantom{\begin{array}{c}1\\1\end{array}}\right\}$$
$$\omega_{2\varphi}^X = 127.33 \text{ 1/s} \qu\quad\quad\quad (C)$$

将二自频分别代入振型方程（A）得振型 1 及振型 2：

$$\{X\}_1 = \left\{\begin{array}{c} A_\varphi \\ A_X \end{array}\right\}_1 = \left\{\begin{array}{c} 3 \\ 3.293\text{m} \end{array}\right\} \qu\quad\quad (D)$$

$$\{X\}_2 = \left\{\begin{array}{c} A_\varphi \\ A_X \end{array}\right\}_2 = \left\{\begin{array}{c} 1 \\ -0.788\text{m} \end{array}\right\} \qu\quad\quad (E)$$

两个振型的物理形象如下。

方程组（12-113）所对应的运动是，质心 c 发生水平位移的同时，又发生绕质点 c 的转动，称基础的这种运动为水平回转振动。水平平动和绕质心的转动可合成为绕某一转心 O

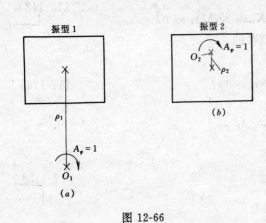

图 12-66

的转动。由于质心 c 无竖向位移，此转心必在通过质心的竖线上。振型 1 为绕转心 O_1 的单位转动（图 12-66a），振型 2 为绕转心 O_2 的单位转动（图 12-66b）。振型 1 转心 O_1 在质心之下，因为式 (D) 表明当转角 A_φ 是正的时（绕转心顺时针转动），质心位移 A_X 是正的（向右）。基于相同理由，O_2 在质心上方。

由于
$$A_X = A_\varphi \cdot \rho$$
其中 ρ 为转心 O 的坐标，向下为正。所以
$$\rho_1 = \frac{A_{X1}}{A_{\varphi 1}} = 3.293\text{m}$$
$$\rho_2 = \frac{A_{X2}}{A_{\varphi 2}} = -0.788\text{m}$$

这就是振型 (D)、(E) 的物理意义。

第八节 振型正交性

振型具有正交性，利用这一性质，可以把 n 个自由度体系的计算化成 n 个单自由度体系的计算。

前已介绍，振型可看作是惯性力产生的静力平衡形式。因此，有关静力问题的定理对于振型分析都适用。

图 12-67 示两个具有不同频率（$\omega_i \neq \omega_j$）的振型 $\{X\}_i$ 及 $\{X\}_j$。按功的互等定理有
$$T_{ij} = T_{ji} \tag{A}$$
T_{ij} 为状态 i（振型 i）上的外力（惯性力）在状态 j（振型 j）位移上的功：
$$T_{ij} = \sum_s m_s \omega_i^2 X_{si} \cdot X_{sj} = \omega_i^2 \sum_s m_s X_{si} X_{sj} \tag{B}$$
其中 s 为自由度的序号，在本例中即为质点的序号。

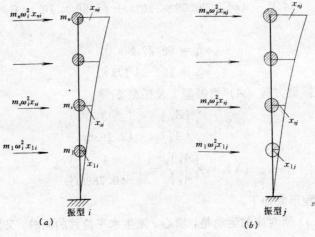

图 12-67

同理

$$T_{ji} = \sum_s m_s \omega_j^2 X_{sj} \cdot X_{si} = \omega_j^2 \sum_s m_s X_{sj} X_{si} \tag{C}$$

将式（B）、式（C）代入式（A）得

$$(\omega_i^2 - \omega_j^2) \sum_s m_s X_{si} X_{sj} = 0$$

当 $\omega_i \neq \omega_j$，有

$$\sum_s m_s X_{si} X_{sj} = 0 \tag{12-118}$$

该式称为振型正交性。

将式（12-118）代入式（B）、式（C）可得

$$T_{ij} = 0, \quad T_{ji} = 0 \tag{12-119a}$$

振型正交性可表述为：从一个体系的诸振型中任取两个不同频率的振型，一个振型上的惯性力在另一个振型上的功等于零。

若两个振型具有同一个频率，则一般不具有正交性，但可以由它们构成相互正交的两个振型。这里不介绍作法。

振型正交法（12-118）可用矩阵表示。

振型 i 上的惯性力列向量可表为

$$\begin{Bmatrix} m_1 \omega_i^2 X_{1i} \\ m_2 \omega_i^2 X_{2i} \\ \vdots \end{Bmatrix} = \omega_i^2 [m] \{X\}_i \tag{D}$$

其在振型 j 上之功表为

$$T_{ij} = \{X\}_j^{\mathrm{T}} \cdot \omega_i^2 [m] \{X\}_i \tag{E}$$

说明如下：

图 12-68a 上之力在图 12-68b 所示位移上的功为

$$T = P_1 \cdot \Delta_1 + P_2 \cdot \Delta_2 + P_3 \cdot \Delta_3$$

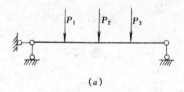　　　　　　　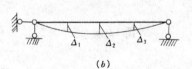

(a)　　　　　　　　　　　　　　　(b)

图 12-68

可用矩阵表为

$$T = [\Delta_1 \Delta_2 \Delta_3] \begin{Bmatrix} P_1 \\ P_2 \\ P_3 \end{Bmatrix} = \begin{Bmatrix} \Delta_1 \\ \Delta_2 \\ \Delta_3 \end{Bmatrix}^{\mathrm{T}} \begin{Bmatrix} P_1 \\ P_2 \\ P_3 \end{Bmatrix} = \{\Delta\}^{\mathrm{T}} \{P\} \tag{F}$$

也可表为

$$T = [P_1 P_2 P_3] \begin{Bmatrix} \Delta_1 \\ \Delta_2 \\ \Delta_3 \end{Bmatrix} = \{P\}^{\mathrm{T}} \{\Delta\} \tag{G}$$

式（E）是按式（F）写出的功的表达式。

按振型正交性有 $T_{ij} = 0$，由式（E）得

$$\{X\}_j^T[m]\{X\}_i = 0 \qquad (12\text{-}119b)$$

它就是用矩阵形式表达的振型正交性。作矩阵乘，即得式（12-118）。

利用振型方程（12-100），可得另一正交性。

振型 i 的振型方程为

$$[K]\{X\}_i = \omega_i^2[m]\{X\}_i$$

等式两端均左乘以 $\{X\}_j^T$ 得

$$\{X\}_j^T[K]\{X\}_i = \omega_i^2\{X\}_j^T[m]\{X\}_i$$

计及正交性（12-119）得

$$\{X\}_j^T[K]\{X\}_i = 0 \qquad (12\text{-}120)$$

式（12-119）称为振型对质量阵的正交性，式（12-120）称为振型对刚度阵的正交性。

正交性（12-120）可表述为：从一个体系的诸振型中任取两个不同频率的两个振型，一个振型上的弹性力在另一个振型上的功等于零。

这里所说的弹性力是为发生此变形形式所需加的力。式（12-120）中，$[K]\{X\}_i$ 即为振型 i 上的弹性力。为了简明，以两个自由度体系为例说明。

图 12-69a 示该体系的振型 i，为发生位移 X_{1i}、X_{2i} 所需加的力以 s_{1i}、s_{2i} 表示。s_{1i}、s_{2i} 称为振型 i 的弹性力。显然它们等于图 12-69b 所示的在变形位置上的支杆反力 R_{1i}、R_{2i}。按位移法有

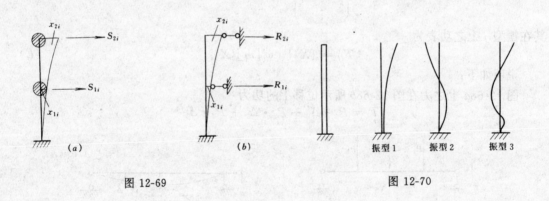

图 12-69   图 12-70

$$\left.\begin{array}{l} R_{1i} = K_{11}X_{1i} + K_{12}X_{2i} \\ R_{2i} = K_{21}X_{1i} + K_{22}X_{2i} \end{array}\right\}$$

于是有

$$\begin{Bmatrix} s_{1i} \\ s_{2i} \end{Bmatrix} = \begin{bmatrix} K_{11} & K_{12} \\ K_{21} & K_{22} \end{bmatrix} \begin{Bmatrix} X_{1i} \\ X_{2i} \end{Bmatrix} = [K]\{X\}_i$$

这样，式（12-120）的含义就清楚了。

由于振型具有正交性，所以各个振型不可能象图 12-67 所示的那样都向同一侧位移，而是质点位移有正有负。图 12-70 示一悬臂式结构（包括多层房屋）的前几阶振型。每高一阶就多一个位移零点。

第九节　用振型分解法计算多自由度体系的受迫振动

图 12-71 示一 n 自由度体系。运动方程为

$$[K]\{y\} + [C]\{\dot{y}\} = -[m]\{\ddot{y}\} + \{p(t)\} \tag{12-121}$$

式之左端为考虑阻尼时发生位移所需加的力,右端为实际的作用力(外载及惯性力)。

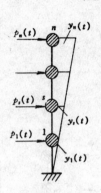

式 (12-121) 是具有 n 个未知量 $\{y\}_{n\times 1}$ 的微分方程组。为了将联立的 n 个微分方程式化为各含 1 个未知量的 n 个独立的微分方程式(称"解耦"),把未知位称 $\{y\}$ 按振型分解:

$$\{y(t)\} = \sum_{i=1}^{n} \{X\}_i \cdot D_i(t) \tag{12-122}$$

即把位移 $\{y(t)\}$ 表为各振型的线性组合,组合系数为 $D_i(t)(i = 1, 2, \cdots n)$。

由于诸振型 $\{X\}_i$ 与时间 t 无关,而 $\{y(t)\}$ 是时间 t 的函数,所以组合系数 $\{D(t)\}_{n\times 1}$ 必是时间 t 的函数。

图 12-71

这样原来的 n 个未知量 $\{y(t)\}_{n\times 1}$ 就变成了新的 n 个未知量 $\{D(t)\}_{n\times 1}$。

为了得到组合系数 $\{D(t)\}$ 所应满足的微分方程,将式 (12-122) 代入方程组 (12-121),得

$$[K]\sum_{i=1}^{n} \{X\}_i D_i(t) + [C]\sum_{i=1}^{n} \{X\}_i \dot{D}_i(t) = -[m]\sum_{i=1}^{n} \{X\}_i \ddot{D}_i(t) + \{P(t)\} \tag{A}$$

或

$$\sum_{i=1}^{n}[K]\{X\}_i D_i(t) + \sum_{i=1}^{n}[C]\{X\}_i \dot{D}_i(t) = -\sum_{i=1}^{n}[m]\{X\}_i \ddot{D}_i(t) + \{P(t)\} \tag{B}$$

左乘以 $\{X\}_j^T$,$\{X\}_j$ 为 n 个振型中任意指定的 1 个振型,得

$$\sum_{i=1}^{n}\{X\}_j^T[K]\{X\}_i D_i(t) + \sum_{i=1}^{n}\{X\}_j^T[C]\{X\}_i D_i(t) = -\sum_{i=1}^{n}\{X\}_j^T[m]\{X\}_i \ddot{D}(t)$$
$$+ \{X\}_j^T\{P(t)\} \tag{C}$$

基于振型的正交性:

$$\{X\}_j^T[K]\{X\}_i = 0 \quad (i \neq j),$$

在 n 项和 $\sum_{i=1}^{n} \{X\}_j^T [K] \{X\}_i D_i (t)$ 中只剩 $i=j$ 那一项,其余各项均为零,即有

$$\sum_{i=1}^{n}\{X\}_j^T[K]\{X\}_i D_i(t) = \{X\}_j^T[K]\{X\}_i D_i(t) \tag{D}$$

令

$$\{X\}_j^T[K]\{X\}_j = \overline{K}_j \tag{12-123}$$

称为振型 j 的广义刚度,或折算刚度。由此

$$\sum_{i=1}^{n}\{X\}_j^T[K]\{X\}_i D_i(t) = \overline{K}_j \cdot D_j(t) \tag{E}$$

同样,基于正交性

$$\{X\}_j^T[m]\{X\}_i = 0 \quad (i \neq j)$$

$$得 \qquad \sum_{i=1}^{n} \{X\}_j^{\mathrm{T}}[m]\{X\}_i \ddot{D}(t) = \overline{M}_j \cdot \ddot{D}_j(t) \qquad (F)$$

$$其中 \qquad \overline{M}_j = \{X\}_j^{\mathrm{T}}[m]\{X\}_j \qquad (12\text{-}124)$$

称为振型 j 的广义质量或折算质量。

如果体系的振型对阻尼阵也是正交的，即 $[C]$ 满足

$$\{X\}_j^{\mathrm{T}}[C]\{X\}_i = 0 \quad (i \neq j) \qquad (12\text{-}125)$$

则有

$$\sum_{i=1}^{n} \{X\}_j^{\mathrm{T}}[C]\{X\}_i \dot{D}_i(t) = \overline{C}_j \cdot \dot{D}_j(t) \qquad (G)$$

$$其中 \qquad \overline{C}_j = \{X\}_j^{\mathrm{T}}[C]\{X\}_j \qquad (12\text{-}126)$$

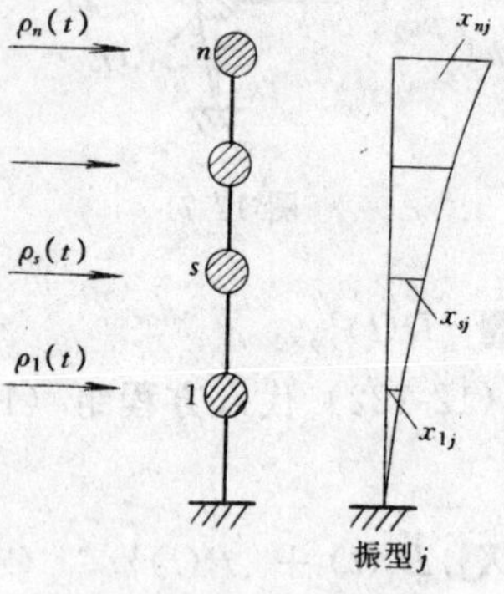

称为振型 j 的广义阻尼常数或折算阻尼常数。

图 12-72

$$令 \qquad \{X\}_j^{\mathrm{T}}\{P(t)\} = \overline{P}_j(t) \qquad (12\text{-}127)$$

称为振型 j 的广义荷载或折算荷载。

展开 (12-127) 得

$$\overline{P}_j(t) = \sum_s P_s(t) \cdot X_{sj} \qquad (12\text{-}128)$$

其物理意义是外载在振型 j 上的功（图 12-72）。

基于上述处理和分析，式 (C) 变为

$$\overline{M}_j \ddot{D}_j(t) + \overline{C}_j \dot{D}_j(t) + \overline{K}_j D_j(t) = \overline{P}_j(t) \qquad (12\text{-}129)$$

除以 $\overline{M}_j$ 得

$$\ddot{D}_j(t) + \frac{\overline{C}_j}{\overline{M}_j} \dot{D}_j(t) + \frac{\overline{K}_j}{\overline{M}_j} D_j(t) = \frac{\overline{P}_j(t)}{\overline{M}_j} \qquad (12\text{-}130)$$

利用振型方程

$$[K]\{X\}_j = \omega_j^2 [m]\{X\}_j \qquad (12\text{-}131)$$

$\overline{K}_j$ 等于

$$\overline{K}_j = \{X\}_j^{\mathrm{T}}[K]\{X\}_j = \{X\}_j^{\mathrm{T}} \cdot \omega_j^2 [m]\{X\}_j = \omega_j^2 \overline{M}_j$$

因之

$$\frac{\overline{K}_j}{\overline{M}_j} = \omega_j^2 \qquad (12\text{-}132)$$

即振型 j 的广义刚度 $\overline{K}_j$ 与广义质量 $\overline{M}_j$ 的比等于第 j 个自频的平方 ω_j^2。

仿单自由度体系对阻尼比 ζ 的定义式 (12-46)，定义一个振型 j 的阻尼比

称 ζ_j 为广义阻尼比

$$\zeta_j = \frac{\overline{C}_j}{2\overline{M}_j \omega_j} \qquad (12\text{-}133)$$

由此，

$$\frac{\overline{C}_j}{\overline{M}_j} = 2\zeta_j \omega_j \qquad (12\text{-}134)$$

利用式 (12-132) 及式 (12-134)，方程 (12-130) 变为

$$\ddot{D}_j(t) + 2\zeta_j\omega_j\dot{D}_j(t) + \omega_j^2 D_j(t) = \frac{\overline{P}_j(t)}{\overline{M}_j} \qquad (12\text{-}135)$$

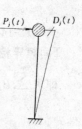

图 12-73

式 (12-135) 为组合系数 $D_j(t)$ 所应满足的微分方程。这样的微分方程共有 n 个（$j=1,2,\cdots n$），是彼此独立的。于是达到了微分方程组（12-121）解耦的目的。

将微分方程（12-135）与单自由度体系的运动微分方程（12-68）相对照，可见微分方程（12-135）相当于一个单自由度体系（图 12-73）的运动微分方程。这个体系的质量为原有限自由度体系的振型 j 的广义质量 $\overline{M}_j$，其阻尼比为广义阻尼比 ζ_j，其自频为原体系的 ω_j，其荷载为广义荷载 $\overline{P}_j(t)$。这个体系的位移即为原体系的组合系数 $D_j(t)$。称这个单自由度体系为振型 j 的折算体系。

这样，$D_j(t)$ 可用单自由度体系的受迫振动位移公式计算。

振型分解法整个计算步骤为：

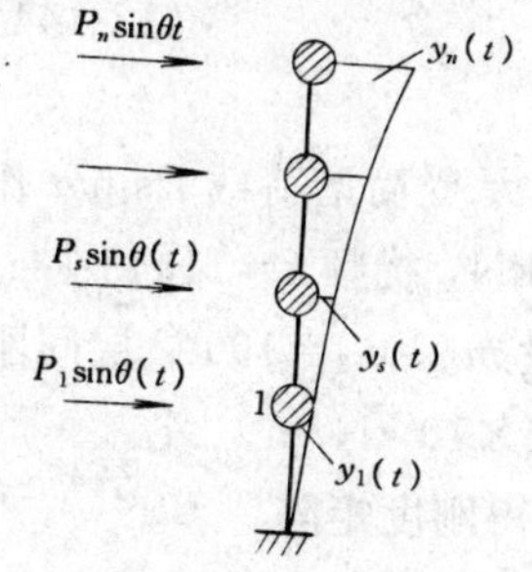

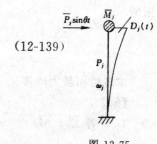

图 12-74

1. 计算自频及振型。
2. 计算各振型的广义质量 $\overline{M}_j$ 及广义荷载 $\overline{P}_j(t)$。
3. 由实验或其他方法确定各振型的阻尼比 ζ_j。
4. 按单自由度体系位移算式计算各振型的组合系数 $D_j(t)$。
5. 计算位移

$$\{y(t)\} = \sum_{j=1}^{n}\{X\}_j \cdot D_j(t)$$

以上是一般荷载情况，下面是简谐荷载作用情况（图 12-74）。

相应的振型 j 的广义荷载表为

$$\overline{P}_j(t) = \{X\}_j^{\mathrm{T}}\{P(t)\} = \{X\}_j^{\mathrm{T}}\{P\}\sin\theta t$$

令

$$\overline{P}_j = \{X\}_j^{\mathrm{T}}\{P\} \qquad (12\text{-}136)$$

它等于荷载幅值在振型 j 上的功。由此

$$\overline{P}_j(t) = \overline{P}_j\sin\theta t \qquad (12\text{-}137)$$

组合系数 $D_j(t)$ 的微分方程（12-135）变为

$$\ddot{D}_j(t) + 2\zeta_j\omega_j\dot{D}_j(t) + \omega_j^2 D_j(t) = \frac{\overline{P}_j}{\overline{M}_j}\sin\theta t \qquad (12\text{-}138)$$

振型 j 折算体系如图 12-75 所示。

$D_j(t)$ 按单自由度体系简谐受迫振动算式计算。在稳态有

$$D_j(t) = y_j^{st}\mu_j\sin(\theta t - \alpha_j) \qquad (12\text{-}139)$$

其中

$$\left.\begin{aligned}
y_j^{st} &= \frac{\overline{P}_j}{\overline{K}_j} = \frac{\overline{P}_j}{\overline{M}_j\omega_j^2} \\[2mm]
\mu_j &= \frac{1}{\sqrt{(1-\beta_j^2)^2 + (2\zeta_j\beta_j)^2}} \\[2mm]
\beta_j &= \frac{\theta}{\omega_j} \\[2mm]
\mathrm{tg}\alpha_j &= \frac{2\zeta_j\beta_j}{1-\beta_j^2}
\end{aligned}\right\} \qquad (12\text{-}140)$$

图 12-75

位移

$$\{y(t)\} = \sum_{j=1}^{n} \{X\}_j D_j(t) = \sum_{j=1}^{n} \{X\}_j y_j^{st} \mu_j \sin(\theta t - \alpha_j) \qquad (12\text{-}141)$$

式（12-141）表明，位移由 n 个振型分量组成，各个分量频率相同，而相角不同。

[同频异相简谐分量的叠加]

即求 $\sum_{j=1}^{n} B_j \sin(\theta t - \alpha_j)$。计算结果得

$$\sum B_j \sin(\theta t - \alpha_j) = A\sin(\theta t - \alpha) \qquad (12\text{-}142)$$

其中

$$\left.\begin{array}{c} A = \sqrt{(\Sigma B_j \cos\alpha_j)^2 + (\Sigma B_j \sin\alpha_j)^2} \\[2mm] \mathrm{tg}\alpha = \dfrac{\Sigma B_j \sin\alpha_j}{\Sigma B_j \cos\alpha_j} \end{array}\right\} \qquad (12\text{-}143)$$

证明方法：将式（12-142）的两端展开，令两端 $\sin\theta t$ 的系数相等和令两端 $\cos\theta t$ 的系数相等，得二方程：

$$\left.\begin{array}{c} \Sigma B_j \cos\alpha_j = A\cos\alpha \\[2mm] \Sigma B_j \sin\alpha_j = A\sin\alpha \end{array}\right\} \qquad (12\text{-}144)$$

由此即得式（12-143）。

【例 12-22】 体系同例题 12-19，承受简谐荷载 $P\sin\theta t$ 作用（图 12-76）。已知扰力幅 $P=2.129\text{kN}$，扰频 $\theta=11.45\ 1/s$，体系的振型阻尼比 $\zeta_1=\zeta_2=0.05$，质量 $m_1=m_2=100\text{t}$，层间刚度 $K_1=2.943\times10^4\text{kN/m}$，$K_2=1.962\times10^4\text{kN/m}$。

在例题 12-6 和例题 12-19 中已算得刚度矩阵

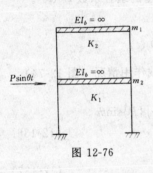

图 12-76

$$[K] = \begin{bmatrix} 4.905 & -1.962 \\ -1.962 & 1.962 \end{bmatrix} \times 10^4\text{kN/m},$$

质量矩阵

$$[m] = 100\begin{bmatrix} 1 & \\ & 1 \end{bmatrix}\text{t}$$

自频

$$\begin{Bmatrix} \omega_1 \\ \omega_2 \end{Bmatrix} = \begin{Bmatrix} 9.902 \\ 24.27 \end{Bmatrix}1/s$$

振型

$$\{X\}_1 = \begin{Bmatrix} 1 \\ 2 \end{Bmatrix}, \{X\}_2 = \begin{Bmatrix} 1 \\ -\dfrac{1}{2} \end{Bmatrix}。$$

求各楼面最大位移。

【解】

1. 计算 $\overline{M}_1$、$\overline{M}_2$

$$\overline{M}_1 = \{X\}_1^\mathrm{T}[m]\{X\}_1 = 500\text{t}$$
$$\overline{M}_2 = \{X\}_2^\mathrm{T}[m]\{X\}_2 = 125\text{t}$$

2. 计算 $\overline{P}_1$、$\overline{P}_2$

$$\overline{P}_1 = \{X\}_1^\mathrm{T}\{P\} = \begin{bmatrix} 1 & 2 \end{bmatrix}\begin{Bmatrix} 2.129 \\ 0 \end{Bmatrix} = 2.129\text{kN}$$

$$\overline{P}_2 = \{X\}_2^{\mathrm{T}}\{P\} = 2.129\text{kN}$$

3. 计算 y_1^{st}、y_2^{st}

$$y_1^{st} = \frac{\overline{P}_1}{\overline{M}_1\omega_1^2} = \frac{2.129}{500 \cdot 98.04} = 4.34 \times 10^{-5}\text{m}$$

$$y_2^{st} = \frac{\overline{P}_2}{\overline{M}_2\omega_2^2} = 2.89 \times 10^{-5}\text{m}$$

4. 计算 μ_1、μ_2

频率比 $\beta_1 = \dfrac{\theta}{\omega_1} = 1.16$，$\beta = \dfrac{\theta}{\omega_2} = 0.472$

动力系数

$$\mu_1 = \frac{1}{\sqrt{(1-\beta_1^2)^2 + (2\zeta_1\beta_1)^2}} = 2.74$$

$$\mu_2 = 1.285$$

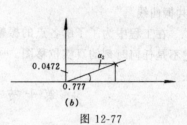

5. 计算 α_1、α_2

$$\text{tg}\alpha_1 = \frac{2\zeta_1\beta_1}{1-\beta_1^2} = \frac{0.116}{-0.346} = -0.335$$

α_1 的象限由图 12-77a 确定。$\varepsilon_1 = 161.47°$。

$$\text{tg}\alpha_2 = \frac{2\zeta_2\beta_2}{1-\beta_2^2} = \frac{0.0472}{0.777} = 0.0607$$

$\alpha_2 = 3.48°$（图 12-77b）。

图 12-77

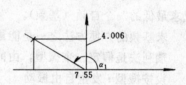

6. 计算 $D_1(t)$、$D_2(t)$

$$D_1(t) = y_1^{st} \cdot \mu_1\sin(\theta t - \alpha_1)$$
$$= 11.89 \times 10^{-5}\sin(\theta t - 161.47°)$$

$$D_2(t) = 3.727 \times 10^{-5}\sin(\theta t - 3.48°)$$

图 12-78

7. 计算位移 $\{y\}$

$$\{y\} = \begin{Bmatrix} y_1 \\ y_2 \end{Bmatrix} = \{X\}_1 D_1 + \{X\}_2 D_2 = \begin{Bmatrix} 1 \\ 2 \end{Bmatrix} D_1 + \begin{Bmatrix} 1 \\ -\dfrac{1}{2} \end{Bmatrix} D_2$$

$$y_1(t) = 11.89 \times 10^{-5}\sin(\theta t - 161.47°) + 3.727 \times 10^{-5}\sin(\theta t - 3.48°)$$

其两个分量按式（12-142）叠加。

$$\Sigma B_j\cos\alpha_j = -7.55$$

$$\Sigma B_j\sin\alpha_j = 4.005$$

由此

$$A_1 = 8.546 \times 10^{-5}$$

$$\text{tg}\alpha_1 = \frac{4.005}{-7.55} = -0.53$$

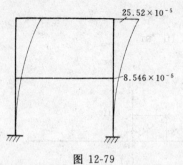

图 12-79

$\alpha_1 = 152.1°$ （图 12-78）

$$y_1(t) = 8.546 \times 10^{-5}\sin(\theta t - 152.1°)$$

同理可求得

$$y_2(t) = 25.52 \times 10^{-5}\sin(\theta t - 163.04°)$$

由于楼面 1、楼面 2 位移的相位不同，所以不能同时到达幅值，振动形状不能保持不变。

相位差来自阻尼。有阻尼体系各点位移都有相位差，不论扰频是多大。共振时也是这样，因此不存在形状不变的"共振曲线"。

在工程中为了了解各点的振幅，常常绘制振幅图，对于本例，如图 12-79。应当了解，它不是任何时刻的真实位移图。

第十节　用能量法计算结构基频

在工程中，有的要求一批振型和自频，也有的要求前两三个振型和自频，但更多的情况求最低的一个自频（基频）。

求基频的方便方法之一是能量法（瑞利法）。

瑞利法是假定一个振型，由能量守恒定律求基频。

设按振型 i 发生自由振动

$$\{y(t)\} = \{X\}_i\sin(\omega_i t + \alpha_i)$$

势能 $u_i(t)$ 等于弹性力 $[K]\{y\}$ 在位移 $\{y\}$ 上所作的实功

$$U_i(t) = \frac{1}{2}\{y\}^T[K]\{y\} = \frac{1}{2}\{X\}_i^T[K]\{X\}_i\sin^2(\omega_i t + \alpha_i)$$

速度

$$\{\dot{y}(t)\} = \omega_i\{X\}_i\cos(\omega_i t + \alpha_i)$$

动能等于

$$T_i(t) = \sum_s \frac{1}{2}m_s\dot{y}_s^2 = \frac{1}{2}\{\dot{y}\}^T[m]\{\dot{y}\}$$

$$= \frac{1}{2}\{X\}_i^T[m]\{X\}_i \times \omega_i^2\cos^2(\omega_i + \alpha_i)$$

自振中能量无输入、无输出（不计阻尼），能量守恒，于是对应任意两个时刻 t_1、t_2 有

$$U_i(t_1) + T_i(t_1) = U_i(t_2) + T_i(t_2)$$

取 t_1 为发生 $\sin(\omega_i t_1 + \alpha_i) = 1$ 的时刻，t_2 为发生 $\cos(\omega_i t_2 + \alpha_i) = 1$ 的时刻，有

$$U_i^{max} + 0 = 0 + T_i^{max} \qquad (12\text{-}145)$$

或简记为

$$U_i + 0 = 0 + T_i \qquad (12\text{-}146)$$

其中 u_i 为振动过程中势能的最大值：

$$U_i = \frac{1}{2}\{X\}_i^T[K]\{X\}_i \qquad (12\text{-}147)$$

T_i 为动能的最大值：

$$T_i = \frac{1}{2}\{X\}_i^T[m]\{X\}_i \cdot \omega_i^2 = \overline{T}_i \cdot \omega_i^2$$

其中

$$\overline{T}_i = \frac{1}{2}\{X\}_i^T[m]\{X\}_i \qquad (12\text{-}148)$$

为 $\omega_i = 1$ 时的动能最大值

由此得

$$U_i = T_i = \overline{T}_i \cdot \omega_i^2$$

因之可得自频 ω_i 的算式：

$$\omega_i^2 = \frac{U_i}{\overline{T}_i} \qquad (12\text{-}149)$$

或

$$\omega_i^2 = \frac{\{X\}_i^T[K]\{X\}_i}{\{X\}_i^T[m]\{X\}_i} \qquad (12\text{-}150)$$

若 $\{X\}_i$ 为真正的振型 i，则由此得到的 ω_i 为精确的第 i 阶自频。

经验表明，对于单跨结构（包括高层房屋）可由近似给定的基本振型求得基频的近似值。

【例 12-23】 用能量法求图 12-80a 所示三层房屋（屋面视为刚体）的基频。已知刚度矩阵及质量矩阵为

$$[K] = K\begin{bmatrix} 2 & -1 & 0 \\ -1 & 2 & -1 \\ 0 & -1 & 1 \end{bmatrix}, \quad [m] = m\begin{bmatrix} 1 & & \\ & 1 & \\ & & 1 \end{bmatrix}$$

【解】 通常采用自重引起的位移曲线作为假设振型。在本例中所求的是水平振动，将重力 S 改为水平力（图 b）。

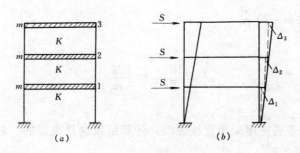

图 12-80

先求层间相对位移。它等于层间剪力除以层间刚度：

$$\Delta_1 = \frac{3S}{K}, \Delta_2 = \frac{2S}{K}, \Delta_3 = \frac{S}{K}.$$

由此，楼面位移

$$y_1 = \Delta_1 = \frac{3S}{K}, y_2 = \Delta_1 + \Delta_2 = \frac{5S}{K}, y_3 = \frac{6S}{K}.$$

假设振型取为

$$\{X\} = [3 \ 5 \ 6]^T$$

由此自振频率

$$\omega^2 = \frac{\{X\}^T[K]\{X\}}{\{X\}^T[m]\{X\}} = \frac{14K}{70m} = 0.2\frac{K}{m}$$

精确值为 0.198，频率误差 +0.5%。

用能量法算出的自频一般均偏大，这是因为对振型进行假设，相当于加上了约束，增大了体系的刚度而加上约束后所得新体系的自频都只会增大，不能减小，这是可以严格证明的。

【讨论 1】 采取自重或其它荷载产生的位移曲线作为假设振型时，势能 U 可以通过外力实功 W 来计算，即有

$$U = W \tag{12-151}$$

于是频率算式（12-149）变为

$$\omega^2 = \frac{W}{\overline{T}} \tag{12-152}$$

这里略去了脚标 i。

要注意，这时不能用位移的相对值计算 W 和 $\overline{T}$。

对于本例，外力功

$$W = \Sigma \frac{1}{2} Sy = \frac{1}{2} S \cdot \frac{3S}{K} + \frac{1}{2} S \cdot \frac{5S}{K} + \frac{1}{2} S \cdot \frac{6S}{K}$$
$$= \frac{1}{2} \cdot 14 \frac{S^2}{K}$$

$\overline{T}$ 等于

$$\overline{T} = \Sigma \frac{1}{2} my^2 = \frac{1}{2} \cdot m \cdot \left(\frac{3S}{K}\right)^2 + \frac{1}{2} m \left(\frac{5S}{K}\right)^2 + \frac{1}{2} S \left(\frac{6S}{K}\right)^2$$
$$= \frac{1}{2} m \cdot 70 \frac{S^2}{K'}$$

于是

$$\omega^2 = \frac{W}{\overline{T}} = 0.2\frac{K}{m}$$

结果相同。

【讨论 2】 对于多层房屋采用直线振型，计算结果也是很好的。对于本例（各层等高），可取 $\{X\} = [1 \ 2 \ 3]^T$。由此

$$\omega^2 = \frac{\{X\}^T[K]\{X\}}{\{X\}^T[m]\{X\}} = 0.214\frac{K}{m} \qquad (+4\%)$$

如果所给的假设振型，与实际振型相差很大时，所得的结果是不好的。例如取 $\{X\} =$

$[1\ 1\ 1]$，则得 $\omega^2 = 0.333\dfrac{K}{m}$，误差 $+30\%$。

由能量守恒可以证明，频率算式（12-149）

$$\omega^2 = \frac{U}{\overline{T}}$$

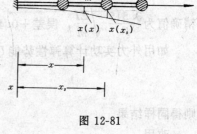

图 12-81

对于无限自由度体系也是适用的。此时弹性势能 U 通过内力实功计算。对于弯曲杆（图 12-81）

$$U = \frac{1}{2}\int M \cdot \mathrm{d}\varphi$$

对于图示坐标系，并取使下面受拉的弯矩为正时

$$M = -EIX'',\ \mathrm{d}\varphi = -X''\mathrm{d}x$$

于是

$$U = \frac{1}{2}\int EI(X'')^2 \mathrm{d}x \tag{12-153}$$

$\omega = 1$ 时的最大动能

$$\overline{T} = \frac{1}{2}\int \overline{m}(X)^2\mathrm{d}x + \frac{1}{2}\Sigma m_s X^2(x_s) \tag{12-154}$$

这是因为，动能的最大值

$$T_{\max} = \frac{1}{2}\int \overline{m}(v)^2\mathrm{d}x + \frac{1}{2}\sum m_s v_s^2$$

而速度幅值

$$v = X\omega,\quad v_s = X(x_s)\cdot\omega$$

令 $\omega = 1$，即得式（12-154）。

由此

$$\omega^2 = \frac{U}{\overline{T}} = \frac{\displaystyle\int EI(X'')^2\mathrm{d}s}{\displaystyle\int \overline{m}(X)^2\mathrm{d}x + \Sigma m_s X^2(x_s)} \tag{12-155}$$

假设的振型 $X(x)$，要求满足体系的几何边界条件，通常采用自重引起的弹性曲线。

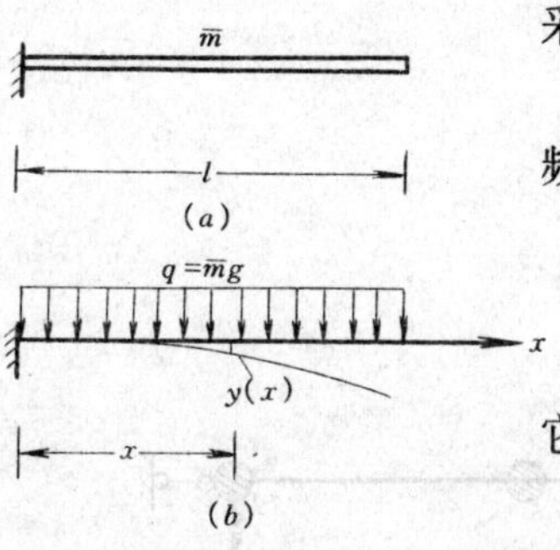

【例 12-24】　用能量法求等截面悬臂梁（图 12-82a）的基频。

【解】　取自重所引起的弹性曲线图 b 为假设振型

$$X(x) = y(x) = \frac{\overline{m}gl^2x^2}{24EI}\left(6 - 4\frac{x}{l} + \frac{x^2}{l^2}\right)$$

它满足边界条件。

代入式（12-155）

$$\omega^2 = \frac{EI\displaystyle\int_0^l (X'')^2\mathrm{d}x}{\overline{m}\displaystyle\int (X)^2\mathrm{d}x}$$

得

图 12-82

$$\omega = \frac{3.529}{l^2} \sqrt{\frac{EI}{m}}$$

精确值为 $\frac{3.515}{l^2} \sqrt{\frac{EI}{m}}$，误差$+0.4\%$。

如用外力实功计算弹性势能U，即取

$$U = \frac{1}{2} \int_0^l \overline{m}g \cdot y(x)\mathrm{d}x$$

则得同样结果。

改用

$$X(x) = A\left(1 - \cos\frac{\pi}{2l}x\right)$$

作为假设振型，A为任意常数。它满足几何边界条件：$X(0)=0$，$X'(0)=0$（固定端）。

代入式（12-155），得 $\omega = \frac{3.68}{l^2} \sqrt{\frac{EI}{m}}$，误差$+4.7\%$。

思 考 题

1. 怎样区分动荷载和静荷载？结构动力计算与静力计算的主要区别是什么？

2. 为什么说自振频率和周期是结构的固有性质？怎么样去改变它们？

3. 为了计算自由振动时质点在任意时刻的位移，除了要知道质点的初始位移和初始速度之外，还需要知道些什么？

4. 什么叫动力系数？动力系数与哪些因素有关？单自由度体系位移的动力系数与内力的动力系数是否一样？

5. 在振动过程中产生的阻尼的原因有哪些？

6. 什么叫临界阻尼？什么叫阻尼比？阻尼对结构自振频率是否有影响？

7. 用刚度法和柔度法求频率时各有什么优缺点？在什么情况下用刚度法较好？在什么情况下用柔度法较好？

8. 多自由度体系各质点的位移动力系数是否相同？它们与内力动力系数是否相同？

9. 振型分解法的应用有什么前提没有？

10. 在瑞利法中，所设的位移函数应满足什么条件？

习 题

12-1 求图a、b所示二体系的自由度，并指出未知位移。

(a)　　　　　　　　　　(b)

题 12-1 图

12-2 求图示不等高排架水平振动的自由度，指出未知位移。考虑梁的质量，不计梁的变形。

12-3 求块式基础平面振动的自由度，指出未知位移。

12-4 求图示单质点体系的自由度，指出未知位移。

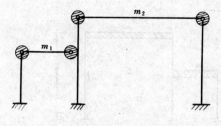

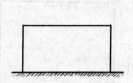

题 12-2 图   题 12-3 图

12-5 求图示三质点体系的自由度，指出与自由度相应的未知位移及各质点的全位移。

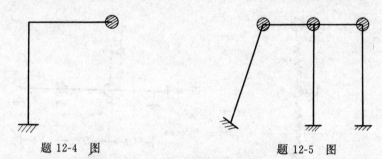

题 12-4 图   题 12-5 图

12-6 图中所示为屋架竖向振动的计算简图。屋盖质量及屋架杆质量集中于上弦结点，不考虑各质点的水平振动。求自由度，指出未知位移。

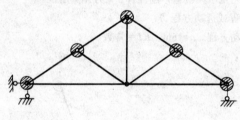

题 12-6 图

12-7 列图示单质点悬臂杆的自由振动的运动方程。

12-8 列图示体系的运动方程。

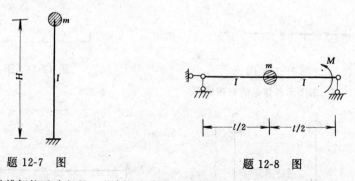

题 12-7 图   题 12-8 图

12-9 列单跨铰结排架的运动方程。不计柱子质量（其质量影响已在质量 m 中考虑）。

12-10 列不等高刚架的运动方程。不计横梁变形。

（提示：列截面平衡方程）。

12-11 列图示二质点、弹簧串联体系的自振方程。图中 C_1、C_2 为相应弹簧刚度。

12-12 列图示两质点单跨梁的运动方程。$EI=$ 常数。

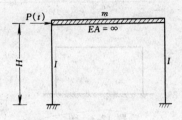

题 12-9 图

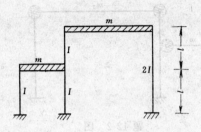

题 12-10 图

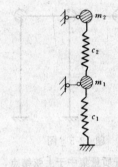

题 12-11 图

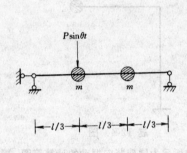

题 12-12 图

12-13 列运动方程。杆为无重（无质量）刚性杆。k 为弹簧刚度。

（提示：截取杆，写动力平衡方程或虚功方程。）

12-14 建立图示体系的运动方程。$a=6\text{m}$。$EI=$常数。

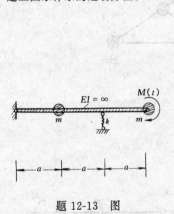

题 12-13 图

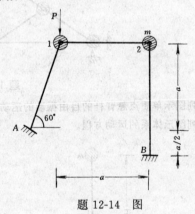

题 12-14 图

12-15～12-18 求图示各体系的自振频率。

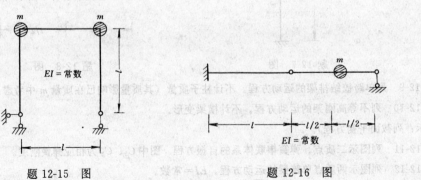

题 12-15 图

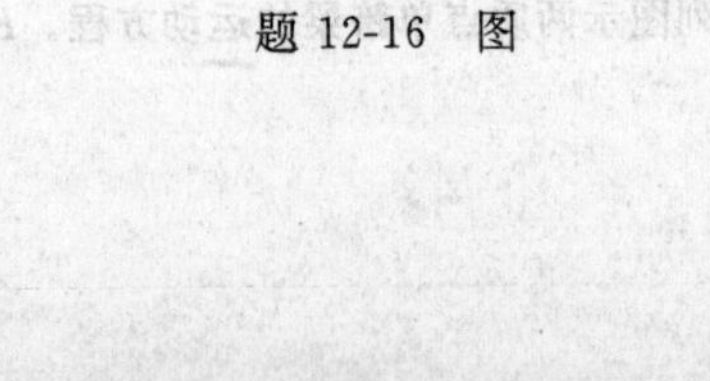

题 12-16 图

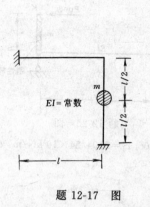

题 12-17 图

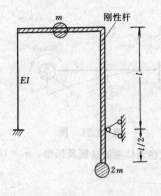

题 12-18 图

12-19 求图示体系的自振频率。图中 K_φ 为弹性转动支座的转动刚度，即发生单位转角所需要的力矩。

12-20 图示基础在外力作用下产生位移 Z_0，突然卸去外力，产生振动。经两个周期，振幅减为 $0.081Z_0$，求阻尼比 ζ_z。

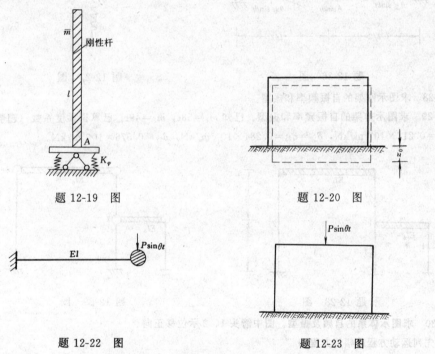

题 12-19 图

题 12-20 图

题 12-22 图

题 12-23 图

12-21 设阻尼比 $\zeta=1$，求初位移 y_0 产生的运动表达式，并绘制其图象。

12-22 写出图示体系的瞬态位移表达式，不计阻尼。

12-23 求图示基础的振幅 A 及地基所受的动压力 N。力 $P\sin\theta t$ 通过质心及底面形心。$P=29.43\mathrm{kN}$，基础质量 $m=156\mathrm{t}$，地基刚度 $K_z=1314.5\times10^3\mathrm{kN/m}$，机器转速 $N_0=600\mathrm{r/min}$。不计阻尼。

12-24 求图示体系质点振幅 A。不计阻尼。

提示：从列方程人手。

12-25 求图示体系的自频、K 点振幅、截面 A 的弯矩幅值。不计阻尼。

12-26 图示结构，求跨中振幅 A、左端转角幅 $\theta_{左}$、右端转角幅 $\theta_{右}$，并分别计算三者的动力系数。EI ＝常数。

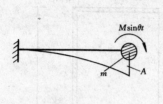

题 12-24 图

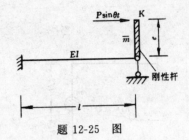

题 12-25 图

12-27 求图示体系的自频及振型。$m_1 = 184.23t$，$m_2 = 30.80t$，$c_1 = 2104.24 \times 10^3 kN/m$，$c_2 = 4277.16 \times 10^3 kN/m$。

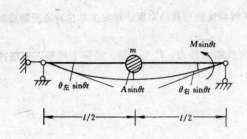

题 12-26 图

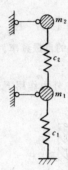

题 12-27 图

12-28 求图示刚架的自振频率和振型。

12-29 求图示排架的自振频率和振型。已知 $m_1 = 58t$，$m_2 = 49t$。已算得柔度系数（超静定结构位移）$\delta_{11} = 0.217 \times 10^{-3} m/kN$，$\delta_{12} = \delta_{21} = 0.284 \times 10^{-3} m/kN$，$\delta_{22} = 0.576 \times 10^{-3} m/kN$。

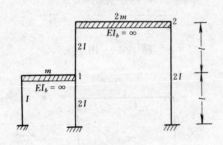

题 12-28 图

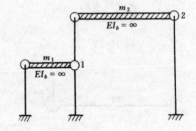

题 12-29 图

12-30 求图示体系的自频及振型。图中箭头 1、2 示位移正向。

（提示：先列运动方程或幅值方程。）

12-31 求自频及振型。除考虑质体的质量 m 外，还考虑其转动惯量 J_0。已知 $J_0 = \frac{1}{2}ml^2$。

（提示：先建立运动方程或幅值方程。）

12-32 导出块式基础水平回转振动的振型正交性表达式。

（提示：利用功的互等定理或相应的动力平衡方程（幅值方程）推导。）

12-33 写出基础水平回转振动振型 1、振型 2 的广义质量、广义刚度的表达式。

12-34 求质点 1 及质点 2 的振幅。m_1、m_2 及 c_1、c_2 的数值同题 12-27。扰力幅 $P = 26.39kN$，扰频 $\theta = 31.4 \ 1/s$（$N_0 = 300r/min$）。不计阻尼。

12-35 数据及要求同前题，但扰频改为 $\theta = \omega_1$，即处于第一共振点。阻尼系数 $\xi = 0.125$。

12-36 推导用能量法计算无限自由度体系自频的算式。

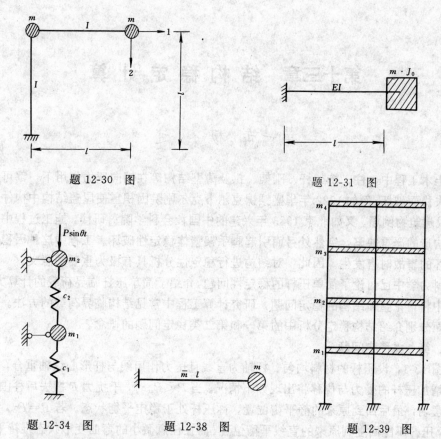

题 12-30 图   题 12-31 图

题 12-34 图   题 12-38 图   题 12-39 图

12-37 写出等截面拉压杆势能 U 及 $\omega=1$ 时的动能 $\overline{T}$ 的表达式。

12-38 求图示悬臂杆的基频。杆长为 l，质量集度为 $\overline{m}$，刚度为 EI，集中质量 $m=\frac{1}{2}\overline{m}l$。取自由端作用一单位集中力所引起的弹性曲线作为假设振型。

12-39 求四层房屋（楼面假设为刚性）的基频。各层高均为 $h_i=4.5\text{m}$。$m_1=43.36\text{t}$，$m_2=44.05\text{t}$，$m_3=42.97\text{t}$，$m_4=38.06\text{t}$。$K_1=11.703\times10^4\text{kN/m}$，$K_2=9.37\times10^4\text{kN/m}$，$K_3=7.02\text{kN/m}$，$K_4=4.69\times10^4\text{kN/m}$。

第十三章 结构稳定计算

第一节 概　述

在土木工程中，柱、桁架杆、刚架、拱及薄壁结构等在轴向压力作用下，都可能因发生突然失稳而破坏。例如1922年华盛顿镍克尔卜克尔剧院因积雪使屋盖结构中构件丧失稳定，造成建筑物倒塌。又如北京1983年兴建的中国社会科学院科研楼，施工过程中因钢管脚手架构造的严重缺陷，突然外弓而引起脚手架整体稳定性破坏。工程中这种因稳定性使结构破坏的事故时有发生。因此，对结构进行稳定性分析具有极为重要的意义。

材料力学中已讨论了简单压杆的稳定性问题，介绍了简单压杆临界荷载的计算方法。结构力学中将讨论整体结构的稳定问题，研究计算工程中常见结构临界荷载的方法。

下面分别介绍结构稳定分析中的第一和第二类稳定问题的概念。

一、第一类稳定问题

如图 13-1，设压杆的材料均匀、杆轴为直线且压力作用线与杆形心纵轴重合，则随着压力的增加压杆的受力与位移将出现如下情况。当 $P < P_{cr}$ 时，干扰力 F 撤去后柱围绕静平衡位置摆动，最后回到原来的静平衡位置，称压杆处于稳定平衡状态。若 $P = P_{cr}$，撤除干扰力后，压杆不能回复到原来的直线平衡位置，而在任意微小的弯曲变形状态维持平衡，如图 13-1b 所示，称压杆处于随遇平衡或中性平衡状态。当 P 继续增加时，压杆挠度迅速增加，最后失去抵抗能力发生图 13-1c 所示断裂破坏。这种当轴向压力达到某一值 P_{cr} 时，结构丧失了原来的稳定平衡的现象称为结构失稳。P_{cr} 为压杆从稳定向不稳定转化的过渡荷载，称为临界荷载。由于 P 达到 P_{cr} 至压溃之间的历程极短，P_{cr} 就成了失稳的标志。

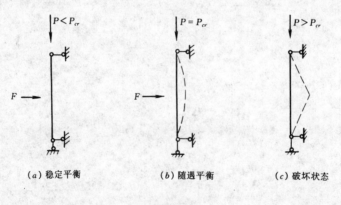

(a) 稳定平衡　　　　(b) 随遇平衡　　　　(c) 破坏状态

图 13-1

由此可见，当 $P < P_{cr}$ 时原有平衡形式是稳定的；当 $P = P_{cr}$ 时，平衡具有分枝点或两重性，既可保持原有平衡形式，也可存在新的微小弯曲平衡形式；当 $P > P_{cr}$ 时原有平衡形式

是不稳定的。称具有这种稳定性质的问题为第一类
稳定问题。除等直中心压杆之外，拱、环、刚架及
窄梁等结构也存在第一类稳定问题。

在第一类稳定问题中，当假定挠度很小（小挠
度理论）时，荷载位移曲线为图 13-2 中的 OA 及水
平虚线 Ⅰ；若在挠度较大（大挠度理论）时，荷载
位移曲线为图 13-2 中的 OA 及曲线 Ⅱ。从图 13-2
中的 A 点知，曲线 Ⅰ 与曲线 Ⅱ 十分贴近，就确定 P_{cr}
时，可采用简单的小挠度理论。

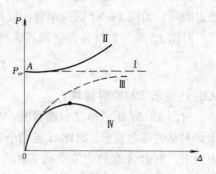

图 13-2

二、第二类稳定问题

实际工程结构中，压杆一般有初弯曲、荷载偏
离形心纵轴、材料不均匀或有垂直于杆轴方向的横向外力。因此，压杆一开始承受压力就
产生侧向挠度。若按弹性理论分析，如后面的例题 13-4，P-Δ 曲线为图 13-2 中的曲线 Ⅲ，
且曲线 Ⅰ 是曲线 Ⅲ 的渐近线。若考虑材料挠曲后的塑性性质，则 P-Δ 曲线为图 13-2 中的曲
线 Ⅳ。显然按弹塑性稳定获得的极限荷载比按弹性分析获得的值要小，具有这种稳定性质
的问题为第二类稳定问题。其主要特征是，结构一开始承受轴向压力就有横向挠度产生，失
稳与稳定无明显界限，只是当接近失稳时，荷载增加很小而挠度却迅速增加。

本章主要介绍第一类稳定问题中的小挠度理论，讨论计算临界荷载的方法。

第二节 确定临界荷载的静力法

从上节分析知道，结构的稳定性与结构的静力平衡性相对应。对第一类稳定问题，按
小挠度理论确定临界荷载的方法，可由分枝点处随遇平衡状态的静力方程求出。通过建立
分枝点处的静力平衡方程及利用边界条件获得稳定方程，由此解出 P_{cr}。这种方法称为静力
法。下面从不同角度进行讨论。

一、单自由度体系的稳定性

如图 13-3a 所示结构，BCD 部分对 AB 杆的约束可简化为一刚度为 k 的弹簧支承约
束，则图 13-3 中 a 图可用 b 图等效。这种等效的原则是，把不存在轴向压力的部分视为对
压杆的弹性约束。其弹簧刚度 k 是失稳时，弹性约束部分发生单位侧移所施加的力。如图
13-3a 中 $k = \dfrac{3EI}{l^3}$，为悬臂梁 DC 的 C 端发生单位位移时施加的力。

当结构处于随遇平衡状态时，描述失稳曲线所需的独立位移参数的数目，称为稳定问

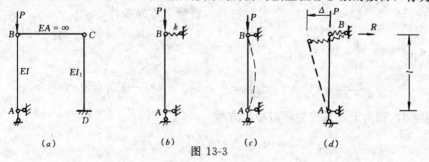

图 13-3

题中的自由度数。比如，图 13-3c 所示失稳形态中，挠曲线为 x 的连续函数，为无限自由度稳定问题。而图 13-3d 则为单自由度问题。

对图 13-3c，由材料力学知其临界荷载可表示为

$$P_{cr} = P_e = \frac{\pi^2}{l^2} EI$$

式中 P_e 表示欧拉临界荷载。

对图 13-3d 所示单自由度情况，当 B 点发生微小侧移 Δ 时，AB 柱的抗弯刚度相对很大，不发生弯曲变形。因此 Δ 能完全表达失稳时的位移曲线。设弹性支承点 B 处的约束反力为 R，则由 A 端的力矩平衡 $\Sigma M_A = 0$ 得

$$P\Delta - Rl = 0$$

将弹性约束条件 $R = k\Delta$ 代入上式得

$$(P - kl)\Delta = 0$$

这就是关于微小位移 Δ 的齐次方程。当 $\Delta = 0$ 时，为寻常解，其物理意义是图 13-3 中体系处于稳定平衡状态。而失稳时，$\Delta \neq 0$，这时必有

$$P - kl = 0$$

这就是失稳时外荷载所满足的关系式，称为稳定或特征方程。由此可解出

$$P_{cr} = kl = \frac{3EI}{l^2}$$

与欧拉临界荷载比较可知，本问题应按单自由度失稳。

在以上单自由度问题的分析中，当 Δ 为微小位移时，才有以上结果。小挠度理论的本质就表现在这里。

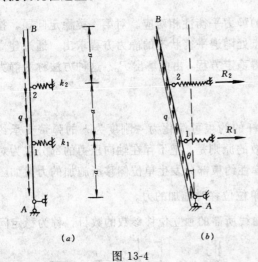

图 13-4

【例 13-1】 如图 13-4a 所示拉索桅杆模型，设桅杆抗弯刚度 $EI = \infty$，沿桅杆轴向作用均布荷载 q，在第 1 和第 2 结点处拉索的水平弹性刚度分别为 k_1 和 k_2，其值按结点发生水平单位位移时所需施加的力来确定。试用静力法求 q_{cr}。

【解】 随遇平衡状态如图 13-4b，仅用一角位移参数 θ 可描述整个位移状态。由平衡方程 $\Sigma M_A = 0$ 得

$$R_1 a + 2aR_2 - \frac{1}{2}q\theta(3a)^2 = 0$$

将静力边界条件

$$R_1 = a\theta k_1, \quad R_2 = 2k_2 a\theta$$

代入上式得

$$k_1 a^2 \theta + 4k_2 a^2 \theta - \frac{9}{2}qa^2\theta = (k_1 + 4k_2 - \frac{9}{2}q)a^2\theta = 0$$

失稳时 $\theta \neq 0$，则由上式系数为零得稳定方程

$$k_1 + 4k_2 - \frac{9}{2}q = 0$$

由此可解出临界荷载

$$q_{cr} = \frac{2}{9}(k_1 + 4k_2)$$

二、多自由度稳定问题

当某一体系处于随遇平衡状态时，描述位移的独立参数有多个，则就称之为多自由度稳定问题。图 13-5a 所示结构体系，AB 和 BC 柱的截面抗弯刚度 EI 为无穷大，类似前面简化原则可用图 13-5b 所示弹性支承体系来代替原结构。C 和 B 支座处的等效弹簧刚度为 k_1 和 k_2。当外力 P 增加到体系处于随遇平衡状态时，如图 13-5c，可用两个独立位移参数 Δ_1 和 Δ_2 来描述失稳时的挠曲线。因此，这是一个二自由度问题。下面由静力法来确定其临界荷载。

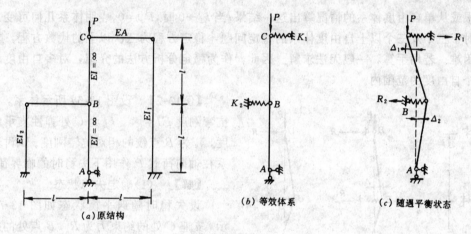

(a) 原结构　　　(b) 等效体系　　　(c) 随遇平衡状态

图 13-5

取图 13-5c 中的 BC 段为隔离体，由 $\Sigma M_B = 0$ 得

$$P(\Delta_1 + \Delta_2) - R_1 l = 0$$

其中 $R_1 = k\Delta_1$ 为弹性支座 1 的约束反力，于是上式变为

$$(P - kl)\Delta_1 + P\Delta_2 = 0 \qquad (a)$$

再取整体平衡，$\Sigma M_A = 0$ 得

$$P\Delta_1 - R_1 \times (2l) + R_2 l = 0$$

式中 $R_2 = k_2\Delta_2$ 为支座 2 处的静力边界条件，于是有

$$(P - 2k_1 l)\Delta_1 + k_2 l\Delta_2 = 0 \qquad (b)$$

可用矩阵表达静力平衡方程（a）和（b）如下

$$\begin{bmatrix} P - k_1 l & P \\ P - 2k_1 l & k_2 l \end{bmatrix} \begin{Bmatrix} \Delta_1 \\ \Delta_2 \end{Bmatrix} = \{0\}$$

该式为 Δ_1 和 Δ_2 的齐次线性方程组。其稳定条件是 Δ_1 和 Δ_2 不能同时为零，则对应的系数行列式必为零

$$\begin{vmatrix} P - k_1 l & P \\ P - 2k_1 l & k_2 l \end{vmatrix} = 0$$

展开得

$$P^2 - (2k_1 l + k_2 l)P + k_1 k_2 l^2 = 0$$

这就是对应的稳定方程，容易求出两个根

$$P_{\frac{1}{2}} = \frac{1}{2}\left[2k_1l + k_2l \pm \sqrt{(2k_1l + k_2l)^2 - 4k_1k_2l^2}\right]$$

其中最小的根为临界荷载

$$P_{cr} = k_1l\left[1 + \frac{k_2}{2k_1} - \sqrt{1 + \left(\frac{k_2}{2k_1}\right)^2}\right]$$

由上式可见，当 $k_2 \to 0$ 时，无论 k_1 值如何，$P_{cr} = 0$，这说明几何可变体系不能承受压力；当 $k_2 \to \infty$ 时，$P_{cr} = k_1l$ 即为单自由度情况的结果；当 $k_1 \to \infty$ 时，$P_{cr} = \frac{1}{2}k_2l$，读者可通过求上式的极限或从单自由度体系的情况算出这一结果；当 $k_1 \to 0$ 时，$P_{cr} = 0$，表明体系几何可变。

对于三个及三个以上自由度体系的稳定问题，稳定方程为三次以上的代数方程，求解较为困难。若用手算，一般无法求解。因此，作为稳定分析方法的介绍，对多自由度局限在两个自由度的范围内。

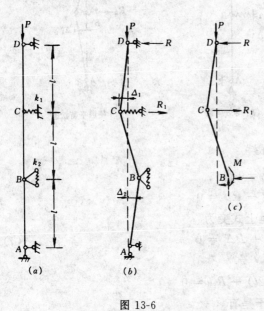

图 13-6

【例13-2】 设图 13-6a 所示体系，柱的抗弯刚度 $EI = \infty$，k_1 为 C 处弹性支承的刚度，k_2 为 B 点铰的相对抗转刚度。试讨论体系在轴向荷载 P 作用下失稳时的临界荷载。

【解】 （1）确定失稳状态

设失稳时随遇平衡状态如图 13-7b 所示，支座 C 处的约束力为 R_1，B 点处的抗转约束力矩为 M，它们按以下两式计算

$$R_1 = k_1\Delta_1$$

$$M = k_2\theta = \frac{k_2}{l}(\Delta_1 + 2\Delta_2)$$

式中 θ 为 B 点的相对转角，Δ_1 和 Δ_2 分别为 C 和 B 点的侧移，见图 13-6b。R 为 D 点的支反力。

（2）平衡方程的建立

由整体平衡 $\Sigma M_A = 0$

$$2lR_1 - 3lR = 0,得 R = \frac{2}{3}R_1 = \frac{2}{3}k_1\Delta_1$$

再由局部 CD 段平衡，$\Sigma M_C = 0$ 得

$$P\Delta_1 - Rl = (P - \frac{2}{3}k_1l)\Delta_1 = 0 \qquad (a)$$

取 BCD 段平衡（如图 13-6c），由 $\Sigma M_B = 0$ 得

$$M + R_1l - P\Delta_2 - 2lR$$

$$= \left(\frac{k_2}{l} - \frac{1}{3}k_1l\right)\Delta_1 + \left(\frac{2}{l}k_2 - P\right)\Delta_2 = 0 \qquad (b)$$

110

（3）建立稳定方程

由关于 Δ_1 和 Δ_2 的平衡方程（a）和（b）建立稳定方程时，利用其系数行列式为零

$$\begin{vmatrix} P - \dfrac{2}{3}k_1l & 0 \\ \dfrac{k_2}{l} - \dfrac{1}{3}k_1l & \dfrac{2}{l}k_2 - P \end{vmatrix} = \left(P - \frac{2}{3}k_1l\right)\left(\frac{2}{l}k_2 - P\right) = 0$$

（4）求解临界荷载

由上式可解出两个根为

$$P_1 = \frac{2}{3}k_1l, \quad P_2 = \frac{2}{l}k_2$$

当 $k_1l^2 \leqslant 3k_2$ 时临界荷载为

$$P_{cr} = P_1 = \frac{2}{3}k_1l$$

否则为

$$P_{cr} = P_2 = \frac{2}{l}k_2$$

对图 13-6a 所示体系，弹性线位移约束刚度 k_1 与抗转约束刚度 k_2 并存时，只要 $k_1l^2 \neq 3k_2$，其失稳由较小刚度的约束条件控制，而与较大弹性约束刚度无关。这表明体系总在刚度最薄弱的地方失稳。

三、无限自由度体系的稳定问题

通常构件的抗弯刚度是有限的，失稳时的挠曲线为连续变化函数，临界荷载的求解应归结为无限自由度的稳定性分析。

如图 13-7a 所示结构，BDE 部分对 AB 柱的作用相当于侧向弹性线位移约束，类似于图 13-3 中的 BCD，其弹簧刚度为 $k = \dfrac{3EI}{l^3}$。CA 梁不存在轴向荷载作用下的失稳问题，对 AB 柱起抗转动弹性约束作用。其抗转刚度为 $K = \dfrac{3EI}{l}$，即 AC 梁 A 端发生单位转角位移时所施加的力矩。这样，原问题就可简化为图 13-7b 所示压杆的弹性约束稳定问题。

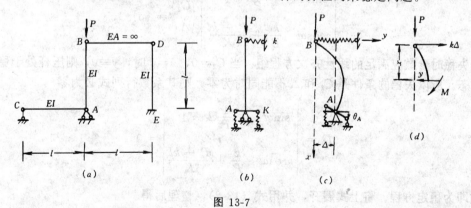

图 13-7

下面针对图 13-7b 所示弹性支承压杆，较详细地推出稳定方程，讨论不同约束的影响。

当外荷载 P 增大到体系进入随遇平衡状态时，设弹性压杆的位移形状如图 13-7c 所示，其变形特点表现为压杆的弯曲。按小挠度假定，失稳时的静力平衡条件可用材料力学中的

弯矩曲率方程表示

$$EIy'' = \pm M \tag{13-1}$$

因此，对无限自由度体系的稳定分析时采用式（13-1）意味着所采用的方法是第一类稳定问题中的小挠度理论。在式（13-1）中，"±"号的选取与设定的 xy 坐标系及杆的弯曲方向有关。若弯矩 M 以使杆件弯曲的方向为正（如图13-7d），则当弯曲的曲率指向 y 的负向时，取负号，否则取正号。如对图13-7c 所示坐标系及弯曲方向，式（13-1）右端应取负号。其中任一截面上的弯矩 M 可通过图13-7d 所示隔离体的平衡求出

$$M = Py - k\Delta x$$

将上式代入式（13-1）并整理后得

$$EIy'' + Py = k\Delta x$$

令

$$\alpha^2 = \frac{P}{EI} \tag{13-2}$$

则上述微分方程的解为

$$y_1 = C_1\cos\alpha x + C_2\sin\alpha x + \frac{1}{P}k\Delta x$$

式中三个待定参数 C_1、C_2 及 Δ 可由如下的位移和静力边界条件确定。

$$y|_{x=0} = 0, \quad y|_{x=l} = \Delta$$
$$y'|_{x=l} = -\theta_A, \quad M_A = K\theta_A$$

其中 $x=l$ 截面的外法线与 x 轴的夹角为负值，而 θ_A 与 M_A 转向相同，均取正值。故在上边第三式右端加了负号。由此有

$$y_{(0)} = C_1 = 0$$

$$C_2\sin\alpha l + \frac{1}{P}k\Delta l = \Delta \text{ 或 } C_2\sin\alpha l + \left(\frac{kl}{P} - 1\right)\Delta = 0$$

$$\alpha C_2\cos\alpha l + \frac{1}{P}k\Delta = -\theta_A = -\frac{M_A}{K} = -\frac{1}{K}(P - kl)\Delta$$

其矩阵表达式为

$$\begin{bmatrix} \sin\alpha l & \dfrac{kl}{P} - 1 \\ \alpha\cos\alpha l & \dfrac{k}{P} + \dfrac{P - kl}{K} \end{bmatrix} \begin{Bmatrix} C_2 \\ \Delta \end{Bmatrix} = \{0\}$$

即为失稳时参数应满足的线性齐次方程组。当 $C_2 = 0$，$\Delta = 0$ 时，$y \equiv 0$，则压杆处于稳定平衡状态。所以失稳的条件是 C_2 和 Δ 不能同时为零，则其系数行列式必为零

$$D = \begin{vmatrix} \sin\alpha l & \dfrac{1}{P}kl - 1 \\ \alpha\cos\alpha l & \dfrac{k}{P} + \dfrac{P - kl}{K} \end{vmatrix} = 0$$

上式即为稳定方程。将上式展开，并用式（13-2），整理后得

$$\text{tg}\alpha l = \frac{\alpha l - \dfrac{(\alpha l)^3}{kl^3}EI}{1 + \dfrac{EI}{Kl}(\alpha l)^2 - \dfrac{(\alpha l)^4}{kKl^4}(EI)^2} \tag{13-3}$$

式（13-3）是关于任意弹簧常数 k 和 K 的稳定方程。这是一个超越方程，针对具体参数，常用图解法或试错法求解。

在式（13-3）中，对不同的弹性约束刚度，可获得以下几种特殊情况。

（1）$k \to 0$ 时，$\mathrm{tg}\alpha l = \dfrac{Kl}{\alpha l EI}$ （13-4）

（2）$k \to \infty$ 时，$\mathrm{tg}\alpha l = \dfrac{\alpha l}{1 + \dfrac{EI}{Kl}(\alpha l)^2}$ （13-5）

（3）$K \to \infty$ 时，$\mathrm{tg}\alpha l = \alpha l - \dfrac{EI}{kl^3}(\alpha l)^3$ （13-6）

（4）k，$K \to \infty$ 时，$\mathrm{tg}\alpha l = \alpha l$ （13-7）

还可举出一些特殊情况，读者可自行讨论。

以上导出了等截面弹性支承压杆的稳定方程，是关于 αl 的超越方程，有无穷多个解，其最小根 $\alpha_{\min}$ 对应临界荷载。当求出 $\alpha_{\min}$ 后，由式（13-2）就可求出临界荷载 P_{cr}。下面用例题来说明其具体计算过程。

【例题13-3】 如图 13-8a 所示简单刚架，试用静力法求临界荷载 P_{cr}。

【解】 原体系可简化为图 13-8b 所示弹性支承压杆，抗转刚度 K 为

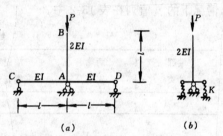

$$K = \frac{6EI}{l}$$

由于 $k=0$，由式（13-4）得如下稳定方程

$$\mathrm{tg}\alpha l = \frac{1}{\alpha l} \frac{6EI}{2EI} = \frac{3}{\alpha l}$$

以下分别用图解法及试错法来求临界力。采用图解法时，令函数

$$f = \mathrm{tg}\alpha l = \frac{3}{\alpha l}$$

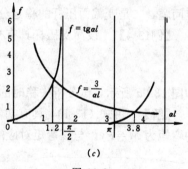

作出 $f = \mathrm{tg}\alpha l$ 和 $f = \dfrac{3}{\alpha l}$ 的变化曲线如图 13-8c，则由上式知，其交点便为对应稳定方程的解。交点对应的最小值 $(\alpha l)_{\min} \approx 1.2$，于是由式（13-2）可求出

图 13-8

$$P_{cr} = \frac{1.44}{l^2} EI$$

若用试错法，令

$$f = \alpha l\, \mathrm{tg}\alpha l - 3$$

假定 $(\alpha l)_1$ 值由上式计算 f_1，再设 $(\alpha l)_2$ 计算 f_2，若 $f_1 f_2 < 0$，则在 $(\alpha l)_1$ 与 $(\alpha l)_2$ 之间必有一个根。然后继续算下去，直到求出 αl 使 f 接近零为止。具体计算过程如表 13-1。由该表可得 $\alpha l = 1.1925$，且为最小根。因此

$$P_{cr} = (\alpha l)^2 \frac{EI}{l^2} = 1.4219 \frac{EI}{l^2} \times 2$$

αl	1	0.5	1.5	1.1	1.2	1.175	1.1925	1.19245
f	−1.44	−5	12.1	−0.76	0.072	0.024	0.00388	$−0.83 \times 10^{-4}$

由前面两种计算方法知，图解法因作图精度，使查出的 αl 值的误差较大。但这种方法的优点是能准确判定最小根 $(\alpha l)_{min}$。而试错法却能求出任意精度的 αl，但其致命处是不能断定求出的 αl 是否为稳定方程的最小根。若已知 $(\alpha l)_{min}$ 的大致范围，则用试错法就能很快准确地确定临界荷载。因此，实用算法是先用图解法求出最小根 αl 的近似值，然后用试错法求出满足精度要求的最小根，从而求出临界荷载。

静力法一般适用于两端受不同约束的等截面压杆。为设计方便，等截面压杆的临界荷载可用如下统一公式表达

$$P_{cr} = \frac{\pi^2 EI}{(\mu l)^2} \tag{13-8}$$

式中 EI 为抗弯刚度；l 为压杆长度；μ 为计算长度系数，与两端约束情况有关。几种特殊情况下的 μ 值列在表 13-2 中。

几 种 约 束 情 况 下 的 μ 值　　　　　　　表13-2

端部约束	两端固定	一端固定一端简支	两端简支或一端固定一端垂直轴向滑移	一端固定一端自由
μ	0.5	0.7	1	2

作为静力法的应用，下面用示例讨论两种特殊情况，一是具有初弯曲的简单第二类稳定问题，二是变截面压杆的稳定分析方法。

【例13-4】　设简支压杆具有初弯曲

$$y_0 = a\sin\frac{\pi}{l}x$$

如图 13-9a 所示，试分析失稳时的临界荷载的性质。

【解】　由式（13-1），具有初弯曲杆承受轴向荷载 P 后的情况如图 13-9b，任一截面上的弯矩为 $M=Py$。与该弯矩对应的曲率（弯曲变形）为 $(y-y_0)''$。于是有

$$EI(y - y_0)'' = -Py$$

将

$$y''_0 = -a\left(\frac{\pi}{l}\right)^2\sin\frac{\pi}{l}x$$

代入前一式得

$$EIy'' + Py = -a\left(\frac{\pi}{l}\right)^2 EI\sin\frac{\pi}{l}x$$

容易求出上式的齐次解。特解可设为

$$y^* = C\sin\frac{\pi}{l}x$$

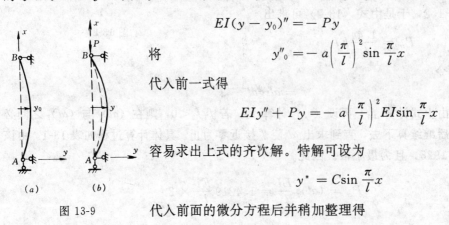

图 13-9　　　　代入前面的微分方程后并稍加整理得

$$\left(P - \frac{\pi^2}{l^2}EI\right)C = -a\frac{\pi^2}{l^2}EI$$

令 $P_e = \frac{\pi^2}{l^2}EI$ 为欧拉荷载，则由上式可解出

$$C = \frac{a}{1 - \frac{P}{P_e}}$$

于是原微分方程的通解为

$$y = C_1\cos\alpha x + C_2\sin\alpha x + \frac{y_0}{1 - \rho}$$

式中 $\rho = P/P_e$。由位移边界条件得

$$y|_{x=0} = C_1 = 0, \quad y|_{x=l} = C_2\sin\alpha l = 0$$

于是由 $C_2 \neq 0$ 求出欧拉临界荷载 P_e。当 $C_2 = 0$ 时

$$y = \frac{y_0}{1 - \rho}$$

在小挠度范围内，当 $\rho \to 1$ 时 $y \to \infty$。即有微小初弯曲 y_0 时，压杆失稳的临界荷载以欧拉荷载为极限。也就是说，当初弯曲较小时，可按第一类中心压杆求临界荷载。

对偏心受压简支杆，失稳时与有初弯曲失稳时的情况类似。即在小变形弹性范围内，偏心受压的临界荷载以中心受压杆的临界力为极限。其 $P - \Delta$ 关系见图 13-2 中的曲线 Ⅲ。因此，在小挠度范围内，可用第一类稳定问题分析代替第二类稳定问题求临界荷载，误差较小。这就是为什么结构稳定分析中以第一类稳定问题为主要研究对象的原因之一。

【例13-5】 试用静力法导出图 13-10a 所示变截面压杆的稳定方程。结构及荷载参数如图所示。

【解】 按静力法，先设定失稳时的变形曲线及坐标系，如图 13-10b。其中 Δ 为 1 和 2 两点的相对侧移。然后按刚度变化分段建立微分方程。

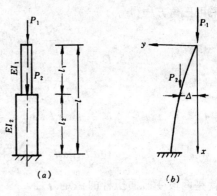

图 13-10

各段的弯矩表达式如下

$$M_1(x) = P_1y_1 = N_1y_1 \qquad 0 \leqslant x \leqslant l_1$$

$$M_2(x) = P_1y_2 + P_2(y_2 - \Delta) = N_2y_2 - (N_2 - N_1)\Delta \qquad l_1 \leqslant x \leqslant l$$

其中 N_1 和 N_2 可视为各等刚度段的轴力。于是由式 (13-1) 这两段的微分方程如下

$$EI_1y''_1 + N_1y_1 = 0 \qquad 0 \leqslant x \leqslant l_1$$

$$EI_2y''_2 + N_2y_2 = (N_2 - N_1)\Delta \qquad l_1 \leqslant x \leqslant l$$

令

$$\alpha_1^2 = \frac{N_1}{EI_1}, \quad \alpha_2^2 = \frac{N_2}{EI_2}$$

则上述微分方程的解为

$$y_1 = C_1\cos\alpha_1x + C_2\sin\alpha_1x \qquad 0 \leqslant x \leqslant l_1$$

$$y_2 = C_3\cos\alpha_2 x + C_4\sin\alpha_2 x + \left(1 - \frac{N_1}{N_2}\right)\Delta \quad l_1 \leqslant x \leqslant l$$

其中待定常数 C_1 到 C_4 和 Δ 由位移边界条件及段与段之间的连续条件确定。由边界位移条件

$$y_1|_{x=0} = C_1 = 0$$

$$y'_1|_{x=l} = -C_3\alpha_2\sin\alpha_2 l + C_4\alpha_2\cos\alpha_2 l = 0, C_4 = C_3\mathrm{tg}\alpha_2 l$$

由结点 2 处的连续条件

$$y_1|_{x=l_1} = C_2\sin\alpha_1 l_1 = \Delta$$

$$y_2|_{x=l_1} = C_3\cos\alpha_2 l_1 + C_4\sin\alpha_2 l_1 + \left(1 - \frac{N_1}{N_2}\right)\Delta = \Delta$$

或 $$C_3(\cos\alpha_2 l_1 + \mathrm{tg}\alpha_2 l\sin\alpha_2 l_1) - \frac{N_1}{N_2}C_2\sin\alpha_1 l_1 = 0$$

$$y'_1|_{x=l_1} = C_2\alpha_1\cos\alpha_1 l$$

$$y'_2|_{x=l_1} = -C_3\alpha_2\sin\alpha_2 l_1 + C_4\alpha_2\cos\alpha_2 l_1$$

即 $$C_2\alpha_1\cos\alpha_1 l_1 + C_3\alpha_2(\sin\alpha_2 l_1 - \cos\alpha_2 l_1\mathrm{tg}\alpha_2 l) = 0$$

于是可获得关于 C_2 和 C_3 的线性齐次方程组。失稳的条件是对应的系数行列式为零。经代换及采用三角方程得

$$D = \begin{vmatrix} -\dfrac{N_1}{N_2}\sin\alpha_1 l_1 & \dfrac{1}{\cos\alpha_2 l}\cos\alpha_2(l-l_1) \\[4mm] \alpha_1\cos\alpha_1 l_1 & -\dfrac{\alpha_2}{\cos\alpha_2 l}\sin\alpha_2(l-l_1) \end{vmatrix} = 0$$

展开 $$\alpha_2\frac{N_1}{N_2}\sin\alpha_1 l_1\sin\alpha_2 l_2 = \alpha_1\cos\alpha_1 l_1\cos\alpha_2 l_2$$

得 $$\mathrm{tg}\alpha_1 l_1\mathrm{tg}\alpha_2 l_2 = \frac{N_2\alpha_1}{N_1\alpha_2} \tag{13-9}$$

这就是两段变截面压杆的稳定方程。

比如当 $l_1 = \dfrac{2}{3}l$，$l_2 = \dfrac{l}{3}$，$EI_1 = EI$，$EI_2 = 1.5EI$，$P_1 = P$，$P_2 = 5P$ 时，$N_1 = P$，$N_2 = 6P$，$\alpha_1 = \sqrt{\dfrac{N_1}{EI_1}} = \sqrt{\dfrac{P}{EI}} = \alpha$，$\alpha_2 = \sqrt{\dfrac{6P}{1.5EI}} = 2\alpha$，则式（13-9）变为

$$\mathrm{tg}\,\frac{2}{3}\alpha l \cdot \mathrm{tg}\,\frac{2}{3}\alpha l = 3 \quad 即 \quad \mathrm{tg}\,\frac{2}{3}\alpha l = \sqrt{3}$$

可求出 $\dfrac{2}{3}\alpha l = \dfrac{\pi}{3}$，即临界荷载为

$$P_{cr} = \frac{\pi^2}{4l^2}EI$$

对两段以上的变截面压杆，仍同上述分析方法，只是建立的稳定方程很复杂。这种情况下，一般用能量法求解。

第三节 确定临界荷载的能量法

一、基本原理

静力法对等截面压杆的稳定分析较为简单，而对较为复杂的问题，如沿轴向有荷载分布等，用静力平衡微分方程求解较为困难。稳定性可从另一角度即稳定与能量的关系来分析。先用刚性小球的运动稳定性来说明能量与稳定的关系。如图 13-11 所示，设小球置于光滑面上，施加微小干扰力 F 后将出现图中的运动情况。当小球在 A 点时，撤去力 F 后，在重力作用下小球几经摆动，最后在 A 点静止下来，称小球处于稳定平衡状态。当小球在 BC 段某一点时，撤去力 F 后，小球不会摆动回到原来的位置，而是在 BC 段内任何位置沿铅直方向维持平衡，水平

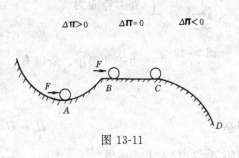

图 13-11

方向位移渐渐发展，这时小球处于随遇平衡状态。随后小球将很快从 C 点进入 CD 段，竖向再也不能维持平衡，称小球处于不稳定平衡状态。显然小球的稳定性与图 13-1 压杆的稳定性有类似的地方。而小球的稳定性明显与重力势能 Π 有关。若以干扰力 F 作用前静止的点为势能零点，则在稳定状态附近摆动时，重力势能增量 $\Delta\Pi > 0$，随遇平衡状态 $\Delta\Pi = 0$，不稳定时 $\Delta\Pi < 0$。

对弹性变形体系，其稳定性与刚性小球的情况相似。当结构处于失稳状态时，荷载在对应位移上做功，内力在对应变形上产生变形能。若不考虑其他能量损失，则弹性体系的总能量守恒。设以结构不受力的状态为零势点，那么结构受力后的弹性势能为 U，而外力相对零势点做的负功便为外力势能 V。当体系处于失稳状态时，总势能为 $\Pi = U + V$。Π 是结构弹性变形曲线的函数，称为泛函。失稳条件是能量泛函 Π 取驻值，即对位移函数的变分为零

$$\delta\Pi = 0 \tag{13-10}$$

式中 δ 为变分符号。式 (13-10) 就是势能驻值原理的表达式。关于泛函与变分问题，读者可参阅有关数学书。作为应用，读者应有如下基本概念，函数随自变量变化，极值点处一阶导数为零；而泛函随自变函数变化，驻值（极值）点处一阶变分为零，变分是对自变函数求导。若自变函数是若干已知函数的线性组合，则这时泛函转化为关于组合系数的一般多元函数，与普通多元微积分相同。第六章中的虚功方程与式 (13-10) 具有一致性，只要把虚位移理解为变分即可，或者说可用虚位移原理导出与之等价的关系式 (13-10)。

下面分两种情况来讨论能量法的应用。

二、有限自由度体系的稳定分析

式 (13-10) 表示结构失稳时随遇平衡与势能驻值等效，即总势能 Π 的微小增量为零是失稳的数学表示条件。按小挠度理论，随遇平衡状态的位移相对于稳定状态很小，于是可把该位移理解为微小位移增量或变分。因此，总势能 Π 也就是微小增量。这样就可用

$$\Pi = 0 \tag{13-11}$$

来确定临界荷载。式 (13-11) 一般用于单自由度体系，而式 (13-10) 可用于多自由度体系。

其理由可用下面的例题来说明。

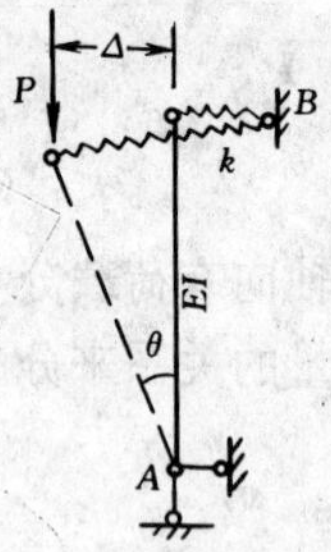

图 13-12

【例13-6】 如图 13-12 所示压杆，设抗弯刚度为无穷大。试用能量法求临界荷载。

【解】 设失稳时的状态如图 13-12，体系仅弹簧产生变形能

$$U = \frac{1}{2}k\Delta^2$$

外力势能为

$$V = -Pl(1-\cos\theta) = -2Pl\sin^2\left(\frac{\theta}{2}\right)$$

由于 θ 很小，所以有

$$\sin\frac{\theta}{2} \approx \frac{\theta}{2}$$

于是

$$\Pi = U + V = \frac{1}{2}k\Delta^2 - 2P\left(\frac{\theta}{2}\right)^2$$

再将 $\Delta = l\theta$ 代入上式后得

$$\Pi = \frac{l}{2}(kl - P)\theta^2$$

由式（13-10）得

$$\delta\Pi = \frac{\mathrm{d}\Pi}{\mathrm{d}\theta} = l(kl - P)\theta = 0$$

当 $\theta \neq 0$ 时得如下稳定方程 $kl - P = 0$，由此可解出临界力 $P_{cr} = kl$。这与静力法的结果一致。

若用式（13-11），则有

$$\Pi = \frac{l}{2}(kl - P)\theta^2 = 0$$

因 $\theta^2 \neq 0$ 时为失稳状态，所以由上式得出稳定方程 $kl - P = 0$。这与式（13-10）导出的结果一致。

【例13-7】 如图 13-13a 示两个自由度体系，试用能量法求临界荷载。

【解】 随遇平衡状态如图 13-13b，弹性势能为

$$U = \frac{1}{2}k(\Delta_1^2 + \Delta_2^2)$$

外力势能为

$$V = -P[(l - l\cos\theta_1) + (l - l\cos\theta_2)]$$

$$= -\frac{Pl}{2}(\theta_1^2 + \theta_2^2) = -\frac{Pl}{2}\left[\left(\frac{\Delta_1 + \Delta_2}{l}\right)^2 + \left(\frac{\Delta_2}{l}\right)^2\right]$$

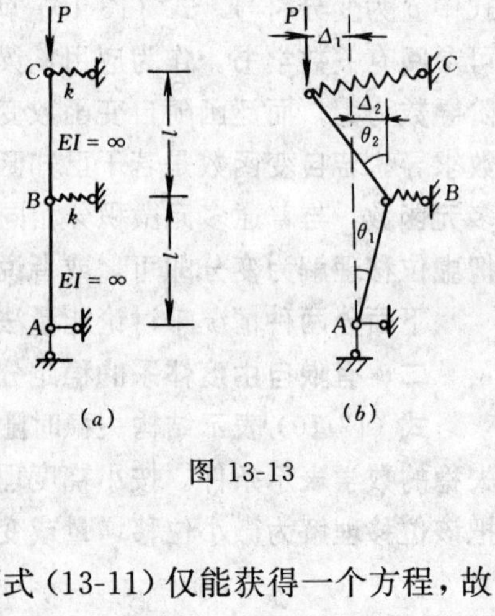

总势能为

$$\Pi = \frac{k}{2}(\Delta_1^2 + \Delta_2^2) - \frac{P}{2l}[(\Delta_1 + \Delta_2)^2 + \Delta_2^2]$$

图 13-13

显然不能用式（13-11）获得稳定方程，因为对两自由度体系，必须建立关于两个独立位移参数的线性方程组。而式（13-11）仅能获得一个方程，故仅适用于单自由度体系。

由式 (13-10)，因位移函数由 Δ_1 和 Δ_2 确定，故对位移函数的变分为零等效于多元函数的极值条件。即有

$$\frac{\partial \Pi}{\partial \Delta_1} = k\Delta_1 - \frac{P}{l}(\Delta_1 + \Delta_2) = \left(k - \frac{P}{l}\right)\Delta_1 - \frac{P}{l}\Delta_2 = 0$$

$$\frac{\partial \Pi}{\partial \Delta_2} = k\Delta_2 - \frac{P}{l}(\Delta_1 + 2\Delta_2) = -\frac{P}{l}\Delta_1 + \left(k - \frac{2P}{l}\right)\Delta_2 = 0$$

由 Δ_1 和 Δ_2 不同时为零便得如下稳定方程

$$D = \begin{vmatrix} k - \dfrac{P}{l} & -\dfrac{P}{l} \\ -\dfrac{P}{l} & k - \dfrac{2P}{l} \end{vmatrix} = k^2 - \frac{3P}{l}k + \left(\frac{P}{l}\right)^2 = 0$$

由此解出最小根

$$\left(\frac{P}{l}\right)_{\min} = \frac{3k - \sqrt{9k^2 - 4k^2}}{2} = \frac{1}{2}k(3 - \sqrt{5})$$

因此临界荷载为

$$P_{cr} = \frac{1}{2}kl(3 - \sqrt{5})$$

这与静力法中讨论的结果一致。

三、无限自由度体系稳定分析

对无限自由度体系，其稳定分析的能量法是将体系转化为广义单自由度或广义多自由度体系计算。即通过指定失稳时的挠曲线

$$y(x) = \sum_{i=1}^{n} a_i \varphi_i(x) \tag{13-12}$$

式中 $\varphi_i(x)$ 为已知的函数，称为失稳曲线相应的形函数；a_i 为未知的组合系数。于是未知挠曲线 $y(x)$ 就是关于 a_i $(i=1, n)$ 的 n 元线性函数。相应的总势能 Π 为 a_i $(i=1, n)$ 的 n 元函数。式 (13-10) 中的变分为零转化为多元函数的极值问题。下面先从广义单自由度体系说明能量法的计算过程及特点，然后再讨论广义多自由度体系。

1. 广义单自由度

在式 (13-12) 中设 $n=1$，则 $y=a_1\varphi_1$ 就变为随 a_1 变化的单自变量函数，φ_1 表示挠曲形状不变。

弯曲应变能为

$$U = \frac{1}{2}\int_0^l M\kappa \mathrm{d}x \approx \frac{1}{2}\int_0^l My'' \mathrm{d}x = \frac{1}{2}\int_0^l EI(y'')^2 \mathrm{d}x$$

$$= \frac{1}{2}a_1^2 \int_0^l EI(\varphi''_1)^2 \mathrm{d}x$$

式中 EI 为压杆抗弯刚度，κ 为曲率。

当仅端部承受轴向压力时，外力势能 V 可用图 13-12 示模式计算，仅将图中 l 换为微段 $\mathrm{d}x$，则由例 13-6，$\mathrm{d}x$ 微段上的外力势能为

$$dV = -\frac{1}{2}P\theta^2 dx = -\frac{1}{2}P(y')^2 dx$$

上式中 θ 为微段的转角，在小变形条件下 $\theta \approx \mathrm{tg}\theta = y'$。于是压杆的外力势能为

$$V = -\frac{1}{2}\int_0^l P(y')^2 dx = -\frac{1}{2}a_1^2 \int_0^l P(\varphi_1)^2 dx$$

因此总势能为

$$\Pi = U + V = \frac{a_1^2}{2}\left[\int_0^l EI(\varphi'_1)^2 dx - \int_0^l P(\varphi_1)^2 dx\right]$$

对单自度体系，由式（13-11）及 $a_1 \neq 0$ 得

$$P_{cr} = \frac{\int_0^l EI(\varphi'_1)^2 dx}{\int_0^l (\varphi_1)^2 dx} \tag{13-13}$$

按式（13-13）计算临界荷载时，其精度取决于 φ_1 的选取。当 $\varphi_1(x)$ 就是失稳时的真实挠曲线时，就求出精确临界力。但通常选的形函数 $\varphi_1(x)$ 不正好为失稳曲线，则只能由式（13-13）算出近似临界荷载。而且所算出的临界力不小于精确值。这是因为，当 $\varphi_1(x)$ 近似时，$\varphi_1(x)$ 偏离值较远，而 $\varphi'_1(x)$ 的偏离就更远，即与精确值的差值就越大。故式（13-13）中分子与分母之比总不小于精确值。从另外一种意义说，当 $\varphi_1(x)$ 近似时，相当于施加了附加约束使实际曲线变为所选曲线，而增加压杆的约束将提高临界荷载。

由此可见，函数 $\varphi_1(x)$ 的选取是提高计算精度的关键。从 $\varphi_1(x)$ 与精确失稳曲线的贴近程度，$\varphi_1(x)$ 必须满足位移边界条件，并尽可能满足静力边界条件。下面以示例说明其计算过程。

【例13-8】 如图 13-14 所示简支压杆，试用能量法计算临界荷载。

【解】（1）如图 13-14 虚线示失稳曲线，先设

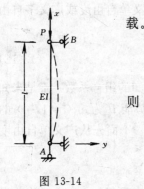

图 13-14

$$y = a_1\varphi_1 = a_1\sin\frac{\pi}{l}x$$

则

$$\varphi_1(x) = \frac{\pi}{l}\cos\frac{\pi}{l}x$$

$$\varphi'_1(x) = -\left(\frac{\pi}{l}\right)^2 \sin\frac{\pi}{l}x$$

而

$$\int_0^l EI(\varphi'_1)^2 dx = EI\left(\frac{\pi}{l}\right)^4 \int_0^l \sin^2\frac{\pi}{l}dx = \frac{l}{2}\left(\frac{\pi}{l}\right)^4 EI$$

$$\int_0^l (\varphi_1)^2 dx = \left(\frac{\pi}{l}\right)^2 \int_0^l \cos^2\frac{\pi}{l}x dx = \frac{l}{2}\left(\frac{\pi}{l}\right)^2$$

代入式（13-13）后得

$$P_{cr} = \frac{\pi^2}{l^2}EI$$

这就是精确解，因为选择了失稳时的真实曲线。

（2）若选择

$$\varphi_1(x) = xl^3 - 2lx^3 + x^4$$

即横向均布荷载作用引起的挠曲线的形状，则

$$\varphi'_1(x) = l^3 - 6lx^2 + 4x^3$$

$$\varphi''_1(x) = -12lx + 12x^2$$

且

$$\int_0^l EI(\varphi''_1(x))^2 dx = \frac{17}{35}l^7 EI$$

$$\int_0^l (\varphi'_1)^2 dx = \frac{144}{30}l^5$$

代入式（13-13）得

$$P_{cr} = \frac{9.882}{l^2}EI$$

该值比精确值大 0.13%，可见有足够的精度。若取 $\varphi_1 = x(l-x)$，读者不难算出 $P_{cr} = 12EI/l^2$，比精确值大 22%。误差较大的原因是尽管 φ_1 能满足位移边界条件，但不满足静力边界条件。

2. 广义多自由度体系

从式（13-12）知取一项时一般距实际失稳曲线相差较远。为了提高精度，设选 n 个形函数，就把无限自由度稳定问题变为 n 个自由度的稳定问题。

类似单自由度，总势能为

$$\Pi = \frac{1}{2}\int_0^l \left[EI\left(\sum_{i=1}^n a_i\varphi'_i\right)^2 - P\left(\sum_{i=1}^n a_i\varphi_i\right)^2 \right] dx$$

Π 为关于 $a_1, a_2, \cdots, a_n$ 的 n 元函数。式（13-10）示变分问题就转化为多元函数微积分，即

$$\delta\Pi = 0 \Rightarrow \frac{\partial \Pi}{\partial a_j} = 0 \quad (j = 1, n)$$

而

$$\frac{\partial \Pi}{\partial a_j} = \int_0^l \left[EI\left(\sum_{i=1}^n a_i\varphi'_i\right)\varphi'_j - P\left(\sum_{i=1}^n a_i\varphi_i\right)\varphi_j \right] dx$$

$$= \sum_{i=1}^n \left[\int_0^l (EI\varphi'_i\varphi'_j - P\varphi_i\varphi_j) dx \right] a_i = 0, \quad j = 1, n$$

令

$$C_{ij} = \int_0^l (EI\varphi'_i\varphi'_j - P\varphi_i\varphi_j) dx \tag{13-14}$$

于是用矩阵形式表达为

$$\begin{bmatrix} C_{11} & C_{12} & \cdots & C_{1n} \\ C_{21} & C_{22} & \cdots & C_{2n} \\ \vdots & \vdots & & \vdots \\ C_{n1} & C_{n2} & \cdots & C_{nn} \end{bmatrix} \begin{Bmatrix} a_1 \\ a_2 \\ \vdots \\ a_n \end{Bmatrix} = \{0\}$$

失稳的条件是上式的系数行列式为零

$$D = \begin{vmatrix} C_{11} & C_{12} & \cdots & C_{1n} \\ & C_{22} & \cdots & C_{2n} \\ & & \ddots & \vdots \\ \text{对称} & & & C_{nn} \end{vmatrix} = 0 \qquad (13\text{-}15)$$

式（13-15）中元素的对称性由式（13-14）容易看出。由式（13-14）知，稳定方程式（13-15）是关于 P 的 n 次代数方程，其 n 个根中的最小值就是临界力。下面以示例说明式（13-14）（13-15）的应用。

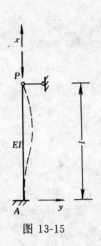

图 13-15

【例13-9】 试用能量法计算图 13-15 示压杆的临界荷载。设 $\varphi_1 = x^2(l-x)$，$\varphi_2 = x^3(l-x)$，EI 为常数。

【解】 （1）求形函数的导数

$$\phi'_1 = 2xl - 3x^2, \quad \phi'_2 = 3x^2l - 4x^3$$
$$\phi''_1 = 2l - 6x, \quad \phi''_2 = 6xl - 12x^2$$

（2）由式（13-14）计算系数

$$C_{11} = \int_0^l [EI(\phi''_1)^2 - P(\phi'_1)^2] \mathrm{d}x$$

$$= EI \int_0^l (2l - 6x)^2 \mathrm{d}x - P \int_0^l (2xl - 3x^2) \mathrm{d}x$$

$$= 4EIl^3 - \frac{2}{15}Pl^5$$

$$C_{12} = C_{21} = \int_0^l [EI\phi''_1\phi''_2 - P\phi'_1\phi'_2]$$

$$= \int_0^l [EI(2l - 6x)(6xl - 12x^2) - P(2xl - 3x^2)(3x^2l - 4x^3)] \mathrm{d}x$$

$$= 4EIl^4 - \frac{P}{10}l^5$$

$$C_{22} = \int_0^l [EI(6xl - 12x^2)^2 - P(3x^2l - 4x^3)^2] \mathrm{d}x$$

$$= 4.8EIl^5 - \frac{9}{105}Pl^7$$

（3）建立稳定方程

令 $\alpha^2 = P/EI$ 并将 C_{ij} 代入式（13-15）得

$$D = \begin{vmatrix} 4 - \dfrac{2}{15}\alpha^2 l^2 & 4 - \dfrac{1}{10}\alpha^2 l^2 \\[2mm] 4 - \dfrac{1}{10}\alpha^2 l^2 & 4.8 - \dfrac{9}{105}\alpha^2 l^2 \end{vmatrix} = 0$$

展开得

$$0.001427(\alpha l)^4 - 0.1828(\alpha l)^2 + 3.2 = 0$$

（4）临界荷载。

由上式可解出最小根 $(\alpha l)_{min} = 4.57415$，于是 $P_{cr} = 20.9228EI/l^2$。该值与精确解的误差为 3.6%。若仅采用第一项 φ_1 时，临界力为 $30EI/l^2$，误差 48.6%。若仅用第二项 φ_2 时，临界力为 $56EI/l^2$，误差 177.4%。由此可见当选用两个形函数分别计算时，结果误差很大。

而把它们组合起来作为变形曲线时，精度大为提高。说明取多项组合位移函数能大大提高计算结果的精度。这是因为选多项时，自由度更接近真实，组合系数协调了各项位移形函数的人为约束情况，并使静力边界条件也尽量接近实际，达到位移及静力边界条件同时满足，从而提高计算精度。

能量法的更大优点是能解决静力法中求解较困难的问题。比如对变刚度 $EI(x)$ 及沿杆轴方向外荷载发生变化时，按式（13-1）很难通过积分获得 y 的解析表达式。而用能量法时，只要预设位移曲线式（13-12），就能按式（13-14）（13-15）解出近似的临界荷载。如果所设函数满足位移边界条件，并尽可能满足静力边界条件，就能获得令人满意的结果。下面用示例来说明。

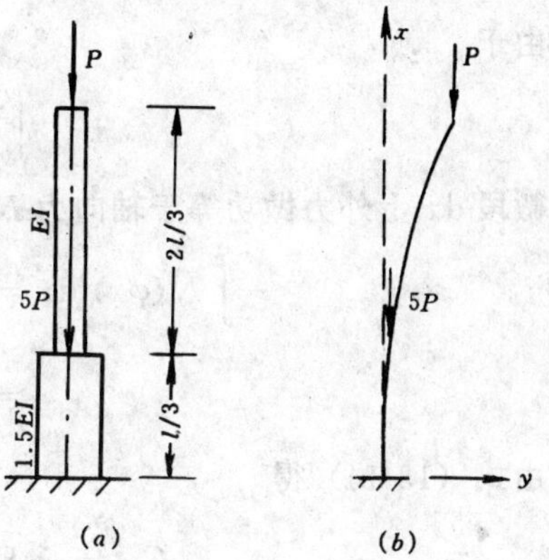

图 13-16

【例13-10】 试用能量法计算图 13-16a 示变截面压杆的临界荷载。设失稳时的曲线为图 13-16b，表达式为 $y=a_1$，$\varphi_1=a_1\left(1-\cos\dfrac{\pi x}{2l}\right)$。

【解】 （1）计算形函数的导数

$$\varphi_1 = \frac{\pi}{2l}\sin\frac{\pi x}{2l}$$

$$\varphi'_1 = \left(\frac{\pi}{2l}\right)^2\cos\frac{\pi}{2l}x$$

（2）由式（13-14）计算 C_{11}

$$C_{11} = \int_0^l \left[EI(\varphi'_1)^2 - P(\varphi_1)^2\right]\mathrm{d}x$$

$$= \int_0^{l/3}\left[1.5EI\left(\frac{\pi}{2l}\right)^4\cos^2\frac{\pi x}{2l} - 6P\left(\frac{\pi}{2l}\right)^2\sin^2\frac{\pi}{2l}x\right]\mathrm{d}x$$

$$+ \int_{l/3}^l\left[EI\left(\frac{\pi}{2l}\right)^4\cos^2\frac{\pi x}{2l} - P\left(\frac{\pi}{2l}\right)^2\sin^2\frac{\pi x}{2l}\right]\mathrm{d}x$$

$$= 0.65225EIl\left(\frac{\pi}{2l}\right)^4 - 0.64417P\left(\frac{\pi}{2l}\right)^2$$

（3）由式（13-15）得如下稳定方程

$$D = |C_{11}| = 0$$

由此解出

$$P_{cr} = 1.0125\frac{EI\pi^2}{4l^2}$$

比精确解大 1.25%。若选两项，精度可以提高。

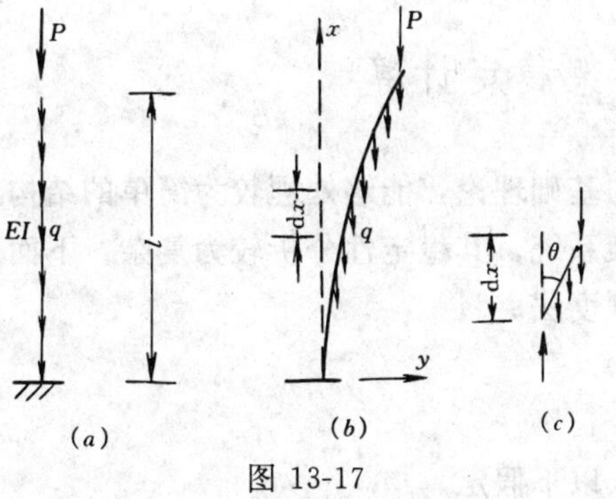

【例13-11】 如图 13-17a 所示悬臂柱，EI 为常数，高度为 l。若柱顶承受压力 P，沿柱轴向均布自重集度为 q。试用能量法计算临界荷载。

图 13-17

【解】 失稳时的曲线如图 13-17b，表达式为 $y = a_1\varphi_1 = a_1\left(1 - \cos\dfrac{\pi}{2l}x\right)$，则有

$$\varphi_1 = \left(\frac{\pi}{2l}\right)\sin\left(\frac{\pi x}{2l}\right)$$

$$\varphi''_1 = \left(\frac{\pi}{2l}\right)^2\cos\left(\frac{\pi x}{2l}\right)$$

由于

$$\int_0^l EI(\varphi''_1)^2 \mathrm{d}x = \frac{l}{2}EI\left(\frac{\pi}{2l}\right)^4$$

微段 $\mathrm{d}x$ 上外力做功等于轴向力 N 做功，如图 13-17c，即

$$-\int_0^l N(\varphi_1)^2\mathrm{d}x = -\int_0^l [P + q(l-x)]\left(\frac{\pi}{2l}\right)^2\sin^2\left(\frac{\pi}{2l}x\right)\mathrm{d}x$$

$$= \frac{\pi^2}{ql}\left[-P + ql\left(\frac{2}{\pi^2} - \frac{1}{2}\right)\right]$$

由式 (13-14) 得

$$C_{11} = \frac{l}{2}EI\left(\frac{\pi}{2l}\right)^4 - \frac{\pi^2}{8l}\left[P + \left(\frac{1}{2} - \frac{2}{\pi^2}\right)ql\right]$$

再由式 (13-15)

$$D = |C_{11}| = 0$$

即

$$P + \left(\frac{1}{2} - \frac{2}{\pi^2}\right)ql = \frac{\pi^2}{4l^2}EI$$

当 $q=0$ 时，$P_{cr} = \dfrac{\pi^2}{4l^2}EI$；当 $P=0$ 时

$$q_{cr} = \frac{\pi^2}{\left(0.5 - \dfrac{2}{\pi^2}\right)}\frac{EI}{4l^3} = \frac{8.2978}{l^3}EI$$

比精确值 $7.837EI/l^3$ 大 5.88%。当 $P = ql\lambda$ 时

$$q_{cr} = \frac{\pi^2}{\lambda + \dfrac{1}{2} - \dfrac{2}{\pi^2}}\frac{EI}{4l^3}$$

由此可见，当参数 λ 增加时，临界荷载将降低。例如当 $\lambda=1$ 时，降低到无轴向自重荷载作用下的 0.77 倍。另外，若取两个形函数的组合，$\varphi_2 = 1 - \cos\dfrac{3\pi}{2l}x$，读者可以验证，精度将大为提高。

第四节 平面刚架稳定计算

前两节介绍的静力法和能量法是稳定分析的基础理论，能够处理较为简单的结构或压杆系统的稳定计算问题。实际建筑结构中的刚架系统，其稳定性分析较为复杂，下面从不同角度来分析。先介绍位移法，然后介绍直接刚度法。

一、位移法

1. 基本假定

对实际受力复杂刚架的稳定分析，一般引入以下假定。

(1) 中心轴向承压

刚架上通常沿构件的横向作用有分布力或集中力，实际是第二类稳定问题。在小变形范围内，设把梁上非结点外力静力等效到结点上。这样就转化为第一类稳定性分析。图 13-18a 所示 BC 梁上的外力 q 就可用等效结点力 P_1 和 P_2 代替，然后作稳定分析。

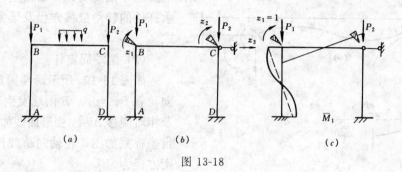

图 13-18

(2) 小挠度

设刚架处于随遇平衡状态时变形较小，且变形前后杆件的长度相等，轴向力的变化可略去不计。这表明轴向变形及轴向荷载的大小和方向的变化的影响可略去不计，独立结点位移未知量相应减少。如图 13-18b 中，独立结点位移为 Z_1，Z_2，Z_3。

(3) 结点轴向荷载按比例增加

刚架上轴向荷载有多个，大小各不相同。为分析简单，设各荷载按同一比列因子增加直到最终值。例如，图 13-18b 中的荷载可设为 $P_1 = P_{d1}\lambda$，$P_2 = P_{d2}\lambda$，P_{d1} 和 P_{d2} 是设计轴向荷载，λ 为一可变参数。因此就把刚架的稳定问题变为求单一值 λ 的临界值问题。称 λ 为荷载参数或荷载因子。

有了以上假设，对工程中的框架柱、排架柱的稳定分析就方便了。

2. 稳定的位移法方程

位移法是刚架稳定性分析的基本分析方法，是近似法及直接刚度法的基础。下面先说明如何建立位移法方程。

对图 13-18b 所示位移法基本结构，由于沿柱的轴向承受结点力，所以 $M_P = 0$。因此在稳定的位移法典型方程中的自由项为零，只要作单位弯矩图求主、副系数 r_{ij} 就行了。例如在图 13-18c 中，示出当 $Z_1 = 1$ 时的单位弯矩图 $\overline{M}_1$。AB 柱有轴向力，弯矩是关于 P_1 的非线性函数。仍按传统位移法可计算典型方程中的系数 r_{11}，r_{21}，r_{31}。注意，这里的系数有别于无轴向荷载的情况，具体表达形式随后将详细讨论。同理可算出另外的系数。最后得

$$
\begin{bmatrix} r_{11} & r_{12} & r_{13} \\ r_{21} & r_{22} & r_{23} \\ r_{31} & r_{32} & r_{33} \end{bmatrix} \begin{Bmatrix} z_1 \\ z_2 \\ z_3 \end{Bmatrix} = \{0\}
$$

这就是关于独立结点位移的齐次线性方程组，由系数行列式为零建立关于荷载 P 或参数 λ 的稳定方程，即可求出临界荷载 P_{cr} 或临界荷载参数 λ_{cr}。

3. 考虑轴向荷载作用的转角位移方程

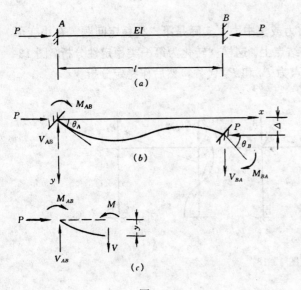

图 13-19

从上面建立方程的过程可见，关键在求轴向荷载及支座位移共同作用下基本杆件的杆端力。因此，下面推导两端固定等截面直杆的转角位移方程，给出一端固定一端简支、一端固定一端定向支承杆件的转角位移方程及形常数的表达式。

(1) 两端固定杆

如图 13-19a 所示两端固定梁承受轴向荷载 P。当 A、B 两端发生转角 θ_A、θ_B 及相对侧移 Δ 后，变形曲线如图 13-19b。设坐标系如图，在轴向荷载作用下的平衡方程为

$$EIy'' = -M$$

其中

$$M = Py + V_{AB}x + M_{AB}$$

令 $\alpha^2 = P/EI$，则平衡微分方程的解为

$$y = C_1\cos\alpha x + C_2\sin\alpha x - \frac{1}{P}(V_{AB}x + M_{AB})$$

式中四个常数 C_1、C_2、V_{AB} 和 M_{AB} 由位移边界条件确定。

$$y|_{x=0} = C_1 - \frac{M_{AB}}{P} = 0, \quad C_1 = M_{AB}/P$$

$$y|_{x=l} = C_1\cos\alpha l + C_2\sin\alpha l - (M_{AB} + V_{AB}l)/P = \Delta$$

$$y'|_{x=0} = C_2\alpha - V_{AB}/P = \theta_A, \quad C_2 = (\theta_A + V_{AB}/P)/\alpha$$

$$y'|_{x=l} = -C_1\alpha\sin\alpha l + C_2\alpha\cos\alpha l - V_{AB}/P = \theta_B$$

由以上四式消去 C_1 和 C_2 得

$$(\cos\alpha l - 1)\frac{M_{AB}}{P} + \left(\frac{\sin\alpha l}{\alpha} - l\right)\frac{V_{AB}}{P} = \Delta - \frac{\sin\alpha l}{\alpha}\theta_A$$

$$-\alpha\sin\alpha l\frac{M_{AB}}{P} + (\cos\alpha l - 1)\frac{V_{AB}}{P} = \theta_B - \theta_A\cos\alpha l$$

将 $P = \alpha^2 EI$ 代入上两式，并用三角变换关系可解出

$$M_{AB} = 4i\xi_1(v)\theta_A + 2i\xi_2(v)\theta_B - \frac{6i}{l}\eta_1(v)\Delta \tag{13-16a}$$

$$V_{AB} = -\frac{6i}{l}\eta_1(v)(\theta_A + \theta_B) + \frac{12}{l^2}i\eta_2(v)\Delta \tag{13-16b}$$

式中 $i = EI/l$，$v = \alpha l$；ξ_1、ξ_2、η_1 和 η_2 的表达式为

$$\xi_1(v) = \frac{1}{4}\frac{1 - \dfrac{v}{\mathrm{tg}v}}{\dfrac{\mathrm{tg}\dfrac{v}{2}}{\dfrac{v}{2}} - 1} \qquad \xi_2(v) = \frac{1}{2}\frac{\dfrac{v}{\sin v} - 1}{\dfrac{\mathrm{tg}\dfrac{v}{2}}{\dfrac{v}{2}} - 1}$$

126

$$\eta_1(v) = \frac{1}{3}\frac{\left(\frac{v}{2}\right)^2}{1 - \frac{\frac{v}{2}}{\operatorname{tg}\frac{v}{2}}} \qquad \eta_2(v) = \frac{1}{3}\frac{\left(\frac{v}{2}\right)^2}{\frac{\operatorname{tg}\frac{v}{2}}{\frac{v}{2}} - 1} \tag{13-17}$$

式 (13-17) 表示考虑轴向荷载作用时的修正函数。为应用方便,在本书附录 Ⅱ 中制成了表,若已知某修正函数的值,可由表查出 v 值,从而确定临界荷载。对图 13-19 中 B 端的 M_{BA} 可由平衡关系求出,其表达式只要将式 (13-16a) 中的下标 A 和 B 交换即可。而 $V_{BA}=V_{AB}$。

(2) 一端固定一端简支杆

对图 13-20a 所示情况,类似两端固定情况的推导,可得出如下的转角位移方程

$$M_{AB} = 3i\xi_3(v)\theta_A - \frac{3i}{l}\xi_3(v)\Delta \tag{13-18a}$$

$$V_{AB} = V_{BA} = -\frac{3i}{l^2}[\xi_3(v)l\theta_A + \eta_3(v)\Delta] \tag{13-18b}$$

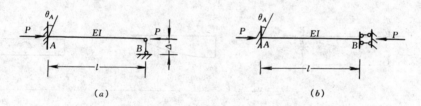

图 13-20

式中

$$\xi_3(v) = \frac{1}{3}\frac{v^2}{1 - \frac{v^2}{\operatorname{tg}v}} = \eta_1(2v) \tag{13-19a}$$

$$\eta_3(v) = \frac{1}{3}\frac{v^2}{\frac{\operatorname{tg}v}{v} - 1} = \eta_2(2v) \tag{13-19b}$$

(3) 一端固定一端定向杆

对图 13-20b 所示情况,类似可导出转角位移方程

$$M_{AB} = i\xi_4(v)\theta_A \qquad M_{BA} = -i\xi_5(v)\theta_A \tag{13-20}$$

式中

$$\xi_4(v) = \frac{v}{\operatorname{tg}v} \qquad \xi_5(v) = \frac{v}{\sin v} \tag{13-21}$$

在以上三种情况中,当 $v = l\sqrt{\frac{P}{EI}} \to 0$,即 $P \to 0$ 时,式 (13-17)、(13-19) 和式 (13-21) 中的修正函数均趋近 1。这就是说,当不考虑轴向荷载作用时,本节的转角位移方程与第八章中的转角位移方程一致。另外,在稳定问题中,杆端弯矩和剪力是轴向荷载 P 的非线性函数,不同轴向荷载引起的内力不能直接线性相加;但杆端位移与杆端力之间成线性关系,因此不同杆端位移引起的内力满足叠加原理。为应用上的方便,将单位杆端位移分别引起的杆端力列于表 13-3 中。

轴向荷载与单位支座位移引起的杆端力(形常数) 表13-3

序号	单位支座位移	弯矩		剪力
		M_{AB}	M_{BA}	Q
1	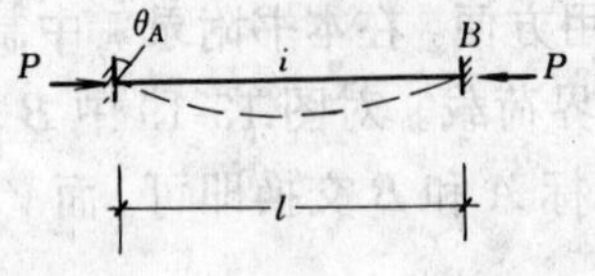	 $4i\xi_1$	$2i\xi_1$	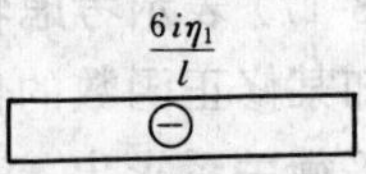 $\dfrac{6i\eta_1}{l}$ $\ominus$
2	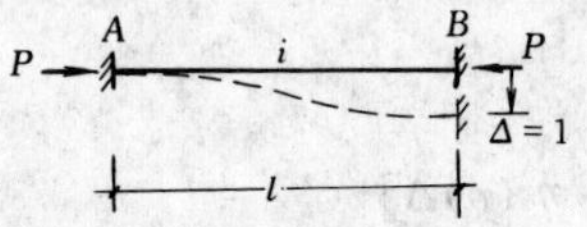	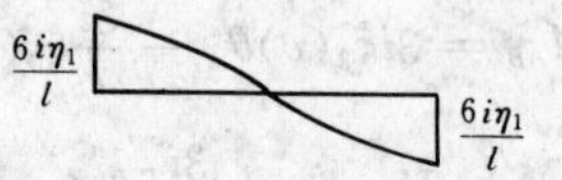 $\dfrac{6i\eta_1}{l}$	$\dfrac{6i\eta_1}{l}$	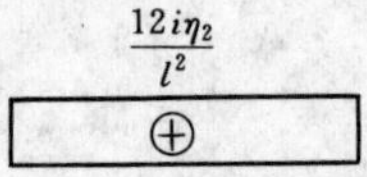 $\dfrac{12i\eta_2}{l^2}$ $\oplus$
3	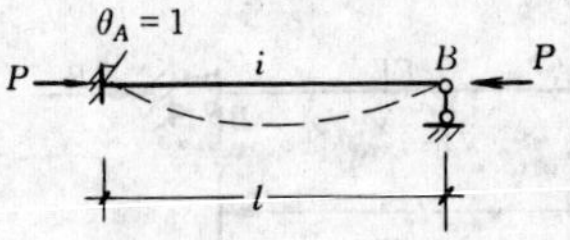	 $3i\xi_3$		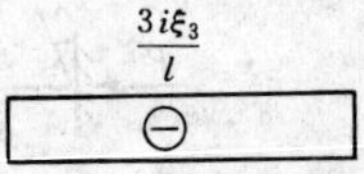 $\dfrac{3i\xi_3}{l}$ $\ominus$
4			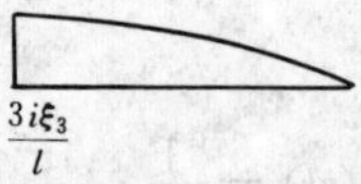 $\dfrac{3i\xi_3}{l}$	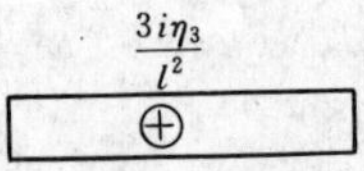 $\dfrac{3i\eta_3}{l^2}$ $\oplus$
5	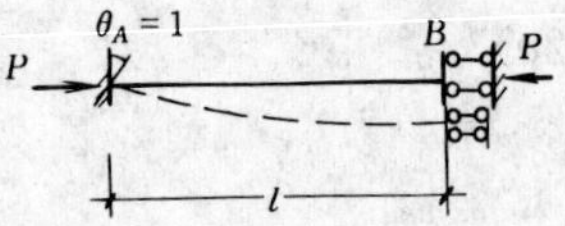	 $i\xi_4$	$i\xi_5$	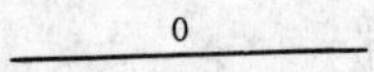 0

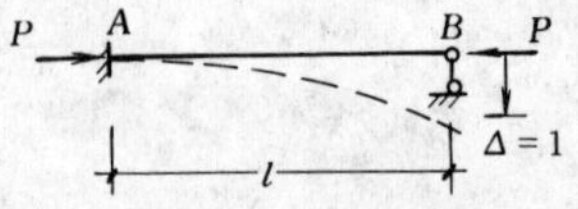

由式 (13-19) 可见，η_1 与 η_2 分别和 ξ_3 与 η_3 有对应关系，因此在本书末的附录Ⅱ中未列 η_1 与 η_2，对应的 v 值可由 ξ_3 和 η_3 查出，然后除以 2 即得。

下面用例题来说明如何用表 13-3 及基本结构法来建立稳定的位移法方程，由此获得稳定方程，再由附录Ⅱ查出 v，最后计算临界荷载的过程。

【例13-12】 如图 13-21a 所示刚架，试用位移法求临界荷载 P_{cr}。

【解】 (1)独立结点位移仅有 B 点的转角。

(2) 由表 13-3 作 $Z_1 = 1$ 时的单位弯矩图，如图 13-21b。

(3) 计算系数

$$r_{11} = 3i\xi_3 + 3i$$

(4) 移定方程

$$D = |r_{11}| = 3i(\xi_3 + 1) = 0, \text{即 } \xi_3 = -1$$

(5) 求临界力。由附录Ⅱ知，没有恰好 $\xi_3 = -1$ 的值，因此可按线性插值计算。当 $\xi_3 = -0.9819$ 时，$v = 3.72$；当 $\xi_3 = -1.0395$ 时，$v = 3.74$。由此算出当 $\xi_3 = -1$ 时，$v = 3.7263$。于是临界荷载为

$$P_{cr} = \frac{EI}{l^2} v^2 = 13.8853 \frac{EI}{l^2}$$

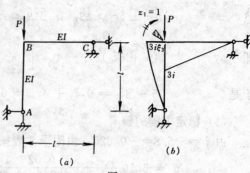

图 13-21

【例13-13】 用位移法分析图 13-22a 所示对称刚架的临界荷载。

【解】 (1)本问题有三个基本位移未知量

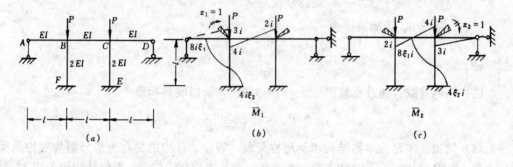

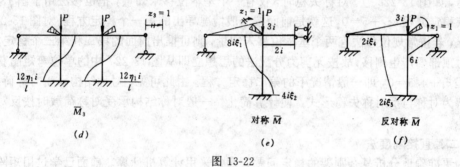

图 13-22

Z_1，Z_2 和 Z_3，对 B、C 点处的转角及 D 点的水平侧移。

(2) 分别作单位位移 $Z_j = 1$ $(j = 1, 2, 3)$ 时的单位弯矩图 $\overline{M}_j$，如图 13-22b、c、d 所示。并按层间和结点平衡计算系数

$$r_{11} = 7i + 8i\xi_1, \quad r_{12} = r_{21} = 2i, \quad r_{13} = r_{31} = -\frac{12}{l^2} i\eta_1$$

$$r_{22} = 7i + 8i\xi_1, \quad r_{23} = r_{32} = -\frac{12}{l^2} i\eta_1, \quad r_{33} = \frac{48}{l^2} i\eta_2$$

(3) 由上面的系数可建立如下稳定方程

$$\begin{vmatrix} r_{11} & r_{12} & r_{13} \\ r_{21} & r_{22} & r_{23} \\ r_{31} & r_{32} & r_{33} \end{vmatrix} = i \begin{vmatrix} 7 + 8\xi_1 & 2 & -12\eta_1/l^2 \\ 2 & 7 + 8\xi_1 & -12\eta_1/l^2 \\ -12\eta_1/l^2 & -12\eta_1/l^2 & 48\eta_2/l^2 \end{vmatrix} = 0$$

展开并利用修正函数之间的关系化简后有

$$(7 + 8\xi_1)^2 \frac{48}{l^2}\eta_2 + \frac{576}{l^2}\eta_1^2 - \frac{288}{l^2}(7 + 8\xi_1)\eta_1^2 - \frac{192}{l^2}\eta_2 = 0$$

即

$$(5 + 8\xi_1)(\xi_4 + 4.5)\left[1 - 1/\xi_4\left(\frac{v}{2}\right)\right]^{-1} = 0$$

于是

$$5 + 8\xi_1 = 0, \xi_4 + 4.5 = 0, \xi_4\left(\frac{v}{2}\right) = 0$$

（4）稳定方程的解

由 $\xi_1 = -5/8 = -0.625$，由附录Ⅱ表按线性插值得

$$v_1 = 5.10 + \frac{0.02}{-0.6099 + 0.6388}(-0.625 + 0.6099) = 5.111$$

由 $\xi_4 = -4.5$，由附录Ⅱ表按线性插值得

$$v_2 = 2.6 + \frac{-0.02}{-4.3218 + 4.5591}(-4.5 + 4.3218) = 2.615$$

由 $\xi_4\left(\frac{v}{2}\right) = 0$，由附录Ⅱ表

$$v_3/2 = \pi/2$$

$$v_3 = \pi$$

（5）临界荷载。通过比较得 $v_{\min} = v_2 = 2.615$，所以临界荷载

$$P_{cr} = 6.8382 \frac{EI}{l^2}$$

（6）讨论。本题为对称结构承受对称荷载，若按力法中的简化方法分解为对称及反对称失稳，如图 13-22e、f。对称失稳时，仅有一个基本位移未知量，把位移法用于图 13-22e，容易获稳定方程 $8\xi_1 + 5 = 0$，这就是前面按一般情况导出的第一个稳定方程。对图 13-22f 所示情况，若按常规位移法有两个基本位移未知量，则可推出前面的第二和第三个稳定方程；失稳时顶部要产生侧移，故按无剪力分配法的思想立即从图 13-22f 中的单位弯矩图获得稳定方程 $\xi_4 + 4.5 = 0$，即一般情况下的第二稳定方程。由此可见，对称结构承受对称荷载时，可分解为对称与反对称失稳形式，使计算简化。一般对称结构承受对称荷载时按反对称状态失稳。

*二、直接刚度法

为更准确地分析复杂刚架的稳定问题，通常采用计算机计算。前面已学过用矩阵位移法作结构静力分析的方法，其思想原则上可用于弹性稳定问题的分析。下面以此为基础，介绍求解稳定问题的直接刚度法。

1. 精确法

如图 13-23 所示两端固定的单元，当不考虑轴向变形时，由位移法中图 13-19 导出的转角位移方程式（13-16），可容易推出图 13-23 所示情况下的局部坐标系下的单元刚度方程

$$[\bar{k}]^e\{\bar{d}\}^e = \{\bar{F}\}^e$$

其中

$$[\bar{k}]^e = \begin{bmatrix} \dfrac{12i}{l^2}\eta_2 & \dfrac{6i}{l}\eta_1 & -\dfrac{12i}{l^2}\eta_2 & \dfrac{6i}{l}\eta_1 \\ & 4i\xi_1 & -\dfrac{6i}{l}\eta_1 & 2i\xi_2 \\ & & \dfrac{12i}{l^2}\eta_2 & -\dfrac{6i}{l}\eta_1 \\ & 对称 & & 4i\xi_1 \end{bmatrix} \quad (13\text{-}22)$$

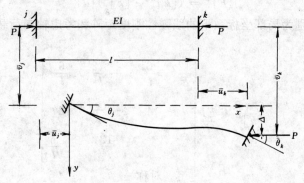

图 13-23

为略去轴向变形影响时的单元刚度矩阵。而

$$\{\overline{d}\}^e = \begin{Bmatrix} \overline{v}_j \\ \overline{\theta}_j \\ \overline{v}_k \\ \overline{\theta}_k \end{Bmatrix}, \{\overline{F}\}^e = \begin{Bmatrix} \overline{Y}_j \\ \overline{M}_j \\ \overline{Y}_k \\ \overline{M}_k \end{Bmatrix}$$

分别为杆端位移和杆端力向量。

对矩形框架，可按整体坐标建立单元刚度方程，这样就可不作坐标变换。

根据单元刚度方程，由结点平衡条件和结点位移与杆端位移的连续条件可按先处理法形成结构刚度方程

$$[K]\{d\} = \{0\} \tag{13-23}$$

式中结构刚度矩阵 $[K]$ 可按定位向量作"对号入座，同号相加"的方法直接集成。由于未考虑单元内部有外力，也未考虑轴向变形，故总体荷载列阵为零。

刚架失稳的条件是对应刚度方程中的系数矩阵 $[K]$ 的行列式为零

$$D = |K| = 0 \tag{13-24}$$

从而建立稳定方程。可将上式展开成关于荷载参数的代数方程，然后求最小根。但要实现这种方法比较困难，一般采用较为实用的迭代法。下面介绍近似法。

2. 近似法

在稳定分析的直接刚度法中，可将单元刚度矩阵中的修正函数展开成为泰勒级数，并取前两项，从而获得简化的计算表达式。修正函数展开的表达式如下

$$\xi_1(v) = 1 - \frac{v^2}{30} - \frac{9}{5040}v^4 + \cdots$$

$$\xi_2(v) = 1 + \frac{v^2}{60} + \frac{91}{11025}v^4 + \cdots$$

$$\eta_1(v) = 1 - \frac{v^2}{60} + \frac{87}{25200}v^4 + \cdots \tag{13-25}$$

$$\eta_2(v) = 1 - \frac{v^2}{10} + \frac{4}{525}v^4 + \cdots$$

其中

$$v = \frac{Pl^2}{EI} \tag{13-26}$$

当 v 较小时，略去四次及以上的项后，代入单元刚度矩阵，经整理后得

$$\{\overline{F}\}^{@} = ([\overline{k}]^{@}_e - [\overline{k}]^{@}_g)\{\overline{d}\}^{@} \tag{13-27}$$

式中$[\overline{k}]^{@}_e$和$[\overline{k}]^{@}_g$分别为局部坐标系下的线弹性刚度矩阵和考虑轴向荷载作用时的几何刚度矩阵，表达式如下

$$[\overline{k}]^{@}_e = \frac{EI}{l}\begin{bmatrix} \dfrac{12}{l^2} & \dfrac{6}{l} & -\dfrac{12}{l^2} & \dfrac{6}{l} \\ & 4 & -\dfrac{6}{l} & 2 \\ & & \dfrac{12}{l^2} & -\dfrac{6}{l} \\ & \text{对称} & & 4 \end{bmatrix}$$

$$[\overline{k}]^{@}_g = P\begin{bmatrix} \dfrac{6}{5l} & \dfrac{1}{10} & -\dfrac{6}{5l} & \dfrac{1}{10} \\ & \dfrac{2l}{15} & -\dfrac{1}{10} & -\dfrac{l}{30} \\ & & \dfrac{6}{5l} & -\dfrac{1}{10} \\ & \text{对称} & & \dfrac{2l}{15} \end{bmatrix} \tag{13-28}$$

弹性刚度矩阵是不考虑轴向荷载作用时的杆端力与杆端位移之间的关系，与第十一章中的单元刚度矩阵一致。而几何单元刚度矩阵是轴向荷载作用下引起的对单元刚度方程的修正。因为在展开式中仅取了v^2及以前的项，故前述表达是近似的。当$v^2 = \pi^2\rho$较大时，即P接近或大于欧拉荷载P_e时，这种算法带来的误差较大。计算结果分析表明，对无相对侧移刚架，柱子的临界荷载常比P_e大，不宜采用这种计算方法。不过可通过多选单元减小单元长度的办法来降低误差；而对有相对侧移的刚架，计算结果误差较小，也就是说对侧移刚度较小的刚架，可以采用近似算法。

近似计算方法的优点是计算简便，只要把弹性分析中的单刚稍加修正就可获得稳定分析中的刚度方程，是工程界较受欢迎的方法。但对计算机运算来讲，利用精确表达法的计算工作量增加不是太多，且形成单元刚度矩阵的程序也较简单。

【例13-14】 如图 13-24 所示刚架，设EI为常数。试用直接刚度法计算临界荷载。

【解】 （1）坐标系及编号

设图 12-24b 所示坐标系，单元及结点编号如图，定位向量的编号放在结点编号后的括号内。

（2）精确法

由于自由结点位移仅有结点 1 的转角，故按先处理法，单元刚度矩阵为（式（13-22））

$$[k]^{@} = [4i\xi_1]1, \quad [k]^{@} = [4i]1$$

按对号入座，同号相加的办法得结构刚度矩阵

$$[K] = [4i\xi_1 + 4i]$$

其稳定条件是对应系数行列式为零（式（13-

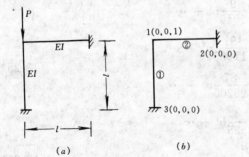

图 13-24

132

24))

$$4i\xi_1 + 4i = 0 \quad \text{或} \quad \xi_1 = -1$$

即为稳定方程。由附录 II 表查值可推出如下临界荷载

$$P_{cr} = 28.4\frac{EI}{l^2}$$

（3）近似法

与精确法步骤完全一致。单元刚度矩阵由式（13-28）得

$$[k]_e^① = [4i]1, \quad [k]_g^① = [\frac{2Pl}{15}]1$$

$$[k]_e^② = [4i]1, \quad [k]_g^② = [0]$$

由此可集成整体刚度矩阵

$$[K] = [8i - \frac{2P}{15}l]$$

其系数行列式为零可解出 $P_{cr} = \frac{60}{l^2}EI$。与精确值的
误差达 111%。显然对无结点侧移刚架，近似法远
不能满足精度要求。

【例13-15】 如图 13-25a 所示刚架，试用直接
刚度法求临界荷载。

【解】 （1）编号

结构单元及结点编号如图 13-25b，有 3 个自
由结点位移。

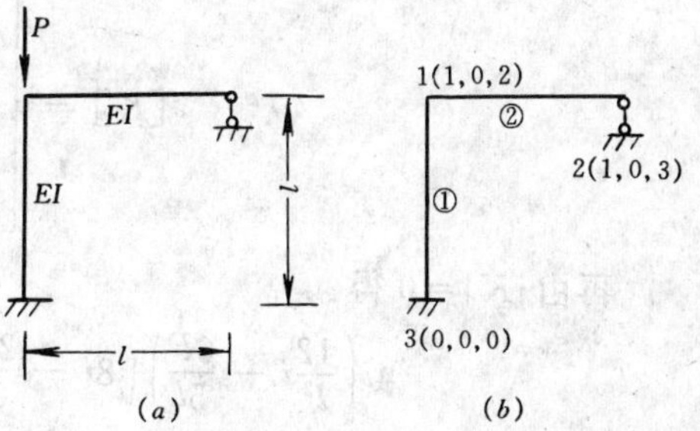

（2）精确法

单元刚度矩阵如下

图 13-25

$$[k]^① = 2i\begin{bmatrix} \frac{6}{l^2}\eta_2 & -\frac{3}{l}\eta_1 \\ -\frac{3}{l}\eta_1 & 2\xi_1 \end{bmatrix}\begin{matrix} 1 \\ 2 \end{matrix} \qquad [k]^② = 2i\begin{bmatrix} 2 & 1 \\ 1 & 2 \end{bmatrix}\begin{matrix} 2 \\ 3 \end{matrix}$$

由此集成结构刚度矩阵

$$[K] = 2i\begin{bmatrix} \frac{6}{l^2}\eta_2 & -\frac{3}{l}\eta_1 & 0 \\ -\frac{3}{l}\eta_1 & 2\xi_1 + 2 & 1 \\ 0 & 1 & 2 \end{bmatrix}$$

由系数行列式为零

$$\begin{vmatrix} \frac{6}{l^2}\eta_2 & -\frac{3}{l}\eta_1 & 0 \\ -\frac{3}{l}\eta_1 & 2(\xi_1 + 1) & 1 \\ 0 & 1 & 2 \end{vmatrix} = 0$$

可得如下稳定方程

$$(4\xi_1 + 3)\eta_2 - 3\eta_1^2 = 0$$

将式 (13-17) 代入上式经三角函数简化后可求出临界荷载 $P_{cr} = 6.05\dfrac{EI}{l^2}$。

（3）近似法

单元刚度矩阵为

$$[k]_e^{①} = \begin{bmatrix} \dfrac{12i}{l^2} & -\dfrac{6i}{i} \\[2mm] -\dfrac{6i}{l} & 4i \end{bmatrix}\begin{matrix}1\\[4mm]2\end{matrix} \qquad [k]_g^{①} = \begin{bmatrix} \dfrac{6P}{5l} & -\dfrac{P}{10} \\[2mm] -\dfrac{P}{10} & \dfrac{2Pl}{15} \end{bmatrix}\begin{matrix}1\\[4mm]2\end{matrix}$$

$$[k]_e^{②} = \begin{bmatrix} 4i & 2i \\ 2i & 4i \end{bmatrix}\begin{matrix}2\\3\end{matrix} \qquad [k]_g^{②} = [0]$$

由此得

$$[K] = \begin{bmatrix} \dfrac{12}{l^2}i - \dfrac{6P}{5l} & -\dfrac{6i}{l} + \dfrac{P}{10} & 0 \\[3mm] -\dfrac{6i}{l} + \dfrac{P}{10} & 8i - \dfrac{2Pl}{15} & 2i \\[3mm] 0 & 2i & 4i \end{bmatrix}$$

再由 $|K| = 0$ 得

$$4i\left(\dfrac{12}{l^2}i - \dfrac{6P}{5l}\right)\left(8i - \dfrac{2Pl}{15}\right) - 4i^2\left(\dfrac{12}{l^2}i - \dfrac{6P}{5l}\right) - 4i\left(\dfrac{6i}{l} + \dfrac{P}{10}\right)^2 = 0$$

令 $\lambda = \dfrac{Pl^2}{EI}$，上式简化为

$$\lambda^2 - 56\lambda + 320 = 0$$

其最小根为 $\lambda_{min} = 6.46$，即 $P_{cr} = 6.46\dfrac{EI}{l^2}$。这比精确解大 6.8%，这说明对有侧移刚架，近似法能达到一定的精度要求。

*第五节 拱的稳定计算

拱是道桥及水利工程中的主要结构形式之一。目前建筑主体结构中有时也采用这种形式。当拱轴线为合理拱轴线时，与中心等截面直压杆受力类似，也存在第一类稳定问题。例如在图 13-26 中，三铰圆弧拱承受静水压力时，会出现图 13-26a 所示虚线失稳状态。再如

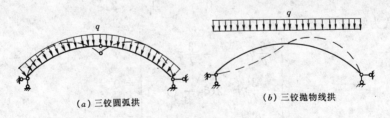

(a) 三铰圆弧拱   (b) 三铰抛物线拱

图 13-26

抛物线拱承受水平竖向均布力时也会出现图 13-26b 所示虚线失稳曲线。随遇平衡状态时，拱的平衡微分方程的求解较困难，本节主要讨论圆弧拱的稳定问题。

一、拱失稳时的控制微分方程

对第一类稳定问题，可利用分枝点来确定失稳时的控制方程

1. 几何关系

当拱由稳定平衡状态（称为状态 1）进入随遇平衡状态（称为状态 2）时，以状态 1 为参考状态，则状态 2 的总位移如图 13-27a 所示。整个位移可分为图 13-27b 所示切向位移及图 13-27c 示径向位移之和。

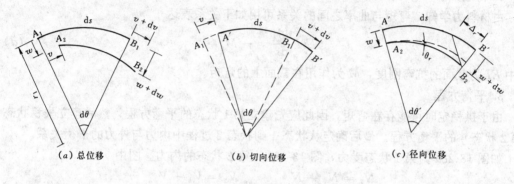

(a) 总位移　　　　　(b) 切向位移　　　　　(c) 径向位移

图 13-27

(1) 轴向变形。沿 ds 微段上切线位移将引起沿轴向的伸长或压缩变形。其应变 ε_θ 可由图 13-27b 图求出

$$\varepsilon_\theta = \frac{dv}{ds} = \frac{dv}{r_1 d\theta}$$

式中 r_1 为稳定时拱轴微段 ds 的曲率半径。径向位移引起的轴向变形由图 13-27c 计算

$$\varepsilon_r = -\frac{\Delta r}{ds} = -\frac{(w + dw)}{r_1 d\theta} d\theta \approx -\frac{w}{r_1}$$

式中 w 为径向位移。于是总体轴向应变为

$$\varepsilon = \varepsilon_\theta + \varepsilon_r = \frac{1}{r_1}\left(\frac{dv}{d\theta} - w\right)$$

设达到第 2 状态时，轴向变形可略去不计，即有 $\varepsilon \approx 0$，则上式变为

$$w = \frac{dv}{d\theta} \qquad\qquad (a)$$

这就是失稳时切向与径向位移之间的关系。

(2) 端截面转角。为建立弯矩与弯曲变形之间的关系，应求出图 13-27a 中 A_1 截面在第 2 状态时的转角。由图 13-27b，切向位移引起的转角为

$$\theta_\theta = \frac{v}{r_1}$$

径向位移引起的转角

$$\theta_{Ar} = \frac{dw}{ds}$$

于是
$$\theta_A = \theta_\theta + \theta_{Ar} = \frac{v}{r_1} + \frac{\mathrm{d}w}{\mathrm{d}s}$$

将上式两端对 $\mathrm{d}s$ 求导得微段的曲率

$$\frac{\mathrm{d}\theta_A}{\mathrm{d}s} = \frac{1}{r_1}\left(\frac{\mathrm{d}v}{\mathrm{d}s} + \frac{r_1\mathrm{d}^2w}{\mathrm{d}s^2}\right) = \frac{1}{r_1^2}\left(\frac{\mathrm{d}v}{\mathrm{d}\theta} + \frac{\mathrm{d}^2w}{\mathrm{d}\theta^2}\right) \tag{b}$$

将式（a）代入式（b）

$$\frac{\mathrm{d}\theta_A}{\mathrm{d}s} = \frac{1}{r_1^2}\left(\frac{\mathrm{d}^2w}{\mathrm{d}\theta^2} + w\right) \tag{c}$$

这就是曲率与径向位移之间的关系。

2. 物理关系

由材料力学知，弯矩与曲率之间的关系可用如下关系表达

$$EI\frac{\mathrm{d}\theta_A}{\mathrm{d}s} = -M \tag{d}$$

式中 EI 为截面的抗弯刚度，M 为作用在截面上的弯矩。

3. 平衡方程

由于拱稳定时可能存在弯矩，因此应先建立第 1 状态的平衡方程，然后建立失稳状态（第 2 状态）的平衡方程。最后确定从状态 1 到状态 2 过程中内力与外力的平衡关系。

如图 13-28a 为第 1 状态受力，图 13-28b 为第 2 状态的内力。图中

$$\begin{aligned} N_2 &= N_1 + N & V_2 &= V_1 + V \\ M_2 &= M_1 + M & r_2 &= r_1 + r \end{aligned} \tag{e}$$

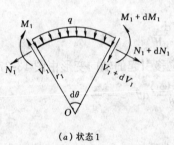
（a）状态 1

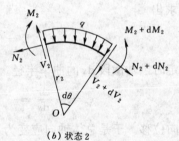
（b）状态 2

图 13-28

式中 N、V、M 和 r 分别为轴力、剪力、弯矩及曲率半径的增量。第 1 状态曲杆微段的三个平衡方程为

$$\frac{\mathrm{d}N_1}{\mathrm{d}\theta} = V_1, \quad \frac{\mathrm{d}V_1}{\mathrm{d}\theta} = -N_1 - qr_1, \quad \frac{\mathrm{d}M_1}{\mathrm{d}\theta} = r_1V_1 \tag{f}$$

式中已设切向荷载为零，q 为径向荷载。第 2 状态的平衡方程与式（f）类似，仅把下标 1 换为 2 即可。将式（e）代入第 2 状态平衡方程得

$$\frac{\mathrm{d}N_2}{\mathrm{d}\theta} = \frac{\mathrm{d}N_1}{\mathrm{d}\theta} + \frac{\mathrm{d}N}{\mathrm{d}\theta} = V_1 + V$$

$$\frac{\mathrm{d}V_2}{\mathrm{d}\theta} = \frac{\mathrm{d}V_1}{\mathrm{d}\theta} + \frac{\mathrm{d}V}{\mathrm{d}\theta} = -(N_1 + N) - q(r_1 + r)$$

$$\frac{\mathrm{d}M_2}{\mathrm{d}\theta} = \frac{\mathrm{d}M_1}{\mathrm{d}\theta} + \frac{\mathrm{d}M}{\mathrm{d}\theta} = (r_1 + r)(V_1 + V)$$

再将式（f）代入上面三式得

$$\frac{\mathrm{d}N}{\mathrm{d}\theta} = V, \quad \frac{\mathrm{d}V}{\mathrm{d}\theta} = -N - rq, \quad \frac{\mathrm{d}M}{\mathrm{d}\theta} = r_1 V \qquad (g)$$

其中已略去了高阶项的影响。式（g）为内力增量的平衡微分方程。

二、稳定控制微分方程

将式（g）中第二式对 θ 求导一次得

$$\frac{\mathrm{d}^2 V}{\mathrm{d}\theta^2} = -\frac{\mathrm{d}N}{\mathrm{d}\theta} - q\frac{\mathrm{d}r}{\mathrm{d}\theta}$$

然后将式（g）第一式代入上式有

$$\frac{\mathrm{d}^2 V}{\mathrm{d}\theta^2} = -V - q\frac{\mathrm{d}r}{\mathrm{d}\theta}$$

再由式（g）第三式得

$$V = \frac{1}{r_1}\frac{\mathrm{d}M}{\mathrm{d}\theta}$$

于是有

$$\frac{1}{r_1}\frac{\mathrm{d}^3 M}{\mathrm{d}\theta^3} = -\frac{1}{r_1}\frac{\mathrm{d}M}{\mathrm{d}\theta} - q\frac{\mathrm{d}r}{\mathrm{d}\theta} \qquad (h)$$

根据式（d）

$$\frac{\mathrm{d}\theta_A}{\mathrm{d}s} = \frac{1}{r_2} - \frac{1}{r_1} = \frac{-r}{r_1(r_1 + r)} = -\frac{M}{EI} \text{ 或 } r \approx \frac{M}{EI}r_1^2$$

将上式代入（h）式得

$$\frac{\mathrm{d}^3 M}{\mathrm{d}\theta^3} + \left(1 + r_1^3\frac{q}{EI}\right)\frac{\mathrm{d}M}{\mathrm{d}\theta} = 0 \qquad (13\text{-}29)$$

同时将式（c）和式（d）合并得

$$\frac{\mathrm{d}^2 w}{\mathrm{d}\theta^2} + w = -\frac{M}{EI}r_1^2 \qquad (13\text{-}30)$$

式（13-29）和式（13-30）就构成了圆弧拱承受径向压力 q 引起失稳时的控制微分方程。

三、微分方程的求解

在拱式结构的稳定问题中，求圆弧拱在静水压力作用下失稳时微分方程的解较为容易。下面来求控制微分方程的解。

将式（13-29）积分一次得

$$\frac{\mathrm{d}^2 M}{\mathrm{d}\theta^2} + \left(1 + \frac{qr_1^3}{EI}\right)M = \overline{C} \qquad (13\text{-}31)$$

式中 $\overline{C}$ 为积分常数。若令

$$\alpha^2 = 1 + \frac{qr_1^3}{EI} \qquad (13\text{-}32)$$

则式（13-31）的解可表示为

$$M = \overline{C}_1 + \overline{C}_2\cos\alpha\theta + \overline{C}_3\sin\alpha\theta$$

式中 $\overline{C}_1$、$\overline{C}_2$ 和 $\overline{C}_3$ 为积分常数。将上式代入式（13-30），就可仿式（13-31）求出径向位移

的表达式

$$w = C_1 + C_2\cos\alpha\theta + C_3\sin\alpha\theta + C_4\cos\theta + C_5\sin\theta \tag{13-33}$$

式中 C_1 到 C_5 为 5 个积分常数。再将式（13-33）代入式（13-31）得弯矩增量

$$M = -\frac{EI}{r_1^2}[C_1 + (1 - \alpha^2)C_2\cos\alpha\theta + C_3(1 - \alpha^2)\sin\alpha\theta] \tag{13-34}$$

最后把式（13-33）代入式（a）就得切向位移表达式

$$v = C_0 + C_1\theta + \frac{C_2}{\alpha}\sin\alpha\theta - \frac{C_3}{\alpha}\cos\alpha\theta + C_4\sin\theta - C_5\cos\theta \tag{13-35}$$

（a）两铰圆弧拱　　　　　　（b）反对称失稳　　　　　　（c）对称失稳

图 13-29

式（13-33）（13-34）（13-35）就为圆弧拱承受静水压力作用下随遇平衡状态的解。其中有六个积分常数，可根据拱的不同边界条件确定出对应的稳定方程。

四、常见圆弧拱的临界荷载

1. 两铰拱

如图 13-29a 所示两铰拱，跨度为 l，矢高为 f，半径为 r_1，φ 为半拱所对圆心角。与刚架的稳定性类似，可把图 13-29a 的对称问题分解为反对称与对称失稳问题。下面分别作讨论。

（1）反对称失稳

失稳时的曲线如图 13-29b 中的虚线。这时 M 和 w 为 θ 的奇函数，直接由式（13-34）就可确定稳定方程。由于

$$M = -\frac{EI}{r_1^2}C_3(1 - \alpha^2)\sin\alpha\theta$$

因边界条件 $M(\varphi) = 0$ 知，当 $C_3 \neq 0$ 时必有 $\sin\alpha\varphi = 0$。这就是稳定方程，其最小根为 $(\alpha\varphi)_{min} = \pi$。于是 $\alpha_{min} = \dfrac{\pi}{\varphi}$，代入式（13-32）得

$$\left(\frac{\pi}{\varphi}\right)^2 = 1 + \frac{q_{cr}}{EI}r_1^3$$

即

$$q_{cr} = \left[\left(\frac{\pi}{\varphi}\right)^2 - 1\right]\frac{EI}{r_1^3} \tag{13-36}$$

（2）对称失稳

失稳时的曲线如图 13-29c 所示的虚线。这时 M 和 w 为 θ 的偶函数，v 为 θ 的奇函数。

则由式（13-33）（13-34）（13-35）可得

$$w = C_1 + C_2\cos\alpha\theta + C_4\cos\theta$$

$$M = -\frac{EI}{r_1^2}[C_1 + (1-\alpha^2)C_2\cos\alpha\theta]$$

$$v = C_1\theta + \frac{C_2}{\alpha}\sin\alpha\theta + C_4\sin\theta$$

由边界条件 $w(\varphi) = 0$，$M(\varphi) = 0$，$v(\varphi) = 0$ 可导出 C_1，C_2 和 C_4 之间的关系

$$\begin{bmatrix} 1 & \cos\alpha\varphi & \cos\varphi \\ 1 & (1-\alpha^2)\cos\varphi & 0 \\ \varphi & \dfrac{\sin\alpha\varphi}{\alpha} & \sin\varphi \end{bmatrix} \begin{Bmatrix} C_1 \\ C_2 \\ C_4 \end{Bmatrix} = \{0\}$$

则稳定方程由其系数行列式为零并展开得

$$\text{tg}\alpha\varphi = (\alpha\varphi)^3\left(\frac{\text{tg}\varphi}{\varphi^3} - \frac{1}{\varphi^2}\right) + \alpha\varphi$$

计算表明，由上式算出的 $(\alpha\varphi)_{\min}$ 比反对称失稳情况算出的值要大。比如当 $\varphi = \dfrac{\pi}{2}$ 时，按上式有

$$\text{tg}\alpha\varphi = \infty$$

则最小非零正根为 $\alpha_{\min} = \dfrac{3\pi}{2\varphi} = 3$。于是按式（13-32）得 $q = \dfrac{8EI}{r_1^3}$。这比按反对称失稳时算出的值 $q = 3\dfrac{EI}{r_1^3}$ 大。因此两铰圆弧拱的失稳曲线是反对称的，按式（13-36）计算。

2. 无铰圆弧拱

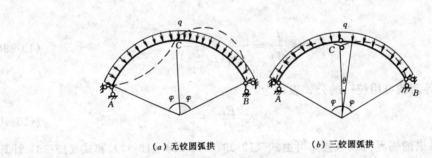

(a) 无铰圆弧拱　　　　(b) 三铰圆弧拱

图 13-30

类似两铰圆弧拱，无铰拱的失稳也由反对称失稳拱制。失稳曲线如图 13-30a 中的虚线。在反对称失稳时，w 和 M 为 θ 的奇函数，v 为 θ 的偶函数。由于在 $\theta = \varphi$ 的边界处内力未知，且 w 与 v 为一阶微分关系，故确定待定系数的独立方程为 $w = C_3\sin\alpha\theta + C_5\sin\theta$。由边界条件 $w(\varphi) = 0$ 和 $w'(\varphi) = 0$ 得

$$\begin{bmatrix} \sin\alpha\varphi & \sin\varphi \\ \alpha\cos\alpha\varphi & \cos\varphi \end{bmatrix} \begin{Bmatrix} C_3 \\ C_5 \end{Bmatrix} = \{0\}$$

由系数行列式为零可得

$$\text{tg}\alpha\varphi = \alpha\text{tg}\varphi \tag{13-37}$$

即为无铰圆弧拱受静水压力作用时的稳定方程。例如当 $\varphi=\frac{\pi}{2}$ 时，由式（13-37）得 $\mathrm{tg}\alpha\varphi=\infty$，$\alpha$ 的最小正值为 $(\alpha\varphi)_{\min}=\frac{\pi}{2}$。即 $\alpha_{\min}=1$，代入式（13-32）后 $q=0$，显然为非临界力。故取使 q 非零的 α 最小根为 $\alpha_{\min}=\frac{1}{\varphi}\frac{3\pi}{2}=3$，这时临界荷载由式（13-32）算出

$$q_{cr}=\frac{8}{r_1^3}EI$$

3. 三铰圆弧拱

承受轴对称静水压力时，三铰圆弧拱也可分解为对称与反对称失稳。反对称时与两铰拱反对称失稳完全一样，临界力由式（13-36）计算。

对称失稳时的曲线如图 13-30b 示虚线。可由失稳时的控制微分方程及边界条件推出稳定方程。具体过程较为复杂，读者感兴趣时可参阅有关资料。其失稳时的稳定方程为

$$\mathrm{tg}\,\frac{\alpha\varphi}{2}=4\left(\frac{\alpha\varphi}{2}\right)^3\frac{\mathrm{tg}\varphi-\varphi}{\varphi^3}+\frac{\alpha\varphi}{2} \tag{13-38}$$

从式（13-38）超越方程的求解知，按对称算出的 q 的最小值不大于按反对称失稳算出的最小 q 值。

比如当 $\varphi=\frac{\pi}{2}$ 时，式（13-38）变为 $\mathrm{tg}\,\frac{\alpha\varphi}{2}=\infty$，$\alpha$ 的最小根 $\alpha_{\min}=\frac{\pi}{\varphi}=2$，由式（13-32）得 $q=\frac{3}{r_1^3}EI$。该值正好与反对称失稳的临界力相等。具体情况将在后面给出。

五、圆弧拱临界力的实用计算公式

工程中，拱的设计参数一般为拱的跨度 l 及矢高 f。如图 13-29a，l、f 与 φ 和 r_1 的关系如下。

$$(r_1-f)^2+\left(\frac{l}{2}\right)^2=r_1^2 \quad \text{或} \quad r_1=\frac{f}{2}\left[1+\left(\frac{l}{2f}\right)^2\right] \tag{13-39a}$$

又由

$$\sin\varphi=\frac{l}{2r_1}=\frac{l}{f\left(1+\frac{l^2}{4f^2}\right)} \tag{13-39b}$$

于是圆拱的临界荷载可用统一的公式表达为

$$q_{cr}=K_1\frac{EI}{l^3} \tag{13-40}$$

式中 K_1 为圆弧拱的临界荷载系数，可由式（13-39）（13-38）（13-37）和式（13-36）计算。它是 f 和 l 的函数，对不同矢跨比，计算结果见表 13-4。

等截面圆弧拱承受静水压力作用时的临界荷载系数　　　　表 13-4

$\frac{f}{l}$	φ (rad)	三铰拱 (对称失稳)	两铰拱，三铰拱 (反对称失稳)	无铰拱 (反对称失稳)
0.1	0.3948	22.2	28.4	58.9
0.2	0.7610	33.5	29.3	90.4
0.3	1.0808	34.9	40.9	93.4
0.4	1.3495	30.2	32.8	80.7
0.5	$\pi/2$	24.0	24.0	64.0

六、非圆弧拱的稳定分析概要

从拱失稳时的控制微分方程知,非圆弧拱的稳定问题较难求出稳定方程的解析表达式。实际计算中,一般把拱简化为折线刚架,分布力简化为结点力,按刚架稳定性分析的方法计算,从而求出临界荷载系数。例如图 13-31a 所示抛物线拱,承受水平竖向均布力,可简化为图 13-31b 所示简化计算模型。按这一方法,可把抛物线拱的临界荷载表达为

$$q_{cr} = K_2 \frac{EI}{l^3} \qquad (13\text{-}41)$$

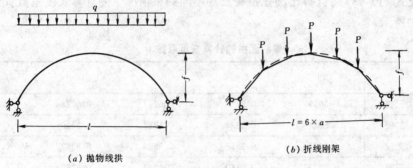

(a) 抛物线拱   (b) 折线刚架

图 13-31

式中 K_2 为抛物线拱的稳定系数,与矢跨比 f/l 有关。对不同支承情况的抛物线拱承受水平竖向均布力作用时的临界荷载系数 K_2 列在表 13-5 中。从该表可见,当 $f/l \leqslant 0.2$ 时三铰拱按对称失稳,而当 $f/l > 0.2$ 时按反对称失稳。这与圆弧三铰拱不一样。

特定荷载下抛物线拱的临界荷载系数　　　　　　　　　　　　　表 13-5

$\dfrac{f}{l}$	三　铰　拱		二　铰　拱	无　铰　拱
	对称失稳	反对称失稳	反对称失稳	反对称失稳
0.1	22.5	28.5	28.5	60.7
0.2	39.6	45.4	45.4	101.0
0.3	47.3	46.5	46.5	115.0
0.4	49.2	43.9	43.9	111.0
0.5	—	38.4	38.4	97.4

七、平面拱计算长度的概念

在等直轴心压杆的稳定性分析或设计中,通常采用计算长度的概念。在拱式结构稳定性计算中,也可采用这一方法,把临界轴力表达为欧拉临界荷载的形式

$$N_{cr} = \frac{\pi^2 EI}{(\mu s)^2} \qquad (13\text{-}42)$$

式中 μ 为拱的计算长度系数,s 为拱轴线长度,μs 为拱的计算长度。于是就把拱的临界轴力的求解归结为求拱的计算长度系数,使问题获得简化。

对圆弧拱承受静水压力,由第四章合理拱轴知轴向力为 $N = r_1 q$,于是由式(13-40)得

$$N_{cr} = r_1 q_{cr} = r_1 K_1 \frac{EI}{l^3} = \frac{r_1 K_1}{l^3} \frac{s^2}{\pi^2} \frac{\pi^2 EI}{s^2}$$

比较式（13-42）得计算长度系数

$$\mu^2 = \frac{\pi^2 l^2}{r_1 K_1 s^2}$$

注意到 $s = 2\varphi r_1$ 及式（13-34），上式可变为

$$\mu^2 = \frac{2\pi^2}{\varphi^2 K_1}\left(\frac{l}{2r_1}\right)^3 = \frac{2\pi^2}{\varphi^2 K_1}\sin^3\varphi$$

因此

$$\mu = \frac{\pi}{\varphi}\sqrt{2\sin^3\varphi/K_1} \tag{13-43}$$

由表 13-4 及式（13-43）可计算出圆弧拱在三种不同约束情况下的计算长度系数 μ 值，结果见表 13-6 中所示。

等截面拱的计算长度系数 μ 表 13-6

	f/l	0.1	0.2	0.3	0.4	0.5
圆弧拱	三铰	0.5697	0.5777	0.5767	0.5773	0.5774
	二铰	0.5031	0.5334	0.5327	0.5540	0.5774
	无铰	0.3498	0.3517	0.3525	0.3532	0.3536
抛物线拱	三铰	0.5773	0.5750	0.5962	0.6360	0.6856
	二铰	0.5130	0.5370	0.5926	0.6360	0.6856
	无铰	0.3515	0.3600	0.3768	0.4000	0.4305
	s/l	1.0261	1.0982	1.2044	1.3337	1.4789

对抛物线拱，轴力随拱轴线发生变化。有的取 $l/4$ 处的轴力作为临界轴力，本书取拱顶处的轴力为参考临界轴力。由式（13-41）及第四章中的内力公式得

$$N_{cr} = \frac{l^2}{8f}q_{cr} = \frac{l^2}{8f}\frac{K_2 EI}{l^3} = \frac{K_2 s^2}{8fl\pi^2}\frac{\pi^2 EI}{s^2}$$

比较式（13-42）得

$$\mu^2 = \frac{8\pi^2 f}{K_2 l}\left(\frac{l}{s}\right)^2$$

于是计算长度系数为

$$\mu = \frac{2\pi l}{s}\sqrt{\frac{2f}{K_2 l}} \tag{13-44}$$

式中

$$\frac{s}{l} = \frac{l}{4f}\int_0^{\frac{4f}{l}}\sqrt{1+u^2}\,\mathrm{d}u$$

由式（13-44）及表 13-5 可算出 μ 值，见表 13-6。

由表 13-6 可见，计算长度系数 μ 基本上随 f/l 的增加而增大。也就是说，在其他条件不变的情况下，较扁的拱具有较强的弹性稳定性。不过其变化的幅度较小。圆弧拱与抛物线拱的计算长度系数差不多。如果式（13-42）中用跨长 l 代替拱轴线长 s，能较容易地算出计算长度系数，读者可自行计算，并比较两者的差异。

第六节　组合压杆的稳定计算

从欧拉临界荷载公式知道，增加截面惯性矩 I，即让截面上的材料远离中性轴，可提高临界荷载，增加压杆的稳定性。因此，在实际工程中，常用型钢制成组合压杆，提高临界荷载值。组合压杆实际上为复杂结构，较难用解析解法确定临界力。实用计算中常用能量法或剪切比拟法。前者通过假设失稳时的挠曲线，建立能量方程，求出近似临界荷载。后者则以实心压杆考虑剪切变形时的稳定分析为基础，获得临界荷载的近似公式。本节从实心压杆的分析结果出发，类比推出组合压杆的临界荷载，称为剪切比拟法。

一、剪力对实心压杆稳定性的影响

对图 13-32a 所示轴心压杆，若考虑剪力引起的挠度，则总挠度为 $y = y_M + y_V$，y_M 和 y_V 分别为弯矩和剪力引起的挠度。于是有

$$EIy'' = EIy''_M + EIy''_V \qquad (a)$$

剪力引起的挠度 y_V 可由剪切变形表出。如图 13-32b，若 $\bar{\gamma}$ 为平均剪应变，则对微段 $\mathrm{d}x$ 有

$$\frac{\mathrm{d}y_V}{\mathrm{d}x} = \bar{\gamma} = \frac{kV}{GA} = \frac{k}{GA}\frac{\mathrm{d}M}{\mathrm{d}x}$$

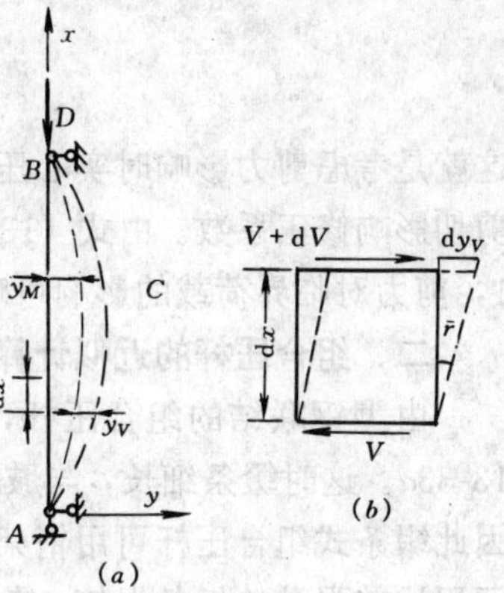

图 13-32

式中 k 为剪应力不均匀修正系数，有关定义和计算参见材料力学及本书第六章静定结构位移计算，比如对矩形截面 $k=1.2$。GA 为抗剪刚度。将上式微分一次并乘 EI 得

$$EI\frac{\mathrm{d}^2 y_V}{\mathrm{d}x^2} = \frac{k}{GA}EI\frac{\mathrm{d}^2 M}{\mathrm{d}x^2}$$

代入第（a）式后

$$EIy'' = EIy''_M + \frac{kEI}{GA}\frac{\mathrm{d}^2 M}{\mathrm{d}x^2}$$

再由弯矩与曲率的近似关系 $EIy''_M = -M$，则上式变为

$$EIy'' = -M + \frac{kEI}{GA}\frac{\mathrm{d}^2 M}{\mathrm{d}x^2} \qquad (b)$$

式（b）就为考虑剪切变形时的平衡微分方程，与截面上的弯矩有关。下面针对简支压杆作分析，因为这不仅为工程中常见而且 M 的表达式也较简单。

由图 13-37（a），弯矩 M 的表达式为

$$M = Py$$

将上式求导两次后

$$\frac{\mathrm{d}^2 M}{\mathrm{d}x^2} = P\frac{\mathrm{d}^2 y}{\mathrm{d}x^2}$$

将前两式代入式（b）得

$$EIy'' = -Py + \frac{PkEI}{GA}y'' \quad 或 \quad EI\left(1 - \frac{kP}{GA}\right)y'' + Py = 0$$

令

$$\alpha^2 = \frac{P}{EI\left(1 - \dfrac{kP}{GA}\right)} \qquad\qquad (c)$$

则微分方程的解为

$$y = C_1\cos\alpha x + C_2\sin\alpha x$$

由边界条件有

$$y_{(0)} = C_1 = 0 \qquad y_{(l)} = C_2\sin\alpha l = 0$$

于是稳定方程为 $\sin\alpha l = 0$，其最小根 $(\alpha l)_{min} = \pi$。因此由式（c）可得

$$P_{cr} = \frac{P_e}{1 + \dfrac{k}{GA}P_e} = KP_e \qquad\qquad (13\text{-}45)$$

这就是考虑剪力影响时实心压杆的临界荷载公式。式中 P_e 为欧拉临界荷载，K 为小于 1 的剪切影响修正系数。由式（13-45）知，剪力将降低临界荷载。计算表明，对实心压杆 $K \approx 1$，剪力对临界荷载的影响可略去不计。

二、组合压杆的近似计算

由型钢联结的组合压杆，随联结点的约束情况可分为两种。一种称为缀条式，如图 13-33a。这时缀条细长，与肢杆（或称为弦杆）联结处抗转能力较差，其联结可视为铰结。因此缀条式组合压杆可用桁架作为计算模型。另一种则称为缀板式，如图 13-33b。肢杆之间用比较强劲的板条焊接，使结点处有较强的抗转能力，联结点可简化为刚结点。因此，缀板式组合压杆可用刚架模型计算。

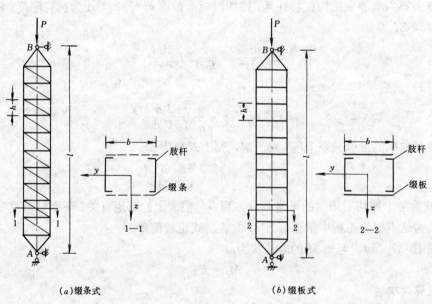

(a)缀条式　　　　　　　　　　(b)缀板式

图 13-33

组合压杆中间是空的，当承受轴向压力到达随遇平衡状态时，就其失稳的形态与实心压杆的情况类似，即压杆突然侧向挠曲而失稳。但失稳时剪力的影响较大，必须加以考虑。因此可借用实心压杆考虑剪力时的临界力公式（13-45）来确定简支组合压杆的临界荷载。

在式（13-45）中，若组合压杆的抗弯截面刚度 EI 已知，则 P_e 已知。问题的关键是分母中的平均剪应变 $\bar{\gamma}_0 = \dfrac{k}{GA}$ 对组合压杆来说是未知的。只要 $\bar{\gamma}_0$ 求出，则组合压杆的临界力就确定了。

下面分别对缀条式和缀板式组合压杆，讨论 $\bar{\gamma}_0$ 的计算表达式，从而获得临界荷载。

1. 缀条式

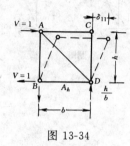

图 13-34

对图 13-33a 所示组合压杆，其剪切变形发生在节间。因此失稳时任一节间在单位剪力作用下引起肢杆的转角就是平均剪应变 $\bar{\gamma}_0$，如图 13-34 中的虚线变形所示。并且从图中可见 $\bar{\gamma}_0 = \dfrac{\delta_{11}}{h}$，于是只要求出 δ_{11}，则问题获得解决。

如图 13-34 所示，设两肢杆的面积之和为 A_{zh}，横杆和斜杆的面积分别为 A_h 和 A_x，当节间作用一对单位剪力时，节间杆件的轴力为

$$\overline{N}_{BD} = 1 \quad \overline{N}_{AD} = -\frac{1}{\cos\theta} \quad \overline{N}_{AB} = \frac{h}{b}\text{tg}\theta$$

其余二杆无内力。作为工程应用，因 $\bar{\gamma}_0$ 本身较小，斜腹杆主要承担剪力。故在计算 C 和 D 之间的相对侧移时仅计及斜杆的影响，于是

$$\delta_{11} = \frac{1}{EA_x}\left(-\frac{1}{\cos\theta}\right)^2\left(\frac{h}{\sin\theta}\right)$$

由此得

$$\bar{\gamma}_0 = \frac{1}{EA_x\cos^2\theta\sin\theta} = \frac{k}{GA}$$

将上式代入式（13-45）得临界荷载的表达式

$$P_{cr} = \frac{P_e}{1 + \dfrac{P_e}{EA_x\cos^2\theta\sin\theta}} = \frac{\pi^2EI}{(\mu l)^2} \tag{13-46}$$

式中 μ 为计算长度系数。

$$\mu = \sqrt{1 + \frac{\pi^2}{l^2}EI\frac{1}{EA_x\cos^2\theta\sin\theta}} \tag{13-47}$$

若 r 为肢杆对 Z 轴的回转半径，可近似取 $r = \dfrac{b}{2}$，则 $I = A_{zh}r^2$。引入柔度系数 $\lambda = l/r$，且在工程中 $30° \leqslant \theta \leqslant 60°$，可近似取

$$\frac{\pi^2}{\sin\theta\cos^2\theta} = 27$$

这样式（e）就变为

$$\mu = \sqrt{1 + \frac{27}{\lambda^2}\frac{A_{zh}}{A_x}} \tag{13-48}$$

注意到在式（f）中，当肢杆与缀条的面积之比 A_{zh}/A_x 很大时，$\mu \to \infty$，由式（d）知 $P_{cr} \to 0$。这说明用较小的缀条联结肢杆时，不能形成协同工作的组合压杆。否则当 $A_{zh}/A_x \to 0$ 时，$\mu \to 1$，$P_{cr} \to P_e$。表明当缀条刚度较大时，组合压杆将象实心压杆那样协同工作。实际情况是处于这两者之间。由式（13-48），组合压杆的长细比为

$$\lambda_0 = \lambda\mu = \sqrt{\lambda^2 + 27A_{zh}/A_x} \qquad (13\text{-}49)$$

2. 缀板式

如图 13-33b 所示，设肢杆的反弯点在节间的中点，于是可按图 13-35a 示受力图计算单位剪力作用时的相对侧移。若 I_{zh} 为肢杆的惯性矩，I_h 为两个横缀板的惯性矩之和，则由图 13-35b 所示单位弯矩图，按图乘法可得

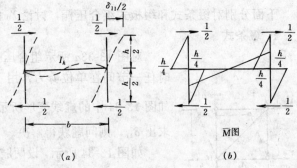

(a) $\overline{M}$图 (b)

图 13-35

$$\delta_{11} = \frac{h^3}{24EI_{zh}} + \frac{bh^2}{12EI_h}$$

通常缀板的惯性矩 I_h 比肢杆的惯性矩要大得多。因此可认为剪切变主要由肢杆的变形引起。平均剪应变为

$$\overline{\gamma}_0 = \frac{\delta_{11}}{h} \approx \frac{h^2}{24EI_{zh}}$$

将上式代入式（13-40）得临界力表达式

$$P_{cr} = \frac{P_e}{1 + \dfrac{P_e h^2}{24EI_{zh}}} \qquad (13\text{-}50)$$

由于惯性矩可用面积和回转半径表达

$$I = 2I_{zh} + A_{zh}\left(\frac{b}{2}\right)^2 = A_{zh}r_z^2, \quad I_{zh} = \frac{1}{2}A_{zh}r_{zh}^2$$

$$\lambda_z = \frac{l}{r_z}, \quad \lambda_{zh} = \frac{h}{r_{zh}}$$

将 P_e 及上面的表达式代入式（50）得

$$P_{cr} = \frac{\pi^2 EA_{zh}}{\lambda_z^2\left(1 + \dfrac{\pi^2}{12}\dfrac{\lambda_{zh}^2}{\lambda_z^2}\right)} = \frac{\pi^2 EA_{zh}}{\lambda_z^2 + \dfrac{\pi^2}{12}\lambda_{zh}^2} = \frac{\pi^2 EA_{zh}}{\lambda_0^2} \qquad (13\text{-}51)$$

为缀板式的临界荷载公式。其中柔度系数为

$$\lambda_0 = \sqrt{\lambda_z^2 + 0.82\lambda_{zh}^2} \qquad (13\text{-}52)$$

式中 0.82 接近 1，因此工程上可用近似计算公式计算

$$\lambda_0 = \sqrt{\lambda_z^2 + \lambda_{zh}^2} \qquad (13\text{-}53)$$

思 考 题

1. 两类稳定问题的主要联系与差别是什么？

2. 静力法的本质是什么？举例说明这种方法的适用范围。

3. 能量法有何特点？是否可用能量法求出精确的临界荷载？

4. 为什么按能量法求出的临界荷载值总不小于精确值？

5. 在什么条件下刚架可简化为简单弹性约束压杆的稳定计算？能否用能量法计算弹性约束压杆的临界荷载？

6. 试比较本章稳定计算的位移法与第八章中弹性内力计算的位移法，描述其主要差别。

7. 试比较直接刚度法中采用精确单元刚度矩阵及近似单元刚度矩阵求临界荷载的计算工作量。

8. 直接刚度法求临界荷载的计算过程如何在计算机上实现？

9. 对一般拱的稳定问题，一般采取何种方法计算？是否要求拱轴线与压力线重合？

10. 能否直接用格构式模型分析组合压杆的稳定问题？

习 题

13-1 试用静力法计算图示结构的临界荷载。

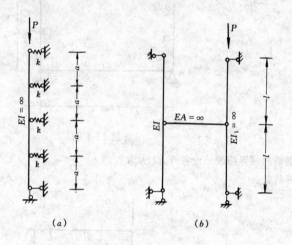

题 13-1 图

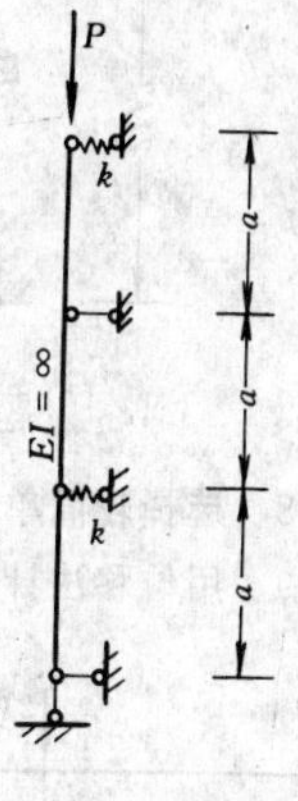

题 13-2 图

13-2 用静力法建立图示结构的稳定方程，然后求临界荷载。

13-3 用能量法计算题 13-1。

13-4 用能量法计算题 13-2。

13-5 用静力法计算图示结构的临界荷载。

13-6 用能量法计算图示压杆的临界荷载，设 $K = \dfrac{3EI}{l^3}$，失稳曲线为 $y = \Delta\left(1 - \cos\dfrac{\pi x}{2l}\right)$。

13-7 用能量法计算图示变截面压杆的临界荷载。设 EI 为常数，失稳时近似挠曲线为

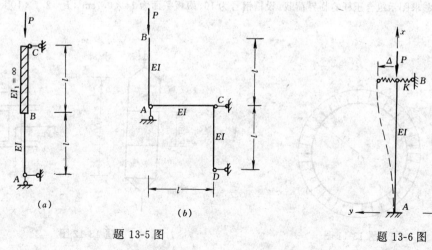

题 13-5 图

题 13-6 图

147

$$y = \Delta\left(1 - \cos\frac{\pi x}{2l}\right)$$

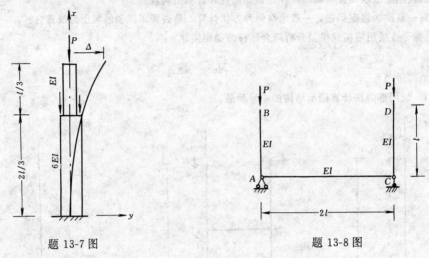

题 13-7 图   题 13-8 图

13-8 选择较简单的方法计算图示刚架的临界荷载。设各杆 EI 为常数。

13-9 用位移法计算图示刚架的临界荷载。

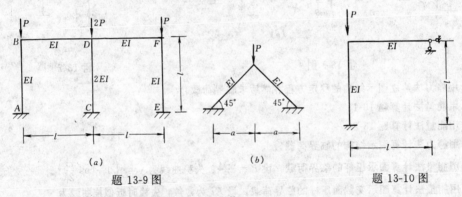

        (a)   (b)
        题 13-9 图   题 13-10 图

13-10 用直接刚度法求图示刚架的临界荷载。

13-11 求图示圆环在均匀径向压力作用下的临界荷载，设 EI 为常数。

13-12 求图示组合压杆的临界荷载。设槽钢号为 16，缀板截面为 $14 \times 0.7 \mathrm{cm}^2$，$E = 2.1 \times 10^2 \mathrm{kN/mm}^2$。

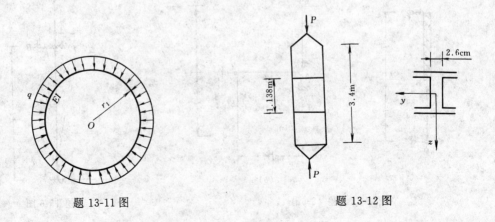

        题 13-11 图   题 13-12 图

第十四章 结构的极限荷载

第一节 极限荷载的概念

前面各章的计算均假定结构是线性弹性的，即在计算中假设应力与应变成正比，材料服从虎克定律，荷载全部卸除后结构将恢复原来的形状，没有残余变形。以此为根据的计算称为弹性分析。利用弹性分析所得的最大应力 σ_{max}，不超过材料的极限应力除以安全系数为根据来确定构件的截面尺寸或进行强度验算，即

$$\sigma_{max} \leqslant \frac{\sigma_y}{K} = [\sigma]$$

式中，σ_y 为材料的极限应力，对于塑性材料（如软钢等），为屈服极限 σ_y；脆性材料（如铸铁等），为强度极限 σ_b。K 为大于 1 的常数，称为安全系数。$[\sigma]$ 为材料的容许应力。

以上这种利用弹性分析计算内力，并按许用应力确定截面尺寸的结构设计方法，称为弹性设计。弹性设计法在长期的设计实践中，逐步地暴露了它的缺点，对于由弹—塑性材料组成的结构，特别是超静定结构，当结构中个别截面上的最大应力达到屈服极限，许多结构并不破坏，还能承受更大的荷载，它没有考虑材料超过屈服极限后结构的这一部分承载力，所以这种设计方法是不够经济的。此外，弹性设计法中的安全系数 K，只是个粗略的估计，它并不能告知结构有多大的强度储备。

为了克服弹性设计法的缺点，在结构设计中应进一步考虑材料的塑性性质，并以结构丧失承载能力的条件来确定结构所能承受的荷载值——极限荷载，这种设计方法称为塑性设计方法。

本章只从强度方面介绍梁和刚架的极限荷载计算方法，与之有关的刚度和稳定性等问题，目前正在继续研究和发展之中。

为了建立简便的极限荷载计算理论，假定材料为理想弹塑性材料，其应力—应变关系如图 14-1 所示。在弹性阶段 OA 段内，应力与应变为单值的线性关系，即 $\sigma = E\varepsilon$。当应力达到屈服极限 σ_y、应变达到 ε_y 时，材料转入塑性流动阶段 AB，这时应变将无限增大，而应力则不变。当应力为压应力时，应力与应变关系按 OCD 变化，即假定材料的受拉和受压性能相同。如果塑性变形达到 E 点后进行卸载，则应力和应变就沿与 OA 平行的直线 EF 下降，这时应力的减小值 $\Delta\sigma$ 与应变的减小值 $\Delta\varepsilon$ 成正比。其比值为 $E = \dfrac{\Delta\sigma}{\Delta\varepsilon}$，当应力减至零时，材料有残余应变 OF。由此看到，我们假设材料的应力增加时，材料是理想弹塑性的；而应力减小时，则材料是弹性的。还可看到，在经历塑性变形之后，应力与应变之间不再存在单值对应关系，同一个应力值可对应于不同的应变值，同一个应变值可对

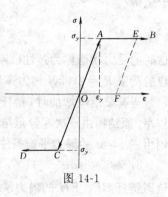

图 14-1

应不同的应力值。要得到弹塑性问题的解，需要追踪全部受力变形过程，故结构的弹塑性计算比弹性计算要复杂一些。

在本章中，我们对结构弹塑性变形的发展过程不作全面的分析，而只是集中讨论梁和刚架的极限荷载，因而可用更简便的方法解决问题。

现以图 14-2a 所示结构为例，具体说明极限荷载计算的有关概念。

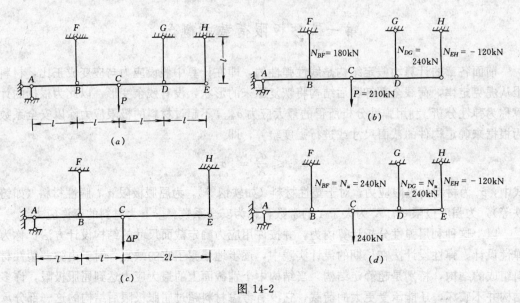

图 14-2

已知横梁 AC、CE 的 $EI=\infty$，链杆 BF、DG、EH 的横截面积 $A=1000\text{mm}^2$，链杆由理想弹塑性材料组成，它们既能受拉，也能受压，其屈服应力为 $\sigma_y=0.24\text{kN/mm}^2$，即每根链杆的极限内力为 $N_u=0.24\times1000=240\text{kN}$。

图 14-2a 所示结构为一次超静定结构，在所示荷载作用下，用力法可求得各链杆的内力为

$$N_{BF}=\frac{6}{7}P, \quad N_{DG}=\frac{8}{7}P, \quad N_{EH}=-\frac{4}{7}P(\text{压力})$$

比较三杆的内力可知，DG 杆的内力最大，当荷载 P 增加时，它将首先屈服。此时有

$$N_{DG}=\frac{8}{7}P=N_u=240\text{kN}$$

于是得

$$P=P_y=240\times\frac{7}{8}=210\text{kN}$$

这时的受力状态称为弹性极限状态（图 14-2b），它是按弹性设计时结构处于危险的标志，相应的荷载 $P_y=210\text{kN}$ 称为弹性极限荷载。

当荷载继续增加时，链杆 DG 完全转入塑性状态，其拉伸变形不断增加，而不再起约束作用，原结构由一次超静定结构变为静定结构，可继续承担荷载。设继续增加的荷载为 ΔP，则由图 14-2c 的静力平衡条件，可得

$$N_{BF}=2\Delta P \quad N_{EH}=0$$

这时链杆 BF、EH 的内力累加值分别为

$$N_{BF} = 180 + 2\Delta P$$

$$N_{EH} = -120 + 0 = -120\text{kN}$$

当 ΔP 达某一值时，显然链杆 BF 比链杆 EH 先屈服，根据链杆 BF 的屈服条件，可得

$$N_{BF} = N_u = 240 = 180 + 2\Delta P$$

于是得

$$\Delta P = 30\text{kN}$$

结构濒临破坏的极限荷载为

$$P_u = 210 + 30 = 240\text{kN}$$

这时结构的极限受力状态如图 14-2d 所示，整个结构已变为具有一个自由度的可变机构，失去了继续承载的能力。

由上述计算可知，按塑性分析所得的极限荷载 P_u 大于按弹性分析所得的极限荷载 P_y，在本例中，两者的比值为 $P_u/P_y = 240/210 = 1.14$，即 P_u 比 P_y 大 14%。

上述确定极限荷载的方法称为逐渐加载法或增量法，除增量法外，还有本章下面所要讲的其他方法。

第二节 极限弯矩及塑性铰

在研究结构的极限荷载计算之前，先介绍由理想弹塑性材料组成的矩形截面，和具有一根对称轴的任意截面，在纯弯曲情况下的极限弯矩及塑性铰的基本概念。

一、极限弯矩

图 14-3a 所示为一理想弹塑性材料组成的承受纯弯曲作用的梁，假设弯矩作用在截面对称轴所在平面内。其截面为矩形（图 14-3b）。图 14-3c、d、e 分别表示当 M 不断增大，梁由弹性阶段到弹塑性阶段，最后达到塑性阶段时，横截面上正应力的变化情况，图中 σ_y 表示梁的屈服极限。实验表明，无论在哪一个阶段，梁弯曲变形的平截面假定都是成立的。

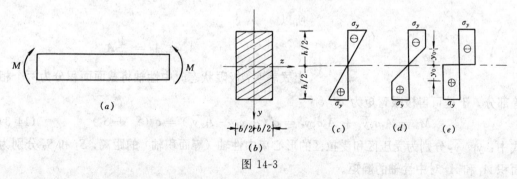

图 14-3

图 14-3c 表示截面处于弹性阶段的终点，其标志为截面最外纤维处的正应力达到屈服极限 σ_y，这时截面承受的弯矩为

$$M_y = \frac{bh^2}{6}\sigma_y \tag{14-1}$$

M_y称为弹性屈服弯矩或弹性极限弯矩。

随着弯矩 M 的增大，截面将有更多的纤维达到 σ_y，在靠近截面的上下边缘部分形成塑性区，塑性区内的正应力为常数 $\sigma = \sigma_y$，在截面内部（$|y| \leqslant y_0$）则仍为弹性区，称为弹性核，弹性核内的正应力可按线性分布的规律确定为 $\sigma = \dfrac{y}{y_0}\sigma_y$。这时整个截面处于弹塑性阶段（图 14-3$d$）。

弯矩 M 继续增大时，弹性核的高度随之减小，最后，上下两塑性区联结在一起，截面全部纤维达到塑性阶段（图 14-3e），这时截面承受的弯矩为

$$M_u = \frac{bh^2}{4}\sigma_y \tag{14-2}$$

M_u称为极限弯矩，它是该截面所能承受的最大弯矩。

由式（14-1）和（14-2）可知，矩形截面的 M_u 与 M_y的比值 α 为

$$\alpha = \frac{M_u}{M_y} = 1.5$$

即矩形截面的极限弯矩为弹性极限弯矩的 1.5 倍。比值 α 称为截面形状系数。几种常见截面的 α 为

矩形截面 $\qquad\qquad\qquad \alpha = 1.5$；

圆形截面 $\qquad\qquad\qquad \alpha = \dfrac{16}{3\pi} = 1.7$；

工字形截面 $\qquad\qquad\quad \alpha = 1.10 \sim 1.17$；

圆环形截面 $\qquad\qquad\quad \alpha = 1.27 \sim 1.40$。

对于具有一根对称轴的任意截面的极限弯矩可以利用以下的办法求得。

图 14-4a 所示为具有一根对称轴的截面，图 14-4b 为截面处于塑性阶段，受拉区和受压区的应力均为 σ_y。设受压区和受拉区的面积分别为 A_1 和 A_2，总面积为 A，由平衡条件

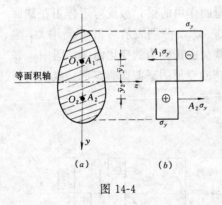

图 14-4

$$A_1\sigma_y - A_2\sigma_y = 0$$

所以

$$A_1 = A_2 = \frac{1}{2}A$$

上式表明：极限状态时中性轴将截面面积分为两个相等部分。于是可得极限弯矩为

$$M_u = A_1\sigma_y\overline{y}_1 + A_2\sigma_y\overline{y}_2 = \sigma_y(A_1\overline{y}_1 + A_2\overline{y}_2) = \sigma_y(S_1 + S_2) \tag{14-3}$$

式中：$\overline{y}_1$、$\overline{y}_2$ 分别为受压区和受拉区的形心离中性轴（等面积轴）的距离；S_1 和 S_2 分别为面积 A_1 和 A_2 对中性轴的静矩。

若以 W_u表示截面的塑性抵抗矩，可得

$$W_u = S_1 + S_2 \tag{14-4}$$

则极限弯矩可简写为

$$M_u = W_u\sigma_y \tag{14-5}$$

由上述可见，极限弯矩即为整个截面达到塑性流动状态时截面所能承受的最大弯矩。极限弯矩除与材料的屈服极限 σ_y 和截面形状有关外，一般情况下还与截面上作用的剪力和轴力有关，但实际计算表明，剪力和轴力的影响不大，可以略去不计。

二、塑性铰

当截面达到塑性流动阶段时，在极限弯矩值保持不变的情况下，两个无限靠近的相邻截面可以产生有限的相对转角，这种情况与带铰的截面相似。因此，当截面弯矩达到极限弯矩时，这种截面称为塑性铰。塑性铰与普通铰的相同之处是铰两边的截面可以产生有限的相对转角。塑性铰与普通铰的两个重要区别为：①普通铰不能承受弯矩，而塑性铰能承受极限弯矩；②普通铰是双向铰，即可以围绕普通铰的两个方向产生自由转动，而塑性铰是单向的。假设当加载至某一截面出现塑性铰后再卸载，由图 14-1 所示的应力-应变关系可知，应力与应变保持为线性关系，该截面恢复其弹性性质，不再具有铰的特性。故已形成的塑性铰只能在其两侧截面继续发生与极限弯矩转向一致的相对转动时起铰的作用，当发生反向变形时则不起铰的作用，因而，塑性铰是单向的。

第三节 梁的极限荷载

本节利用极限弯矩和塑性铰的概念，确定由理想弹塑性材料组成的梁在横向荷载作用下的极限荷载。

一、静定梁的极限荷载

图 14-5a 所示等截面简支梁，截面为矩形，在跨中承受集中荷载作用。假定荷载 P 从零开始逐渐增加。最初梁的全部截面都处于弹性状态，随着荷载的增加，梁的跨中截面 C 的最外纤维首先达到屈服极限 σ_y，该截面的弯矩达到 M_y，弹性阶段至此结束，这时的荷载称为屈服荷载 P_y。由静力平衡条件可得

$$M_y = \frac{1}{4} P_y l$$

于是得

$$P_y = \frac{4M_y}{l}$$

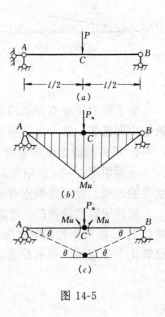

图 14-5

当荷载继续增加时，中间截面的塑性范围随之增大，最后，跨中截面的弯矩首先达到极限值 M_u，形成塑性铰，原结构变成一个几何可变体系，失去了继续承载的能力。图 14-5b 所示的几何可变体系称为破坏机构，简称为机构。这时的荷载已达到极限荷载 P_u，这种状态称为极限状态。由静力平衡条件，可得

$$M_u = \frac{1}{4} P_u l$$

于是得

$$P_u = \frac{4M_u}{l}$$

极限荷载 P_u 与屈服荷载 P_y 的比值为

$$\frac{P_u}{P_y} = \frac{M_u}{M_y} = 1.5$$

即矩形截面简支梁所能承受的极限荷载等于弹性极限荷载的 1.5 倍。

确定极限荷载的方法，除直接应用上述静力平衡条件外，也可采用虚功原理来求。图 14-5c 所示为机构的一种可能位移，外力所做的功 T 为

$$T = P_u \times \frac{1}{2}l \times \theta - 2M_u\theta$$

由刚体虚功方程 $T = 0$，得

$$\frac{1}{2}P_u\theta l = 2M_u\theta$$

因此得

$$P_u = \frac{4M_u}{l}$$

所得结果与上述利用静力平衡条件计算结果相同。

以上计算可知，在静定梁中，只要有一个截面出现塑性铰，梁就成为机构，从而丧失了承载能力，根据静力平衡条件即可确定极限荷载。对于等截面梁，塑性铰的位置发生在弹性弯矩图中最大弯矩所在的截面。

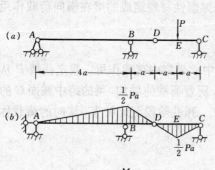
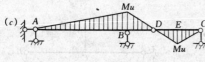

图 14-6

【例14-1】 计算图 14-6a 所示静定梁的极限荷载。已知正负极限弯矩值 $M_u = 20\text{kN·m}$，$a = 1\text{m}$。

【解】 由弹性弯矩图的分布（图 14-6b）可知，E、B 截面的弯矩最大，在极限状态时，E、B 截面同时出现塑性铰，梁成为机构，E、B 截面的弯矩等于极限弯矩 M_u，即

$$M_E = \frac{1}{2}P_u a = M_u$$

于是得

$$P_u = \frac{2M_u}{a} = \frac{2 \times 20}{1} = 40\text{kN}$$

极限弯矩图如图 14-6c 所示。

二、超静定梁的极限荷载

由于超静定梁有多余约束，因此必须出现足够多的塑性铰时，才能成为机构，丧失承载能力而破坏，这一点与静定梁是不同的。

1. 单跨超静定梁的极限荷载

下面用图 14-7a 所示等截面梁为例，说明超静定梁由弹性阶段到弹塑性阶段，直至极限状态的过程。设正负极限弯矩为 M_u。

梁处于弹性阶段时，弯矩图如图 14-7b 所示，A、B 端的弯矩值最大。当荷载继续增加时，A、B 端弯矩先同时达到极限值 M_u，形成塑性铰，梁的弯矩图如图 14-7c 所示。此时梁已转化为静定梁，但承载能力未达到极限值，相应的荷载 q_1 可根据平衡条件求出：

$$\frac{1}{12}q_1 l^2 = M_u$$

即得

154

$$q_1 = \frac{12M_u}{l^2}$$

当荷载继续增加时，固定端的弯矩 M_u 保持不变，跨中截面 C 的弯矩增加，当 C 截面的弯矩增加到极限值 M_u 时，该截面形成塑性铰，于是梁即成为机构，其承载力已达到极限值。此时的荷载称为极限荷载 P_u，相应的弯矩图如图 14-7d 所示。

极限荷载 q_u 可根据极限状态的弯矩图，由平衡条件求出：

$$\frac{1}{8}q_u l^2 = 2M_u$$

即得

$$q_u = \frac{16M_u}{l^2}$$

另外，极限荷载 q_u 也可应用虚功原理来求。图 14-7e 所示为破坏机构的一种可能位移，由虚功方程可得

$$2\int_0^{\frac{l}{2}} y q_u \mathrm{d}x - (M_u\theta + M_u\theta + M_u 2\theta) = 0$$

将 $y = x\theta$ 代入上式得

$$2q_u \int_0^{\frac{l}{2}} x\theta \mathrm{d}x - 4M_u\theta = 0$$

于是得

$$\frac{q_u l^2}{4}\theta - 4M_u\theta = 0$$

解出

$$q_u = \frac{16M_u}{l^2}$$

与上面所得结果相同。

由此看出，超静定梁的极限荷载只需根据最后的破坏机构应用平衡条件即可求出。这种求极限荷载的方法称为极限平衡法。据此，可概括出计算超静定梁极限荷载的三个特点：

(1) 只要预先判定超静定梁的破坏机构，就可根据该破坏机构应用静力平衡条件确定极限荷载，而不必考虑梁的弹塑性变形的发展过程。

(2) 超静定梁极限荷载的计算，只需考虑静力平衡条件，而不必考虑变形协调条件，因此比弹性计算简单。

(3) 温度改变、支座移动等因素对超静定结构的极限荷载没有影响，因为超静定结构变为机构以前，先成为静定结构，所以这些因素对最后的内力状态没有影响。

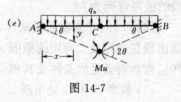

图 14-7

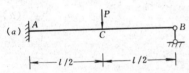

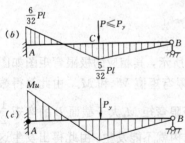

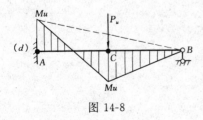

图 14-8

【**例14-2**】 求图 14-8a 所示超静定梁在集中荷载作用下的极限荷载。截面的正负极限弯矩值均为 M_u。

【**解**】 本题应出现两个塑性铰才成为机构。根据弹性阶段（$P \leqslant P_y$）的弯矩图（图 14-8b）来看，在固定端处弯矩最大。所以第一个塑性铰出现在固定端截面，弯矩图如图 14-8c 所示。此时在加载条件下，梁已转化为静定梁，但承载能力尚未达到极限值。

当荷载继续增加时，固定端的弯矩增量为零，荷载增量所引起的弯矩增量图相应于简支梁的弯矩图。当荷载增加到使跨中截面的弯矩，达到 M_u 时，在该截面形成第二个塑性铰，于是梁变为机构，此时的荷载即为极限荷载 P_u，相应的弯矩图如图 14-8d 所示。根据跨中截面应满足的平衡条件，可得

$$\frac{1}{4}P_u l = 0.5M_u + M_u$$

由此求得极限荷载

$$P_u = \frac{6M_u}{l}$$

【**例14-3**】 试求图 14-9a 所示变截面梁的极限荷载，已知 AB 段的极限弯矩为 M'_u，BC 段的极限弯矩为 M_u。

【**解**】 对于变截面梁来说，由于 AB、BC 段截面的极限弯矩不相同，故塑性铰不仅可能出现在产生最大弯矩的截面 A、D 处，也可能出现在截面改变处 B。下面分析发生不同破坏机构必须满足的条件及其相应的极限荷载。

（1）截面 B 和 D 处出现塑性铰：破坏机构如图 14-9b 所示。其相应的弯矩图如图 14-9c 所示。其中截面 A 的弯矩为 $3M_u$。如果截面 A 所能承受的极限弯矩 M'_u 大于 $3M_u$，则这一破坏机构就可能发生，否则这一破坏机构就不能发生，由此得出这个破坏机构实现的条件是

$$M'_u \geqslant 3M_u \tag{a}$$

按图 14-9b 所示的破坏机构，由虚功原理可得

$$P_u \Delta_D = M_u \theta_B + M_u \theta_D$$

将 $\theta_B = \dfrac{3\Delta_D}{l}$，$\theta_D = \dfrac{6\Delta_D}{l}$ 代入上式于是得极限荷载为

$$P_u = 9\frac{M_u}{l} \tag{b}$$

（2）截面 A 和 D 处出现塑性铰：破坏机构如图 14-9d 所示，其相应的极限弯矩图如图 14-9e 所示。其中截面 A 和 D 处的弯矩分别达到各自的极限弯矩值 M'_u 和 M_u，由此算得截面 B 处的弯矩为 $\frac{1}{2}(M'_u - M_u)$，如果截面 B 所能承受的极限弯矩 M_u 大于截面 B 的弯矩 $\frac{1}{2}(M'_u - M_u)$，则这一破坏机构就可能发生，否则这一破坏机构就不能发生。由此得出发生这一破坏机构的条件是

$$M_u \geqslant \frac{1}{2}(M'_u - M_u)$$

或

$$M'_u \leqslant 3M_u$$

按图 14-9d 所示的破坏机构，由虚功原理可得

$$P_u \cdot \Delta_D = M'_u \theta_A + M_u \theta_D$$

将 $\theta_A = \dfrac{3\Delta_D}{2l}$, $\theta_D = \dfrac{9\Delta_D}{2l}$ 代入上式于是得极限荷载为

$$P_u = \frac{3}{2l}(M'_u + 3M_u) \tag{c}$$

（3）讨论：如果 $M'_u = 3M_u$，则由式（b）、（c）可得到相同的极限荷载 $P_u = 9\dfrac{M_u}{l}$。这时图 14-9b、d 所示的破坏机构都能发生，且 A、B、D 三个截面都出现塑性铰，它是处于上述两种破坏情况的过渡状态。

2. 连续梁的极限荷载

现在讨论连续梁破坏机构的可能形式。设梁在每一跨度内为等截面，但各跨的截面可以彼此不同。并设连续梁所承受的荷载作用方向彼此相同，且按比例增加。如图 14-10a 所示两跨连续梁，在上述条件下只可能在各跨独立形成破坏机构（图 14-10b、c），而不可能由相邻几跨联合形成一个破坏机构（图 14-10d）。因为当各跨荷载均为向下作用时，每跨内的负弯矩在跨端为最大，故对每跨各为等截面的连续梁来说，由负弯矩产生的塑性铰只能在跨端出现，E 截面处不可能由负弯矩形成塑性铰。因此图 14-10d 所示的机构不可能出现。

根据连续梁的这种破坏特点，我们只要按照图 14-10b、c 所示的机构，分别求出每跨破坏时的破坏荷载，其中最小的破坏荷载值便是连续梁的极限荷载。

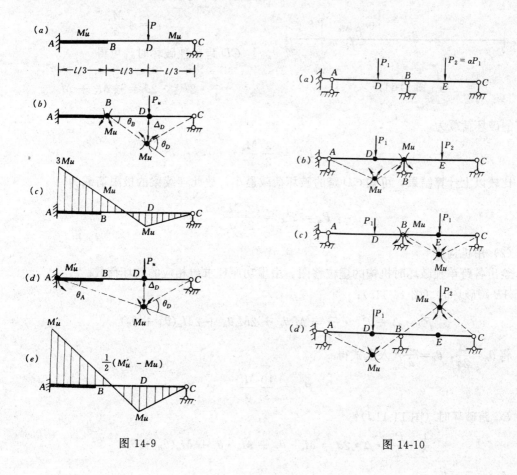

图 14-9   图 14-10

157

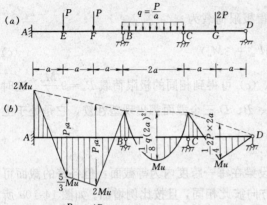

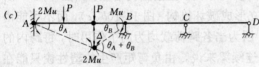

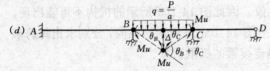

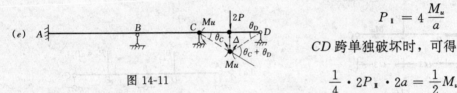

图 14-11

【例14-4】 求图 14-11a 所示连续梁的极限荷载 P_u。已知 AB 跨的截面极限弯矩为 $2M_u$，BC、CD 跨的截面极限弯矩为 M_u。

【解】 (1)用静力法

图 14-11b 所示为各跨单独破坏时的极限弯矩图。其中对于支座 B 处的极限弯矩应取其左、右两跨中的较小者。根据平衡条件求出相应的破坏荷载。

AB 跨单独破坏时，由平衡条件得

$$P_{\text{I}} \cdot a = \frac{4}{3}M_u + 2M_u$$

相应的破坏荷载为

$$P_{\text{I}} = \frac{10}{3} \frac{M_u}{a}$$

BC 跨单独破坏时，可得

$$\frac{1}{8} \cdot \frac{P_{\text{II}}}{a} \cdot (2a)^2 = M_u + M_u$$

相应的破坏荷载为

$$P_{\text{II}} = 4 \frac{M_u}{a}$$

CD 跨单独破坏时，可得

$$\frac{1}{4} \cdot 2P_{\text{III}} \cdot 2a = \frac{1}{2}M_u + M_u$$

相应的破坏荷载为

$$P_{\text{III}} = \frac{3}{2} \frac{M_u}{a}$$

比较以上计算结果，可知 CD 跨的破坏荷载最小，故此连续梁的极限荷载为

$$P_u = P_{\text{III}} = \frac{3}{2} \frac{M_u}{a}$$

(2) 用机构法

绘出各跨单独破坏时机构的虚位移图，由虚功原理求出相应的破坏荷载。

AB 跨破坏时（图 14-11c）：

$$P_{\text{I}} \cdot \Delta + P_{\text{I}} \cdot \frac{\Delta}{2} = M_u\theta_B + 2M_u\theta_A + 2M_u(\theta_A + \theta_B)$$

将 $\theta_A = \dfrac{\Delta}{2a}$，$\theta_B = \dfrac{\Delta}{a}$ 代入上式得

$$P_{\text{I}} = \frac{10}{3} \frac{M_u}{a}$$

BC 跨破坏时（图 14-11d）：

$$\frac{1}{2} \cdot \frac{P_{\text{II}}}{a} \cdot \Delta \cdot 2a = M_u \cdot \theta_B + M_u \cdot \theta_c + M_u(\theta_B + \theta_C)$$

将 $\theta_B = \theta_C = \dfrac{\Delta}{a}$ 代入上式得

$$P_{\text{I}} = 4\,\frac{M_u}{a}$$

CD 跨破坏时（图 14-11e）：

$$2P_{\text{II}} \cdot \Delta = M_u \cdot \theta_c + M_u(\theta_C + \theta_D)$$

将 $\theta_C = \theta_D = \dfrac{\Delta}{a}$ 代入上式得

$$P_{\text{II}} = \frac{3}{2}\,\frac{M_u}{a}$$

比较以上结果，可知该连续梁的极限荷载为

$$P_u = \frac{3}{2}\,\frac{M_u}{a}$$

与用静力法计算结果相同。

第四节　比例加载时判定极限荷载的一般定理

由于静定梁和超静定梁的破坏形式比较容易确定，所以应用前述方法即可简便地求得其极限荷载。但若结构可能有很多种破坏形式时，就需要判别哪一种是实际的破坏形式，以便确定极限荷载。为此，我们可以应用以下有关确定极限荷载的几个定理，并只限于讨论比例加载的情况。所谓比例加载是指结构上所受的各荷载都按同一比例增加，整个荷载可用一个参数 P（各荷载之间的公因子）来表示，且荷载参数是单调增加，不出现卸载现象。

为了简单起见，在下面的讨论中，作如下几点假定：

（1）结构的变形比结构本身的尺寸小得多，建立平衡方程时，可以采用结构原来的尺寸。

（2）结构由理想弹塑性材料组成，杆件截面的正、负极限弯矩的绝对值相等，并且忽略轴力、剪力对极限弯矩的影响。

根据前述梁的极限荷载计算，可归纳出结构处于极限受力状态时应同时满足的三个条件：

（1）平衡条件：结构处于极限受力状态时，结构的整体及任一局部都维持平衡。

（2）屈服条件（又称内力局限条件）：在结构极限受力状态中，任一截面的弯矩绝对值都不超过其极限弯矩值，即 $|M| \leqslant M_u$。

（3）单向机构条件：在极限受力状态中，已有足够数量的截面的弯矩达到极限值而出现塑性铰，使结构成为机构，能够沿荷载方向（即使荷载作正功的方向）作单向运动。

其次，引入两个定义：

（1）对于任一单向破坏机构，用平衡条件求得的荷载值称为可破坏荷载，用 P^+ 表示。

（2）如果在某个荷载值的情况下，能够找到某一内力状态与之平衡，且各截面的内力都不超过其极限值，则此荷载值称为可接受荷载，用 P^- 表示。

由上述定义可知，可破坏荷载 P^+ 只满足上述条件中的平衡条件和单向机构条件；可接受荷载 P^- 只满足上述条件中的平衡条件和屈服条件；而极限荷载则应同时满足上述三个条件。由此可见，极限荷载既是可破坏荷载，又是可接受荷载。

下面给出比例加载时，确定极限荷载的四个定理及其证明。

一、基本定理

可破坏荷载 P^+ 恒不小于可接受荷载 P^-，即

$$P^+ \geqslant P^- \tag{14-6}$$

【证】 取任一可破坏荷载 P^+，对于相应的单向机构位移列出虚功方程，得

$$P^+ \Delta = \sum_{i=1}^{n} |M_{ui}| \cdot |\theta_i| \tag{a}$$

这里 n 是塑性铰的数目，M_{ui} 和 θ_i 分别是第 i 个塑性铰处的极限弯矩和相对转角。式 (a) 右边原应为 $M_{ui} \cdot \theta_i$，其值恒为正值，故可用其绝对值来表示。又 P^+ 和 Δ 均为正值。

再取任一可接受荷载 P^-，相应的弯矩图叫做 M^- 图。令此荷载及其内力状态经历上述机构位移，可列出虚功方程。

$$P^- \Delta = \sum_{i=1}^{n} M_i^- \theta_i \tag{b}$$

这里 M_i^- 是 M^- 图中在第 i 个塑性铰处的弯矩值。

根据内力局限条件

$$M_i^- \leqslant |M_{ui}|$$

可得

$$\sum_{i=1}^{n} M_i^- \theta_i \leqslant \sum_{i=1}^{n} |M_{ui}| \cdot |\theta_i|$$

将式 (a) 和 (b) 代入上式，且由于 Δ 为正值，即得

$$P^+ \geqslant P^-$$

于是基本定理得到证明。

由上述基本定理可导出下面三个定理。

二、上限定理（或称为极小定理）

可破坏荷载是极限荷载的上限。或者说，极限荷载是可破坏荷载中的极小者。

【证】 因为极限荷载 P_u 是可接受荷载，故由基本定理即得

$$P_u \leqslant P^+ \tag{14-7}$$

三、下限定理（或称为极大定理）

可接受荷载是极限荷载的下限，或者说，极限荷载是可接受荷载中的极大者。

【证】 因为极限荷载 P_u 是可破坏荷载，故由基本定理即得

$$P_u \geqslant P^- \tag{14-8}$$

四、唯一性定理（又称为单值定理）

极限荷载值是唯一确定的。

【证】 设存在两种极限内力状态，相应的极限荷载分别为 P_{u1} 和 P_{u2}。因为每个极限荷载既是可破坏荷载 (P^+)，又是可接受荷载 $(P^{\perp})$，故如果把 P_{u1} 看作 P^+，P_{u2} 看作 P^-，则根据式（14-6）有

$$P_{u1} \geqslant P_{u2}$$

反之，如果把 P_{u2} 看作 P^+，把 P_{u1} 看作 P^-，则根据式（14-6）有

$$P_{u2} \geqslant P_{u1}$$

要同时满足以上两式，则必为

$$P_{u1} = P_{u2}$$

这就证明了极限荷载值是唯一的。

应当指出，同一结构在同一广义力作用下，其极限内力状态可能不止一种，但每一种极限内力状态相应的极限荷载值则应彼此相等。换句话说，极限荷载值是唯一的，而极限内力状态则不一定是唯一的。

根据上限定理和下限定理，一方面可用来求出极限荷载的近似解，并给出精确解的上下限范围；另一方面也可用来寻求极限荷载的精确解。例如，如果可以全部列出各种可能的破坏机构，并利用平衡条件求出各相应的破坏荷载，则其中的最小值，便是极限荷载的精确解。前面连续梁极限荷载的计算就是采用的这一方法。

唯一性定理可配合试算法来求极限荷载。我们每次选择一种破坏机构，并验算相应的可破坏荷载是否同时也是可接受荷载，经一次或几次试算后，如能找到一种荷载，同时满足平衡条件、单向机构条件和屈服条件，则根据唯一性定理，这一荷载就是极限荷载。

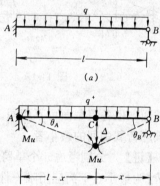

图 14-12

【例14-5】 试求图 14-12a 所示等截面单跨超静定梁的极限荷载 q_u，已知梁截面的正负极限弯矩值均为 M_u。

【解】 当梁处于极限状态时，在 A 端将出现一个塑性铰，另一个塑性铰 C 的位置 x 将由极小定理来确定。让机构发生如图 14-12b 所示的虚位移，则由虚功方程可得

$$q^+ \frac{l\Delta}{2} = M_u\theta_A + M_u(\theta_A + \theta_B)$$

将 $\theta_A = \dfrac{\Delta}{l-x}$, $\theta_B = \dfrac{\Delta}{x}$ 代入上式得

$$q^+ = \frac{2(l+x)}{lx(l-x)}M_u \tag{c}$$

因极限荷载 q_u 应是 q^+ 的最小值，故由 $\dfrac{\mathrm{d}q^+}{\mathrm{d}x} = 0$，可得

$$x^2 + 2lx - l^2 = 0$$

解得

$$x = (-1 \pm \sqrt{2})l$$

根据题意取 $x = (\sqrt{2} - 1)l = 0.4142l$

将 x 的值代入 (c) 式后，得极限荷载为

$$q_u = \frac{11.66}{l^2}M_u$$

【例14-6】 求图 14-13a 所示等截面连续梁的极限荷载。设正负极限弯矩均为 M_u。

【解】 设破坏机构如图 14-13b 所示。根据平衡条件可得

$$\frac{1}{4} \times 2P^+ \times 2a = \frac{1}{2}M_u + M_u$$

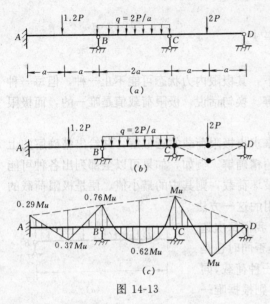

图 14-13

即

$$P^+ = \frac{3}{2}\frac{M_u}{a}$$

对于本例来说，当 CD 跨形成破坏机构后，剩下的 ABC 部分为超静定的。为了判断所求出的 P^+ 是否为可接受荷载，可取 ABC 段为分析对象，设它处于弹性阶段，并在 C 端作用有外力偶 M_u，然后用力矩分配法计算，得出相应的弯矩图如图 14-13c 所示。从图中可看出各截面的弯矩绝对值均不超过极限弯矩值，故荷载 $P^+ = \frac{3}{2}\frac{M_u}{a}$ 既是可破坏荷载，又是可接受荷载。根据唯一性定理，此荷载就是极限荷载，即

$$P_u = \frac{3}{2}\frac{M_u}{a}$$

【例14-7】 设有一 n 跨连续梁，每跨为等截面，但各跨截面可不相同。试证明此连续梁的极限荷载就是每个单跨破坏机构相应的可破坏荷载中间的最小者。

【证】 分别考虑 n 个单跨破坏机构，求出相应的可破坏荷载 P_1^+、P_2^+、…、P_n^+，设其中 P_k^+ 为最小，下面应用唯一性定理证明 P_k^+ 是极限荷载。

显然 P_k^+ 是一种可破坏荷载，但还需证明 P_k^+ 同时又是可接受荷载，即需证明在 P_k^+ 作用下有可能存在一个可接受的 M 图，任一截面上的弯矩绝对值均不超过极限弯矩 M_u。事实上，这样的 M 图确实是存在的。例如可设各支座弯矩等于 $-M_u$（如果相邻两跨的 M_u 值不相等，则取其中的较小者），然后根据平衡条件即可画出在 P_k^+ 作用下各跨的 M 图。由于 P_k^+ 是所有单跨破坏荷载中的最小者，因此在由 P_k^+ 作出的各跨的 M 图中，任一截面的弯矩都不会超过 M_u 值。这就是说，这个 M 图是一个可接受的 M 图，因而 P_k^+ 也是一个可接受荷载。根据唯一性定理，P_k^+ 就是极限荷载。

第五节　刚架的极限荷载

本节根据比例加载时判定极限荷载的一般定理，介绍不考虑剪力及轴力影响时确定极限荷载的两种手算方法。

一、组合机构法

此种方法是根据上限定理，在所有可破坏荷载中寻找最小值，从而确定极限荷载。

在应用上限定理时，首先要确定破坏机构的可能形式。确定刚架的破坏机构要复杂些，通常需先确定一些基本破坏机构，简称基本机构。由这些基本机构适当组合，得到若干新的破坏机构，称为组合机构。按照各基本机构和组合机构所求得的可破坏荷载，其最小值就是刚架极限荷载的上限值。若这时屈服条件也满足，它就是极限荷载。这种方法称为组合机构法。

刚架的基本机构数目 m 可按下式确定：

$$m = h - n \tag{14-9}$$

式中 h 为刚架可能出现的塑性铰总数；n 为刚架的多余约束数，即超静定次数。

式（14-9）可以这样理解：对于静定结构，如果出现一个塑性铰，结构即变成一个机构，对每个可能出现的塑性铰都相应地有一种破坏机构。如可能出现的塑性铰有 m 个，相应地就有 m 个机构。若结构为 n 次超静定结构，实现 m 个破坏机构，可能出现塑性铰的总数应为 $h = m + n$，这样就得到式（14-9）。

下面通过具体例题来说明用组合机构法计算刚架的极限荷载。

【例14-8】 求图 14-14a 所示刚架的极限荷载。已知 AC 柱和 BD 柱的极限弯矩为 M_u，CD 梁的极限弯矩为 $2M_u$。

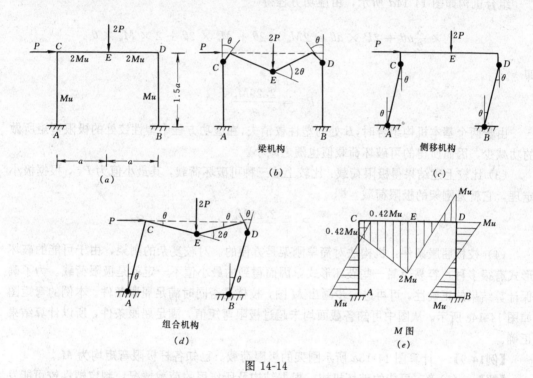

图 14-14

【解】 （1）确定可能的破坏机构：本题刚架在集中荷载作用下的弯矩图是由直线所组成，因此，可能出现塑性铰的截面为 A、B、C、D、E 五处。刚架是三次超静定结构，所以基本机构数 $m = 5 - 3 = 2$。可能的破坏机构如图 14-14b、c、d 所示。图 14-14b、c 为基本机构，图 14-14d 为组合机构。因为图 14-14b 和 c 中 c 截面处塑性铰的转角方向相反，故这两个基本机构组合后，C 截面处的塑性铰转角互相抵消而使塑性铰消失。同理，因两个基本机构在 D 截面处的塑性铰的转角方向相同，故组合后该塑性铰的转角增大，D 截面塑性铰仍存在。

（2）计算各种机构相应的可破坏荷载：在图 14-14b 的梁机构中，因为梁的极限弯矩比柱的极限弯矩大，所以塑性铰发生在极限弯矩小的柱的上端，由虚功方程得

$$2P(a\theta) = 2M_u \times 2\theta + 2 \times M_u \times \theta$$

即

$$P_1^+ = \frac{3M_u}{a}$$

侧移机构如图 14-14c 所示，由虚功方程得

$$P \times \frac{3}{2}a\theta = 4 \times M_u \times \theta$$

即

$$P_2^+ = \frac{2.67M_u}{a}$$

组合机构如图 14-14d 所示，由虚功方程得

$$P \times \frac{3}{2}a\theta + 2P \times a\theta = 2M_u \times 2\theta + M_u \times 2\theta + 2 \times M_u \times \theta$$

即

$$P_3^+ = \frac{2.29M_u}{a}$$

由于两个基本机构组合时，B 处的塑性铰消失，在虚功方程中塑性铰处的极限弯矩所做的功减少，因而所得的可破坏荷载值也随之减小。

（3）比较上述结果得极限荷载：比较上述三种可破坏荷载，其最小值为 P_3^+，根据极小定理，它就是刚架的极限荷载，即

$$P_u = \frac{2.29M_u}{a}$$

（4）校核屈服条件：机构法对简单刚架是方便的。对较复杂的刚架，由于可能的破坏形式有很多种，容易遗漏一些破坏形式，因而得到的最小值不一定就是极限荷载。为了确保计算结果的正确性，可再进一步画出 M 图，校核是否同时满足屈服条件。本例的弯矩图如图 14-14e 所示。从图中可知各截面均未超过极限弯矩值，满足屈服条件，所以计算结果正确。

【例14-9】　计算图 14-15a 所示刚架的极限荷载。已知各杆极限弯矩均为 M_u。

【解】　（1）确定可能的破坏机构：根据结构及所作用的荷载情况，判定塑性铰可能发生在 A、D、B 及 BC 杆中的某一截面（位置待定）。基本机构数为

$$m = 4 - 1 = 3$$

三个基本机构如图 14-15b、c、d 所示。两个梁机构分别与侧移机构组合后得到两个组合机构，如图 14-15e、f 所示。

（2）计算每种机构所对应的可破坏荷载：对于图 14-15b 所示机构，塑性铰 E 截面的位置 x 由例 14-5 的计算可知 $x = (\sqrt{2}-1)l = 1.66\text{m}$。根据虚功方程可得

$$\frac{2P}{4} \times \frac{1}{2} \times (4-x)\theta \times 4 = M_u \times \theta + M_u \times \frac{4\theta}{x}$$

将 $x = 1.66\text{m}$ 代入上式即得

$$P_1^+ = 1.46M_u$$

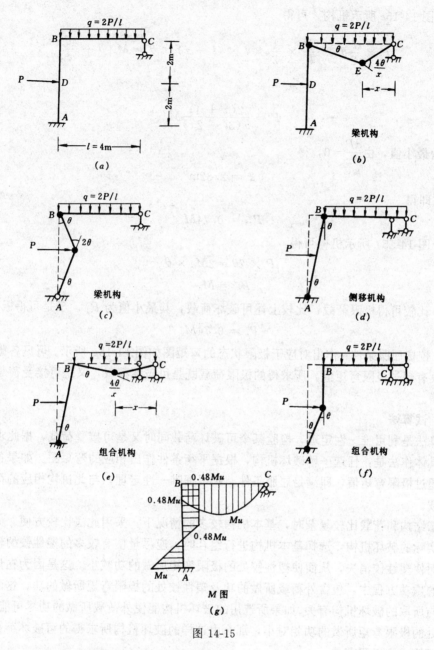

图 14-15

对于图 14-15c 所示机构，根据虚功方程可得

$$P \times 2 \times \theta = 2 \times M_u \times \theta + M_u \times 2\theta$$

即得

$$P_2^+ = 2M_u$$

对于图 14-15d 所示机构，可得

$$P \times 2\theta = 2 \times M_u \times \theta$$

$$P_3^+ = M_u$$

对于图 14-15e 所示机构，可得

$$P \times \frac{l}{2}\theta + \frac{2P}{l} \times \frac{1}{2} \times l \times (l-x) \times \theta = M_u\left(\theta + \frac{4\theta}{x}\right)$$

整理得

$$P = \frac{2(x+4)}{x(3l-2x)}M_u$$

要使 P 为最小值，由 $\dfrac{\mathrm{d}P}{\mathrm{d}x}=0$，得

$$x = 2.32\text{m}$$

代入上式即得

$$P_4^+ = 0.74M_u$$

对于图 14-15f 所示机构可得

$$P \times 2\theta = 2M_u \times \theta$$
$$P_5^+ = M_u$$

（3）比较可得极限荷载：比较上述可破坏荷载，其最小值为 P_4^+。于是可得极限荷载
$$P_u = 0.74M_u$$

（4）校核屈服条件：作出对应于极限状态的弯矩图如图 14-15g 所示。可见各截面的弯矩值都没有超过极限弯矩值，所求得的极限荷载既是可破坏荷载，又是可接受荷载，所以计算正确。

二、试算法

试算法是利用唯一性定理，检验某个可破坏荷载同时又是可接受荷载，据此求出极限荷载。具体作法是：任选一种破坏机构，根据平衡条件作出相应的弯矩图。如果各截面的弯矩不超过极限弯矩值，即满足屈服条件，则根据唯一性定理，与此机构相应的荷载就是极限荷载。

对于结构和荷载比较复杂时，基本机构较多的情况下，采用此法比较方便。为了尽快地找到实际的破坏机构，选择基本机构进行组合时，应尽量使有较多的塑性铰的转角能互相抵消而使塑性铰消失，从而使塑性铰处的极限弯矩所做的功减小。这是因为在计算可破坏荷载的虚功方程中，包含外荷载所做的功及塑性铰处的极限弯矩所做的功，这两部分功的大小与所取的破坏机构有关。如果所选用的破坏机构能使外荷载所做的功尽可能大些，而塑性铰处的极限弯矩所做的功相对小，那么由这样的破坏机构所求得的可破坏荷载就会较小而有可能成为极限荷载。

在前面的两个例子中，若我们一开始就找出一种破坏机构（一般为组合机构）计算出它的可破坏荷载，然后校核其屈服条件，若满足，则是极限荷载，这样计算可能会快速一些。

【例14-10】 用试算法计算图 14-16a 所示刚架的极限荷载，设各杆截面的极限弯矩均为 M_u。

【解】 若选择图 14-16b 所示的梁机构为破坏形式，则由虚功原理得

$$P^+ \times 6\theta = M_u\theta + M_u \times 2\theta + M_u\theta$$

可破坏荷载为

$$P^+ = \frac{2}{3}M_u$$

做出相应的弯矩图如图 14-16c 所示。从图中看出整体不满足 $\Sigma X = 0$ 的平衡条件，故 $P^+ = \frac{2}{3}M_u$ 不是极限荷载。

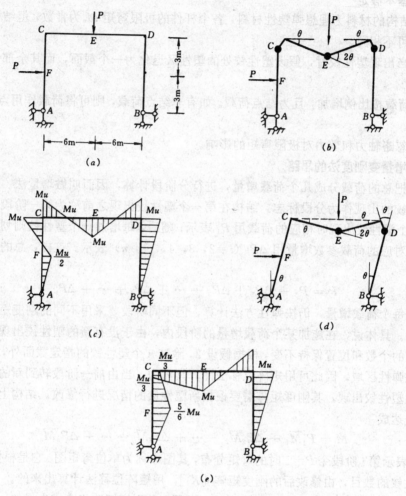

图 14-16

若选择图 14-16d 所示的组合机构为破坏形式，则由虚功原理可得

$$P \times 3\theta + P \times 6\theta = M_u \times 2\theta + M_u \times 2\theta$$

可破坏荷载为

$$P^+ = \frac{4}{9}M_u$$

由平衡条件作出相应的弯矩图如图 14-16e 所示，该弯矩图表明各截面均满足屈服条件，故根据唯一性定理可知刚架的极限荷载为

$$P_u = \frac{4}{9}M_u$$

第六节　用增量变刚度法求刚架的极限荷载

前一节讲述的刚架极限荷载的计算方法只适用于简单刚架。本节介绍一种以矩阵位移法为基础的增量变刚度法，它适合于用计算机求解一般刚架的极限荷载。

一、基本假定

（1）结构的材料为理想弹塑性材料，各个杆件的极限弯矩 M_u 为常数，但结构中各杆的极限弯矩可不相同。

（2）当出现塑性铰时，假设塑性铰处的塑性区退化为一个截面，而其余部分仍为弹性区。

（3）荷载按比例增加，且为结点荷载。如有非结点荷载，则可将荷载作用点（截面）当结点处理。

（4）忽略轴力和剪力对极限弯矩的影响。

二、增量变刚度法的思路

此法把总的荷载分成几个荷载增量，进行分阶段计算，因而叫做增量法。具体作法是以新塑性铰的出现作为分段标志，结构在第一个塑性铰出现之前称为第一阶段，此阶段结束，第一个塑性铰出现时相应的荷载用 P_1 表示；随后，每增加一个塑性铰则划分为一个阶段，其间对应的荷载参数增量用 ΔP_i（$i=2,3,4,\cdots,n$）表示。这样，总的荷载参数可表达成

$$P = P_1 + \Delta P_2 + \Delta P_3 + \cdots + \Delta P_i + \cdots + \Delta P_n \qquad (14\text{-}10)$$

对于每个荷载增量，仍按弹性方法计算，但不同阶段要采用不同的刚度矩阵，因而叫变刚度法。具体说，在施加某个荷载增量的阶段内，由于没有新的塑性铰出现，因此结构中塑性铰的个数和位置保持不变，根据假设 2，除这 n 个塑性铰的指定截面外，结构的其余部分都是弹性区域，因此可用矩阵位移法计算其内力。当由前一阶段转到新的阶段时，由于有新的塑性铰出现，其刚度矩阵需要根据新塑性铰的情况进行修改。结构上任意截面的弯矩可表达成

$$M = P_1\overline{M}_1 + \Delta P_2\overline{M}_2 + \cdots + \Delta P_i\overline{M}_i + \cdots + \Delta P_n\overline{M}_n \qquad (14\text{-}11)$$

式中 $\overline{M}_i$ 表示第 i 阶段令 $P=1$ 时的弯矩分布，其图形称为单位弯矩图。它是根据不同阶段，根据塑性铰的数目，由修改后的刚度矩阵 $[K_i]$，用矩阵位移法计算出来的。

当结构上出现足够多数目的塑性铰时，相应的总刚度矩阵将变成奇异的，这时，结构形成了破坏机构。按式（14-10）即可求得极限荷载。

三、单元刚度矩阵

当荷载逐渐增加时，单元的一端或两端将出现塑性铰，结构中出现新的铰结点，相应的单元刚度矩阵需要进行修改。在刚架的极限荷载分析中，除两端均为刚结的单元外，还有三种在单元端点出现铰接的情况，现将这些单元在单元坐标系中的刚度矩阵分别表述如下。

下述各单元刚度矩阵有关的杆端力及杆端位移的方向及正、负号规定，均与第十一章矩阵位移法中的规定相同。

1. 两端均为刚结的单元

在第十一章矩阵位移法中，已求得两端为刚接的等截面单元 ij 在单元坐标系中的单元刚度矩阵为

$$[\bar{k}]^{(e)} = \begin{bmatrix} \dfrac{EA}{l} & 0 & 0 & -\dfrac{EA}{l} & 0 & 0 \\[2mm] 0 & \dfrac{12EI}{l^3} & \dfrac{6EI}{l^2} & 0 & -\dfrac{12EI}{l^3} & \dfrac{6EI}{l^2} \\[2mm] 0 & \dfrac{6EI}{l^2} & \dfrac{4EI}{l} & 0 & -\dfrac{6EI}{l^2} & \dfrac{2EI}{l} \\[2mm] -\dfrac{EA}{l} & 0 & 0 & \dfrac{EA}{l} & 0 & 0 \\[2mm] 0 & -\dfrac{12EI}{l^3} & -\dfrac{6EI}{l^2} & 0 & \dfrac{12EI}{l^3} & -\dfrac{6EI}{l^2} \\[2mm] 0 & \dfrac{6EI}{l^2} & \dfrac{2EI}{l} & 0 & -\dfrac{6EI}{l^2} & \dfrac{4EI}{l} \end{bmatrix} \qquad (14\text{-}12)$$

2. 在单元的 i（始）端出现塑性铰

这时单元 i 端为铰接，j 端为刚接，单元刚度矩阵为

$$[\bar{k}]^{(e)} = \begin{bmatrix} \dfrac{EA}{l} & 0 & 0 & -\dfrac{EA}{l} & 0 & 0 \\[2mm] 0 & \dfrac{3EI}{l^3} & 0 & 0 & -\dfrac{3EI}{l^3} & \dfrac{3EI}{l^2} \\[2mm] 0 & 0 & 0 & 0 & 0 & 0 \\[2mm] -\dfrac{EA}{l} & 0 & 0 & \dfrac{EA}{l} & 0 & 0 \\[2mm] 0 & -\dfrac{3EI}{l^3} & 0 & 0 & \dfrac{3EI}{l^3} & -\dfrac{3EI}{l^2} \\[2mm] 0 & \dfrac{3EI}{l^2} & 0 & 0 & -\dfrac{3EI}{l^2} & \dfrac{3EI}{l} \end{bmatrix} \qquad (14\text{-}13)$$

3. 在单元的 j（末）端出现塑性铰

这时单元的 i 端为刚接，j 端为铰接，单元刚度矩阵为

$$[\bar{k}]^{(e)} = \begin{bmatrix} \dfrac{EA}{l} & 0 & 0 & -\dfrac{EA}{l} & 0 & 0 \\[2mm] 0 & \dfrac{3EI}{l^3} & \dfrac{3EI}{l^2} & 0 & -\dfrac{3EI}{l^3} & 0 \\[2mm] 0 & \dfrac{3EI}{l^2} & \dfrac{3EI}{l} & 0 & -\dfrac{3EI}{l^2} & 0 \\[2mm] -\dfrac{EA}{l} & 0 & 0 & \dfrac{EA}{l} & 0 & 0 \\[2mm] 0 & -\dfrac{3EI}{l^3} & -\dfrac{3EI}{l^2} & 0 & \dfrac{3EI}{l^3} & 0 \\[2mm] 0 & 0 & 0 & 0 & 0 & 0 \end{bmatrix} \qquad (14\text{-}14)$$

4. 在单元的两端出现塑性铰

这时单元的两端均为铰接，单元刚度矩阵为

$$[\bar{k}]^{(e)} = \begin{bmatrix} \dfrac{EA}{l} & 0 & 0 & -\dfrac{EA}{l} & 0 & 0 \\ 0 & 0 & 0 & 0 & 0 & 0 \\ 0 & 0 & 0 & 0 & 0 & 0 \\ -\dfrac{EA}{l} & 0 & 0 & \dfrac{EA}{l} & 0 & 0 \\ 0 & 0 & 0 & 0 & 0 & 0 \\ 0 & 0 & 0 & 0 & 0 & 0 \end{bmatrix} \qquad (14\text{-}15)$$

下面通过例题说明增量变刚度法计算刚架极限荷载的步骤。为了节省篇幅，只列出计算步骤而略去数字计算过程，只将各阶段的计算用图形绘出，并作简短说明。

【例 14-11】 求图 14-7a 所示刚架的极限荷载。已知梁、柱所用材料相同，其屈服应力为 σ_y，截面形式均为矩形，梁和柱的截面尺寸分别为 $b \times h_1$ 和 $b \times h_2$，梁和柱的极限弯矩分别为 $2M_u$ 和 M_u。

【解】 由结构及荷载情况可知，塑性铰只可能在 1、2 3、4、5 这五个截面处出现，

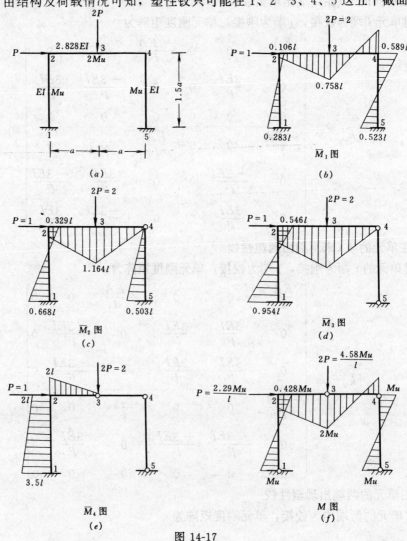

图 14-17

这些截面称为控制截面。

根据已知条件，有

$$\frac{M_{u梁}}{M_{u柱}} = \frac{\frac{1}{4}bh_1^2\sigma_y}{\frac{1}{4}bh_2^2\sigma_y} = \frac{h_1^2}{h_2^2} = 2$$

于是得

$$\frac{I_梁}{I_柱} = \frac{\frac{1}{12}bh_1^3}{\frac{1}{12}bh_2^3} = \frac{h_1^2}{h_2^2} \cdot \frac{h_1}{h_2} = 2\sqrt{2} = 2.828$$

故

$$I_梁 = 2.828I_柱$$

(1) 第一阶段　结构在第一个塑性铰出现之前属于弹性工作阶段，对应于该阶段末的荷载参数为 P_1。为了确定 P_1 的值及哪个控制截面首先出现塑性铰，可以令 $P=1$，用矩阵位移法计算并绘出单位弯矩图，如图 14-17b 所示。此阶段结构的总刚度矩阵设为 $[K_1]$。

由各控制截面的弯矩（设内侧纤维受拉者为正）组成单位弯矩数组：

$$\{\overline{M}_1\}^{\mathrm{T}} = \begin{bmatrix} -0.283l & 0.106l & 0.758l & -0.589l & 0.523l \end{bmatrix}$$

由各控制截面的极限弯矩组成极限弯矩数组：

$$\{M_u\}^{\mathrm{T}} = \begin{bmatrix} \pm M_u & \pm M_u & \pm 2M_u & \pm M_u & \pm M_u \end{bmatrix}$$

其中各元素的正负号将视截面由正弯矩或由负弯矩形成塑性铰而定。

由 $\{M_u\}$ 的各元素除以 $\{\overline{M}_1\}$ 中相应元素所得的比值组成的数组为

$$\left\{\frac{M_u}{\overline{M}_1}\right\}^{\mathrm{T}} = \begin{bmatrix} \dfrac{-M_u}{-0.283l} & \dfrac{M_u}{0.106l} & \dfrac{2M_u}{0.758l} & \dfrac{-M_u}{-0.589l} & \dfrac{M_u}{0.523l} \end{bmatrix}$$

从中看出第四个数值最小，所以取

$$P_1 = \frac{M_u}{0.589l} = 1.6978\frac{M_u}{l}$$

利用式 (14-11) 可以计算第一阶段末任意截面的弯矩值。各控制截面的弯矩组成如下数组：

$$\{M_1\}^{\mathrm{T}} = P_1\{\overline{M}_1\}^{\mathrm{T}} = \begin{bmatrix} -0.480M_u & 0.180M_u & 1.287M_u & -M_u & 0.888M_u \end{bmatrix}$$

由此看出第一个塑性铰将在截面 4 处出现。

(2) 第二阶段　将截面 4 处换成铰，并形成此结构的总刚度矩阵 $[K_2]$。令 $P=1$，用矩阵位移法计算新结构的单位弯矩图 $\overline{M}_2$，如图 14-17c 所示。

由各控制截面的弯矩组成单位弯矩数组：

$$\{\overline{M}_2\}^{\mathrm{T}} = \begin{bmatrix} -0.668l & 0.329l & 1.164l & 0 & 0.503l \end{bmatrix}$$

为了确定第二阶段荷载增量 ΔP_2 以及何处出现第二个塑性铰，特组成下列比值数组：

$$\left\{\frac{M_u - M_1}{\overline{M}_2}\right\}^{\mathrm{T}} = \begin{bmatrix} 0.778\dfrac{M_u}{l} & 2.492\dfrac{M_u}{l} & 0.613\dfrac{M_u}{l} & 1 & 0.223\dfrac{M_u}{l} \end{bmatrix}$$

此时 $\{M_u\}$ 中各元素的正负号取与 $\{\overline{M}_2\}$ 中相应元素者相同。其中第 4 个元素可以不考查，因为截面 4 已形成塑性铰。其最小元素为 $0.223\dfrac{M_u}{l}$，所以令

$$\Delta P_2 = 0.223 \frac{M_u}{l}$$

利用式（14-11）可以计算出在第二阶段末原结构各控制截面的累加弯矩值组成如下数组：

$$\{M_2\}^T = P_1\{\overline{M}_1\}^T + \Delta P_2\{\overline{M}_2\}^T = [-0.629M_u \quad 0.253M_u \quad 1.547M_u \quad -M_u \quad M_u]$$

由此看出第二个塑性铰将在截面 5 出现。

（3）第三阶段　将原结构的截面 4 和截面 5 均换成铰链，并据以形成新的总刚度矩阵 $[K_3]$。令 $P=1$，用矩阵位移法计算并绘出单位弯矩图 $\overline{M}_3$，如图 14-17d 所示。

各控制截面弯矩组成单位弯矩数组：

$$\{\overline{M}_3\}^T = [-0.954l \quad 0.546l \quad 1.273l \quad 0 \quad 0]$$

为了确定第三阶段荷载增量 ΔP_3 以及何处出现第三个塑性铰，特组成下列比数组：

$$\left\{\frac{M_u - M_2}{\overline{M}_3}\right\}^T = \left[-0.389\frac{M_u}{l} \quad 1.368\frac{M_u}{l} \quad 0.356\frac{M_u}{l} \quad 1 \quad 1\right]$$

比数组中数值最小的元素为 $0.356\frac{M_u}{l}$，所以令

$$\Delta P_3 = 0.356\frac{M_u}{l}$$

利用式（14-11）可以计算在第三阶段末原结构任意截面的累加弯矩值。各控制截面的累加弯矩组成如下数组：

$$\{M_3\}^T = P_1\{\overline{M}_1\}^T + \Delta P_2\{\overline{M}_2\}^T + \Delta P_3\{\overline{M}_3\}^T$$
$$= [-0.968M_u \quad 0.447M_u \quad 2M_u \quad -M_u \quad M_u]$$

由此看出第三个塑性铰将在截面 3 处出现。

（4）第四阶段　将原结构的截面 4、5、3 均换成铰链，并据以形成新的总刚度矩阵 $[K_4]$。令 $P=1$，用矩阵位移法计算并绘出单位弯矩图 $\overline{M}_4$，如图 14-17e 所示。

由各控制截面的弯矩组成单位弯矩数组：

$$\{\overline{M}_4\}^T = [-3.5l \quad 2l \quad 0 \quad 0 \quad 0]$$

比数组为

$$\left\{\frac{M_u - M_3}{\overline{M}_4}\right\}^T = \left[-0.00914\frac{M_u}{l} \quad 0.7235\frac{M_u}{l} \quad 1 \quad 1 \quad 1\right]$$

比数组元素中最小值为 $0.00914\frac{M_u}{l}$。令

$$\Delta P_4 = 0.00914\frac{M_u}{l}$$

利用式（14-11）可以计算出第四阶段末原结构任意截面的累加弯矩值。各控制截面累加弯矩组成如下数组：

$$\{M_4\}^T = P_1\{\overline{M}_1\}^T + \Delta P_2\{\overline{M}_2\}^T + \Delta P_3\{\overline{M}_3\}^T + \Delta P_4\{\overline{M}_4\}^T$$
$$= [-M_u \quad 0.428M_u \quad 2M_u \quad -M_u \quad M_u]$$

（5）第五阶段　将原结构的截面 4、5、3、1 均换成铰链，并据以形成新的总刚度矩阵 $[K_5]$，经检验，$[K_5]$ 是奇异的，说明原结构由于出现了足够多的塑性铰已经到达极限状态。

这时，按式（14-10）计算极限荷载参数为

$$P_u = P_1 + \Delta P_1 + \Delta P_2 + \Delta P_3 + \Delta P_4 = 2.2859 \frac{M_u}{l} \approx 2.29 \frac{M_u}{l}$$

与前面例 14-8 计算出的结果相同。此种方法特别适合于电算。

思 考 题

1. 何谓屈服弯矩与极限弯矩？极限弯矩如何计算？极限弯矩与作用在结构上的外荷载有关吗？

2. 何谓结构的极限荷载？计算极限荷载的基本假定是什么？

3. 什么叫塑性铰？它与普通铰有什么区别？

4. 什么叫破坏机构？为什么通过对破坏机构的分析可直接求出极限荷载而不必对结构进行弹塑性全过程分析？

5. 结构达极限状态时应满足什么条件？

6. 用机构法计算极限荷载的依据是什么？

7. 试说明用试算法求极限荷载的步骤，其根据是什么？

8. 用增量变刚度法求刚架的极限荷载中，求各阶段的荷载增量时为什么取比数组中最小元素的值？

习 题

14-1 求图示（a）对称工字形，（b）圆形空心截面的极限弯矩 M_u。已知材料的屈服极限为 σ_y。

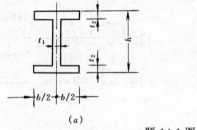 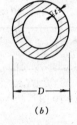

题 14-1 图

14-2 材料的屈服极限 $\sigma_y = 36\text{kN/cm}^2$，求图示 T 形截面的极限弯矩 M_u。

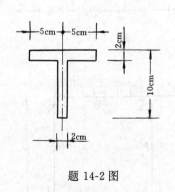 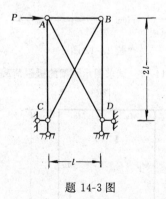

题 14-2 图   题 14-3 图

14-3 已知各杆横截面面积 $A = 15\text{cm}^2$，$l = 1.5\text{m}$，材料的屈服极限 $\sigma_y = 23520\text{N/cm}^2$。求此桁架的极限荷载 P_u。

14-4 已知等截面梁的极限弯矩为 M_u，求极限荷载 q_u。

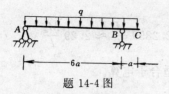

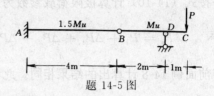

题 14-4 图

題 14-5 图

14-5 试求图示梁的极限荷载。

14-6～14-9 试求图示各梁的极限荷载。

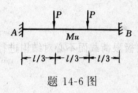

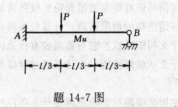

题 14-6 图

題 14-7 图

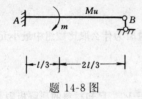

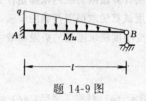

题 14-8 图

題 14-9 图

14-10～14-13 求图示连续梁的极限荷载。

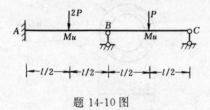

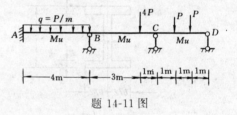

题 14-10 图

題 14-11 图

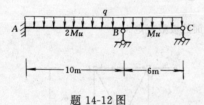

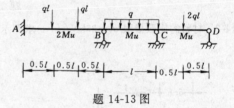

题 14-12 图

題 14-13 图

14-14～14-17 试求图示刚架的极限荷载。

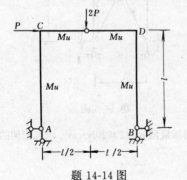

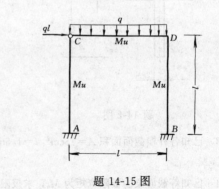

题 14-14 图

題 14-15 图

174

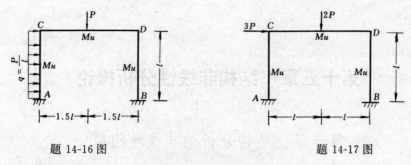

题 14-16 图   题 14-17 图

14-18 试用增量变刚度法确定图示变截面梁的极限荷载 P_u。

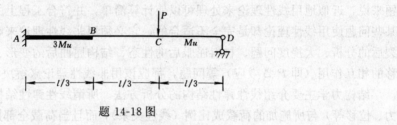

题 14-18 图

14-19 试用增量变刚度法确定题 14-17 所示刚架的极限荷载 P_u。

第十五章　结构非线性分析概论

第一节　结构分析的非线性问题

一般地说，结构分析中的大多数问题都是非线性的。然而，对于解决许多实际工程问题来说，近似地用线性理论来处理可以使计算简单，并符合工程上的精度要求。但是，对某些问题使用线性理论却是完全不适合的，它必须用非线性理论来解决。例如，混凝土开裂后的分析、大挠度问题、材料屈服后的性态、结构屈曲后的变形、高层框架的轴力和侧移的相互作用（即 P-Δ 效应）等问题，都应该用非线性理论来解决。

结构力学主要介绍线性弹性结构的分析方法。所谓线性弹性结构是指结构的反应（内力、位移等）与所施加的荷载成比例（线性关系），而且当荷载全部撤除后，结构将完全恢复原始状态（称为弹性）。其基本假设是：

(1) 材料的应力与应变关系（本构方程）是线性的；

(2) 应变与位移的关系（几何方程）是线性的；

(3) 位移和应变是微小的（通常意味着结构几何形状的无限小变化）。

在分析线性弹性结构时，认为结构的变形不改变荷载的大小和方向，可以按照结构变形前的几何位置和形状建立平衡方程，并且可以应用叠加原理。

如果上述三个假设中的任何一个不满足，就会使结构的反应与荷载不成比例，则这个问题就是非线性问题。结构分析中的非线性问题可以分成三大类：

1. 材料非线性问题

亦称为物理非线性问题，它是由于结构材料本身的非线性应力与应变关系引起的。但结构的位移和应变却是微小的，因此，这类问题仍属于小变形问题，例如，计算应力时可采用原来的未变形的微元体的面积。应变与位移由于小变形仍具线性关系。

材料非线性问题是多种多样的，但通常可以分为两种类型。第一类是非线性弹性问题，例如橡皮、塑料、岩石等材料属于这一类。在这类问题中，虽然应力与应变关系是非线性的，但材料是完全弹性的，应力与应变互为单值函数，与加载历史和时间无关。第二类是非线性弹塑性问题，材料超过屈服极限以后就呈现出非线性性质，各种结构的弹塑性分析就是这类问题。对于加载过程，这二类材料非线性问题在本质上是相同的，不同之处是出现在卸载过程（图 15-1）。非线性弹性问题是可逆过程，卸载后结构沿原路径返回，恢复到加载前的位置。而非线性弹塑性问题是不可逆的，卸载后结构会产生残余变形，因此应力与应变之间不再存在唯一的对应关系，而依赖于加载历史。

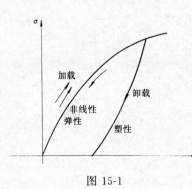

图 15-1

除上述两类材料非线性问题外，还有一些问题，如徐变、温度变化、材料开裂等问题也属于材料非线性问题。

2. 几何非线性问题

几何非线性问题是由结构几何位置和形状的有限变化引起的。其基本特征是，结构的位移已相当大，必须按照结构变形后的位置建立平衡方程。严格地说，所有平衡问题都应采用变形后的位置建立平衡方程，但如果结构的变形与结构本身原来的尺寸相比极为微小（即小变形结构），变形引起的荷载位置及杆件尺寸变化对平衡条件的影响可以忽略，则可以用结构变形前的位置来建立平衡方程。

在几何非线性问题中，材料的应力与应变关系是线性的，但应变与位移关系是非线性的。绝大多数的几何非线性问题，结构内部的应变是微小的。例如高层结构、悬索结构、塔桅结构、大跨度网壳结构等在荷载作用下，结构杆件的位移和转角都较大，但应变都很小。这类问题称为大位移、小应变非线性问题。还有另一类几何非线性问题是大位移、大应变问题，例如金属的成型、橡胶、塑料类材料的结构受荷载作用，都可能产生很大的应变。

3. 混合非线性问题

这是最一般的非线性问题，它是前述两种非线性问题的组合，即应力与应变关系是非线性的，应变与位移关系也是非线性的。

结构分析的非线性问题可能是静力的，也可以是动力的。在第十二章中介绍的动力计算问题，我们假设振动的位移是很微小的，体系的弹性力和位移成正比，阻尼力与质量运动的速度成正比。由此而建立的运动方程是常系数的线性微分方程。但当振幅相当大或对于某些弹性力与位移之间具有较大的非线性性质的材料，以及较精确地考虑阻尼作用时，其运动方程是非线性的微分方程，称这类问题为非线性振动问题。

无论是哪类非线性问题，其基本方程式都是非线性方程，因此，叠加原理不适用于结构非线性分析。在进行非线性分析时，杆系结构已不可能分为静定和超静定结构，即使是最简单的结构也需联合应用平衡、变形协调、应力与应变关系等条件才能求解。

第二节　非线性问题的基本解法

描述结构非线性反应的基本方程是非线性的代数方程或微分方程。由于实际工程结构中非线性问题的复杂性，一般难以求出其闭合解，在许多情况下甚至连基本方程也无法建立。自50年代有限单元法问世以来，很快就向非线性结构分析领域扩展。1960年，特纳等人采用一种逐段线性的增量过程，第一次把有限单元法推广到大挠度的非线性问题中。此后，关于非线性问题的研究有了很大的发展，对各种类型的非线性问题，提出了许多的分析方法。但无论是哪类非线性问题，经过有限元离散之后，它们都归结为求解一个非线性的代数方程组：

$$[K(\{\delta\})]\{\delta\} = \{P\} \tag{15-1}$$

其中 $\{\delta\} = \{\delta_1 \delta_2 \cdots \delta_n\}$ 为结构的结点位移向量，$\{P\} = \{P_1 P_2 \cdots P_n\}$ 为相应的结点荷载向量，$[K(\{\delta\})]$ 是结构刚度矩阵，它包含待求的位移向量 $\{\delta\}$。

用有限单元法求解非线性问题，主要有三种方法，即增量法、迭代法及混合法。下面分别介绍它们的基本原理。

一、增量法

增量法是将荷载 $\{P\}$ 分成 n 个等值或不等值的荷载增量 $\{\Delta P\}_i$:

$$\{P\} = \sum_{i=1}^{n} \{\Delta P\}_i$$

每次只施加一级荷载增量，则荷载增量 $\{\Delta P\}$ 与相应的位移增量 $\{\Delta \delta\}$ 的关系可写成:

$$[K(\{\Delta \delta\})]\{\Delta \delta\} = \{\Delta P\}$$

由于增量 $\{\Delta \delta\}$ 很小，可以认为刚度矩阵 $[K]$ 在某一级荷载增量中与将要产生的 $\{\Delta \delta\}$ 无关，只与该级 $\{\Delta P\}$ 施加前的结构状态和荷载值有关。即在某一级荷载增量中，假定刚度矩阵 $[K]$ 是常数，但对于不同级的荷载增量，$[K]$ 应取不同的数值。于是，增量法的计算格式可以写成:

$$[K]_{i-1}\{\Delta \delta\}_i = \{\Delta P\}_i \qquad (i = 1, 2, \cdots, n)$$

式中 $[K]_{i-1} = [K(\{\delta\}_{i-1})]_{i-1}$，即第 i 级荷载增量 $\{\Delta P\}_i$ 与位移增量 $\{\Delta \delta\}_i$ 是线性关系，其刚度矩阵近似地取在第 $i-1$ 级增量下的结构刚度值。而初始刚度矩阵 $[K]_0$ 可根据 P-δ 曲线原点的切线模量计算确定，称为切线刚度矩阵。

每施加一级荷载增量 $\{\Delta P\}$，求解一个线性代数方程组，可得到一个相应的位移增量 $\{\Delta \delta\}$，累加后即得到总的位移 $\{\delta\}$:

$$\{\delta\} = \sum_{i=1}^{n} \{\Delta \delta\}_i$$

因此，增量法实质上是以一系列线性问题来近似非线性问题，用分段线性的折线去代替非线性曲线。

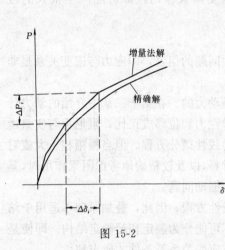

图 15-2

图 15-2 是一个单自由度的非线性问题增量法解的示意图。

二、迭代法

用迭代法求解非线性问题时，是把全部荷载作用于结构上，然后进行一系列的计算，即迭代。由于每次迭代中，我们取刚度为某个近似的常数值，于是平衡方程就得不到满足。为此，每次迭代之后，算出总荷载的不平衡部分，并把它作为下一步迭代的荷载，以计算出附加的位移增量。在下次计算中刚度值已作了修改，于是平衡方程又得不到满足，又出现了未被平衡的荷载，再用于下次计算。将上述过程重复地进行，直到平衡方程以令人满意的程度近似地得到满足为止。上述刚度近似值的确定，第一次可取 P-δ 曲线的初始切线刚度 $[K]_0$，以后迭代中则取前一次迭代终了时 P-δ 曲线上的切线刚度。

为了叙述方便起见，考虑图 15-3 的单自由度非线性结构，这时式 (15-1) 成为

$$K(\delta)\delta = P \qquad (a)$$

令 $f(\delta) = K(\delta)\delta$，则上式成为

$$f(\delta) = P \qquad (b)$$

我们从 P-δ 曲线的原点 O $(P_0, \delta_0$ 不一定为零) 出发，在结构上施加荷载 P_A，欲求相应的

178

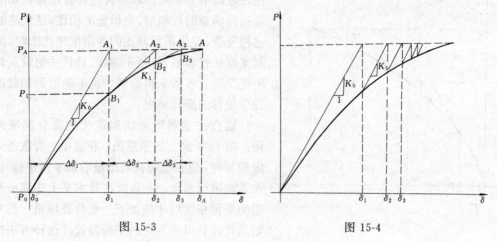

图 15-3   图 15-4

位移 δ_A，可将曲线在 δ_0 附近作泰勒（Taylor）展开：

$$f(\delta) = f(\delta_0) + f'(\delta_0)(\Delta\delta_1) + \cdots$$

若取前二项近似代替 $f(\delta)$，则得非线性方程 $f(\delta) = P_A$，在 δ_0 附近的近似线性方程

$$f(\delta_0) + f'(\delta_0)(\Delta\delta_1) = P_A \qquad (c)$$

其中 $f'(\delta_0)$ 就是曲线在 O 点的切线斜率，也就是结构在 O 点的切线刚度 $K_0 = K(\delta_0)$，于是式（c）可以写成

$$K_0\Delta\delta_1 = P_A - P_0 \qquad (d)$$

由上式可解得 $\Delta\delta_1$，于是在荷载 P_A 作用下，得到的位移是 $\delta_1 = \delta_0 + \Delta\delta_1$，但它并不是真实位移 δ_A。由图 15-3 可见，相应于位移 δ_1 的荷载是 P_1，即 $f(\delta_1) = P_1$。这是由于在 O 点用切线代替曲线而产生差值 $P_A - P_1$ 造成的。这时可利用曲线（图 15-3）在 B_1 点的切线刚度 K_1 和不平衡荷载 $P_A - P_1$ 来求解

$$K_1\Delta\delta_2 = P_A - P_1 \qquad (e)$$

于是得到位移的又一次修正值是 $\delta_2 = \delta_1 + \Delta\delta_2$。如此反复进行迭代修正，直到位移增量或不平衡荷载接近零为止。经 n 次迭代后得到：

$$\delta_A = \delta_0 + \sum_{i=1}^{n}\Delta\delta_i \qquad (f)$$

上述迭代过程也称为牛顿-拉弗逊法（Newton—Raphson）。由于每次迭代都要重新计算刚度，通常取前一迭代步骤终了时的切线刚度，计算工作量较大。为了解决这一问题，迭代法中也可在每次迭代时都采用初始切线刚度 K_0，这样虽然增加了迭代次数，但由于不必每次都去计算新的刚度值，总的来说仍可大大节省计算工作量。图 15-4 是这样修正的牛顿-拉弗逊法（或称等刚度迭代法）的示意图。

三、混合法（增量迭代法）

增量法的优点是过程简单，适用范围广，并能比较全面描述加载过程中位移的变化情

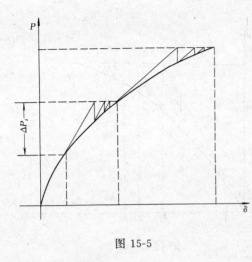

图 15-5

况。增量法的缺点是有积累误差,在实际问题中往往难以事先知道应取多大的荷载增量,才能得到较满意的近似解。与增量法相比,迭代法的过程复杂,但当采用修正的等刚度迭代法时,用起来就比较容易,且便于编程。迭代法的缺点是不能保证它收敛于精确解,也不能得到加载过程中位移的变化情况。

混合法是将增量法和迭代法联合起来应用。图 15-5 是它的示意图。在这里,荷载是分级施加的,但在每级荷载增量后都采用牛顿-拉弗逊法进行迭代,在该级荷载水平上达到所希望的平衡精度后才施加下一级荷载增量,再开始迭代计算以找到新的平衡位置。这种方法把增量法和迭代法结合起来进行,故也称为增量迭代法。显然,这个方法是以较多的计算工作量为代价取得高精度的。

第三节 非线性弹性问题的求解方法

非线性弹性问题是材料非线性问题中最简单的一类问题。用有限元法分析这类问题,与线性弹性问题一样,可以按离散化、单元分析和整体分析三步进行。且二者都属于小变形问题,关于形函数的选择以及在变形前的位形上建立平衡方程等许多方面都是相同的,它们的差别仅在本构关系方面。

在线性弹性问题的有限元法中,我们假设线性的应力与应变关系为

$$\{\sigma\} = [D](\{\varepsilon\} - \{\varepsilon_0\}) + \{\sigma_0\} \tag{15-2}$$

式中,$[D]$ 为材料的弹性矩阵,它的元素与材料的弹性模量 E 及泊桑比 ν 有关。$\{\varepsilon_0\}$ 为初应变列阵,$\{\sigma_0\}$ 为初应力列阵。由整体分析,得到结构的平衡方程为

$$[K]\{\delta\} = \{P\} \tag{a}$$

式中 $[K]$ ——结构的刚度矩阵,$[K] = \sum_{(e)} \int_e [B]^T [D] [B] \, dv$,$[B]$ 为单元应变矩阵。

$\{P\}$ ——结构的荷载列阵,包括外力以及初应力引起的初荷载 $\{P_{\sigma_0}\}$ 和初应变引起的初荷载 $\{P_{\varepsilon_0}\}$:

$$\{P_{\sigma_0}\} = \sum_{(e)} \int_e [B]^T \{\sigma_0\} dv \tag{b}$$

$$\{P_{\varepsilon_0}\} = \sum_{(e)} \int_e [B]^T [D] \{\varepsilon_0\} dv \tag{c}$$

在材料非线性问题中,材料的应力应变关系是非线性的,可以写成如下的一般形式:

$$f(\{\sigma\},\{\varepsilon\}) = 0 \qquad (15\text{-}3)$$

如果形式上仍将式（15-3）写成式（15-2）的形式，且其中的 $[D]$、$\{\sigma_0\}$ 和 $\{\varepsilon_0\}$ 的一个或多个随真实应变 $\{\varepsilon\}$ 而变化，以保证式（15-2）与式（15-3）给出相同的应力和应变之值，那么，可得平衡方程为

$$[K(\{\delta\})]\{\delta\} = \{P(\{\delta\})\} \qquad (15\text{-}4)$$

这是一个非线性的方程组。

为了保证能给出相同的应力、应变值，有时只调整弹性矩阵 $[D]$，而 $\{\varepsilon_0\}$、$\{\sigma_0\}$ 不变，这是荷载项在求解过程中不变化，只有刚度矩阵 $[K]$ 是变的，于是式（15-4）就变为

$$[K(\{\delta\})]\{\delta\} = \{P\} \qquad (15\text{-}5)$$

可用迭代法求解，即

$$\{\delta\}_i = [K(\{\delta\}_{i-1})]^{-1}\{P\} \qquad (15\text{-}6)$$

这类求解材料非线性问题的方法称为变刚度法。

另一类做法是，只调整初应力 $\{\sigma_0\}$ 或初应变 $\{\varepsilon_0\}$，而让 $[D]$ 保持不变。这时，可得平衡方程为

$$[K]\{\delta\} = \{P(\{\delta\})\} \qquad (15\text{-}7)$$

上式中只有荷载项是变化的，而系数矩阵 $[K]$ 不变，这就给迭代求解过程带来很大的方便，即可以一次将 $[K]^{-1}$ 计算出来，或对 $[K]$ 进行三角分解，然后按下式计算：

$$\{\delta\}_i = [K]^{-1}\{P(\{\delta\}_{i-1})\} \qquad (15\text{-}8)$$

这种求解方法统称为初荷载法。如果被调整的是初应力 $\{\sigma_0\}$，就称为初应力法；如果初应变 $\{\varepsilon_0\}$ 被调整，就称为初应变法。

一、变刚度法

由于材料非线性问题属于小变形问题，在线性弹性问题中得到的几何关系和单元的平衡方程仍然成立，即

$$\{\varepsilon\} = [B]\{\delta\}^{(e)} \qquad (d)$$

$$\int_e [B]^{\mathrm{T}}\{\sigma\}\mathrm{d}v = \{F\}^{(e)} \qquad (e)$$

式 (d) 表示单元内部的应变 $\{\varepsilon\}$ 与单元结点位移列阵 $\{\delta\}^{(e)}$ 的关系，$[B]$ 称为单元应变矩阵。式 (e) 是以单元内部的应力 $\{\sigma\}$ 表示的平衡条件，它是按照结构变形前的位形建立的，仍然是线性的。式中 $\{F\}^{(e)}$ 为单元结点力列阵。

在非线性弹性问题中，材料的应力应变关系可写成

$$\{\sigma\} = [D]\{\varepsilon\} \qquad (f)$$

其中弹性矩阵 $[D]$ 不是常数，而是应变 $\{\varepsilon\}$ 的函数，从而也是结点位移 $\{\delta\}$ 的函数，即

$$[D] = [D(\{\varepsilon\})] = [D(\{\delta\})] \qquad (15\text{-}9)$$

因此应力 $\{\sigma\}$ 和位移 $\{\delta\}^{(e)}$ 之间也是非线性关系，如果将式 (e) 中的应力 $\{\sigma\}$ 用 $\{\delta\}^{(e)}$ 表示，则平衡方程将是非线性的。与线性弹性问题类似，可得到结构刚度矩阵，即式（15-5）中的 $[K(\{\delta\})]$ 为：

$$[K(\{\delta\})] = \sum_{(e)} \int_e [B]^{\mathrm{T}}[D(\{\varepsilon\})][B]\mathrm{d}v$$

$$= \sum_{(e)} \int_e [B]^{\mathrm{T}}[D(\{\delta\})][B]\mathrm{d}v \qquad (15\text{-}10)$$

求解非线性方程式（15-5）的一个比较简单的迭代方法是：先令位移 $\{\delta\}_0 = \{0\}$，由式（15-10）求得 $[K_0] = [K(\{\delta\}_0)]$，代入式（15-6）求得位移的第一次近似值为：

$$\{\delta\}_1 = [K_0]^{-1}\{P\}$$

然后由 $\{\delta\}_1$ 代入式（15-10）求出 $[K_1] = [K(\{\delta\}_1)]$，于是可求得位移的第二次近似值为：

$$\{\delta\}_2 = [K_1]^{-1}\{P\}$$

重复上述步骤，每次由下式求得位移的近似值：

$$\{\delta\}_n = [K_{n-1}]^{-1}\{P\}$$

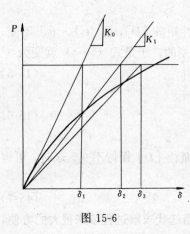

图 15-6

直到 $\{\delta\}_n$ 与 $\{\delta\}_{n-1}$ 充分接近时为止。$\{\delta\}_n$ 就是非线性方程组（15-5）的解。

上述迭代过程如图 15-6 所示。由该图可以看出，$[K_1]$、$[K_2]$、……、$[K_{n-1}]$ 都是割线刚度矩阵。所以这种变刚度法是割线刚度法或称直接迭代法。

变刚度法的一个重大缺点是每一步迭代必须重新计算刚度矩阵，然后求解新的方程组，显然，在计算时间上是不经济的。更为有效的迭代法是在每一步迭代计算中均用相同的刚度矩阵，但不断调整不平衡力，以逐步求得较精确的位移解，这就是初应力法和初应变法。

二、初应力法

设材料的非线性应力应变关系为

$$\{\sigma\} = f(\{\varepsilon\}) \tag{15-11}$$

其切线弹性矩阵为 $[D_0]$（图 15-7），如果按线性应力应变关系计算，则弹性应力为：

$$\{\sigma_e\} = [D_0]\{\varepsilon\} \tag{15-12}$$

今在应力应变关系中引进初应力 $\{\sigma_0\}$，使按线性关系计算的应力与按式（15-11）计算的非线性应力相等，即使

$$\{\sigma\} = [D_0]\{\varepsilon\} - \{\sigma_0\} \tag{15-13}$$

由以上三式可知，初应力 $\{\sigma_0\}$ 可由下式计算：

$$\{\sigma_0\} = [D_0]\{\varepsilon\} - f(\{\varepsilon\}) = \{\sigma_e\} - \{\sigma\} \tag{15-14}$$

再由式（b）可求得初应力 $\{\sigma_0\}$ 产生的结点荷载 $\{P_{\sigma_0}\}$。

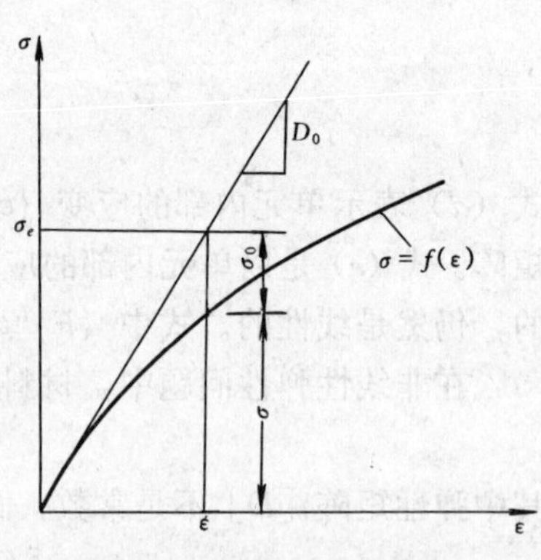

用初应力法分析非线性问题的计算步骤为：先由原始荷载 $\{P_0\}$ 及刚度矩阵 $[K_0]$ 计算第一次近似位移 $\{\delta\}_1$：

图 15-7

$$\{\delta\}_1 = [K_0]^{-1}\{P_0\}$$

由 $\{\delta\}_1$ 求得应变 $\{\varepsilon\}_1$，并由式（15-14）计算初应力

$$\{\sigma_0\}_1 = [D_0]\{\varepsilon\}_1 - f(\{\varepsilon\}_1)$$

再由式（b）求得初应力产生的结点荷载

$$\{P_{\sigma_0}\}_1 = \sum_{(e)} \int_e [B]^T \{\sigma_0\}_1 \mathrm{d}v$$

于是可对位移进行一次调整，由下式计算第一次位移增量 $\{\Delta\delta\}_1$：

$$\{\Delta\delta\}_1 = [K_0]^{-1}\{P_{\sigma_0}\}_1$$

则位移的第二次近似值可按下式计算：

$$\{\delta\}_2 = \{\delta\}_1 + \{\Delta\delta\}_1$$

由 $\{\delta\}_2$ 求得应变 $\{\varepsilon\}_2$ 及应力 $\{\sigma\}_2 = f(\{\varepsilon\}_2)$，由式 (15-14) 计算第二次初应力 $\{\sigma_0\}_2$，由式 (b) 计算第二次初应力产生的结点荷载，然后计算第二次位移增量 $\{\Delta\delta\}_2$。重复上述步骤，直到 $\{\Delta\delta\}_n$ 值很小时为止。

综上所述，进行第 n 次计算的有关公式如下：

$$\{\sigma_0\}_n = [D_0]\{\varepsilon\}_n - f(\{\varepsilon\}_n)$$

$$\{P_{\sigma_0}\}_n = \sum_{(e)}\int_e [B]^{\mathrm{T}}\{\sigma_0\}_n \mathrm{d}v$$

$$\{\Delta\delta\}_n = [K_0]^{-1}\{P_{\sigma_0}\}_n \qquad (15\text{-}15)$$

$$\{\delta\}_{n+1} = [\delta]_n + \{\Delta\delta\}_n$$

$$\{\varepsilon\}_{n+1} = [B]\{\delta\}_{n+1}$$

$$\{\sigma\}_{n+1} = f(\{\varepsilon\}_{n+1})$$

由此可见，用初应力法进行迭代计算时，每一次都是根据实际应力 $\{\sigma\}_n$ 与弹性应力 $[D_0]\{\varepsilon\}_n$ 之差来决定初应力 $\{\sigma_0\}_n$，然后进行一次调整，使位移进一步逼近真值。其迭代过程如图 15-8 所示，$\{P_{\sigma_0}\}_n$ 是结点不平衡力，可用来估计计算过程中的误差。由于在每一次计算中都采用相同的刚度矩阵，因而用直接法求解时，刚度矩阵只要分解一次，在以后各次计算中只需进行简单的回代，较为方便。

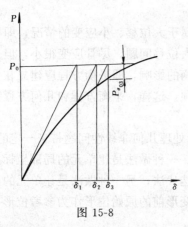
图 15-8

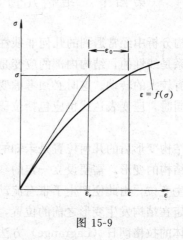
图 15-9

三、初应变法

对于某些问题，例如徐变问题，它的应变值是由应力值决定的，因此，非线性应力应变关系可以写成：

$$\{\varepsilon\} = f(\{\sigma\}) \qquad (15\text{-}16)$$

弹性应力应变关系为

$$\{\varepsilon_e\} = [D]^{-1}\{\sigma\} \tag{15-17}$$

今在应力应变关系中引进初应变 $\{\varepsilon_0\}$（图 15-9），使按线性关系计算的应变等于按式 (15-16) 计算的非线性应变：

$$\{\varepsilon\} = [D]^{-1}\{\sigma\} + \{\varepsilon_0\} \tag{15-18}$$

由以上三式可知初应变 $\{\varepsilon_0\}$ 可由下式计算：

$$\{\varepsilon_0\} = \{\varepsilon\} - [D]^{-1}\{\sigma\} = f(\{\sigma\}) - [D]^{-1}\{\sigma\} \tag{15-19}$$

再由式 (c) 可求得初应变 $\{\varepsilon_0\}$ 产生的结点荷载 $\{P_{\varepsilon_0}\}$。

用初应变法分析非线性问题的计算步骤与初应力法类似，先由原始荷载 $\{P_0\}$ 及刚度矩阵 $[K_0]$ 计算第一次近似位移：

$$\{\delta\}_1 = [K_0]^{-1}\{P_0\} \tag{15-20}$$

由 $\{\delta\}_1$ 计算应力 $\{\sigma\}_1$，由式 (15-19) 计算初应变 $\{\varepsilon_0\}$，由式 (c) 计算初应变产生的结点荷载 $\{P_{\varepsilon_0}\}_1$，然后对位移进行一次调整，按下式计算第一次位移增量：

$$\{\Delta\delta\}_1 = [K_0]^{-1}\{P_{\varepsilon_0}\}_1 \tag{15-21}$$

重复以上计算，直到 $\{\Delta\delta\}_n$ 值足够小为止。

上述三种迭代法都要求有一个唯一的应力应变关系以描述材料的特性。然而，对于非线性弹塑性问题，在材料的塑性阶段如果发生卸载，塑性变形就会停止而只发生弹性变形，这种现象不能用唯一的应力应变关系来描写。此外，关于塑性的定律常常是写成增量形式的，这也不便于对整个荷载进行迭代求解。这时，可以采用增量法，对每一个荷载增量，迭代可按上述三种方法中的任一种进行，分别称为增量变刚度法、增量初应力法和增量初应变法。对此，本书不拟详述。

第四节　结构几何非线性分析的有限单元法

在结构分析中经常遇到的几何非线性问题是属于大位移、小应变的情况，即材料的应力应变关系是线性的，结构内部的应变是微小的大位移问题。尽管应变很小，但是位移较大，杆件有较大的转动。这时必须考虑变形对平衡的影响，即平衡方程应建立在变形后的位形上，同时，应变表达式也应包括位移的二次项。这样，平衡方程和几何方程都是非线性的。

由于结构变形后的几何位置是未知的，这就给处理几何非线性问题带来一定的复杂性。为了描述结构的变形，需要设立一定的参考系统。一种做法是让单元的局部坐标系跟随结构一起发生变位，由此便产生了带有流动坐标的迭代法；另一种做法是让单元的局部坐标系始终固定在结构发生变形之前的位置，以结构变形前的原始位形作为参考位形，这种方法称为总体的拉格朗日（Lagrange）方法。

一、带有流动坐标的迭代法

所谓带有流动坐标的迭代法是指结构在发生大位移的过程中，使各单元的局部坐标系跟随结构一起运动，由此来描述结构的非线性。这一方法对于杆系的非线性有限单元法分析、尤其是处理大的转角问题有着特殊的优越性。这是因为通过局部坐标系的流动可以方便地描述单元的刚体转动，从而较容易地得到变位后的单元在变形后结构中所发挥的作用。

该方法的一般原理可通过图 15-10 所示的刚架单元来说明。图 15-10a 中给出了在结构坐标系中的一个未变形的刚架单元。由结点 i 和 j 的坐标值可算出 x_0、y_0、L_0 和 α_0。单元变形后的位置和形状如图 15-10b 所示，结点位移用 u_i、v_i、θ_i、u_j、v_j 和 θ_j 表示。$x'y'$ 是该单元的流动坐标，它的坐标原点位于变形后的杆端，x' 轴沿变形后杆端节点的连线方向。

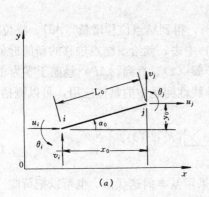 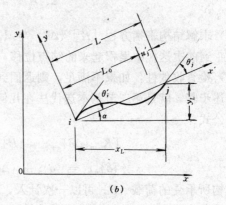

(a) (b)

图 15-10

对比图 15-10a、b 可知

$$x_L = x_0 + u_j - u_i, \quad y_L = y_0 + v_j - v_i \atop \alpha = \operatorname{arctg}\left(\dfrac{y_L}{x_L}\right) \right\} \tag{15-22}$$

于是，刚架单元在流动坐标系 $x'y'$ 中的节点位移可表示为

$$u'_i = v'_i = v'_j = 0, u'_j = L - L_0 = (x_L^2 + y_L^2)^{1/2} - L_0 \atop \theta'_i = \theta_i - (\alpha - \alpha_0), \theta'_j = \theta_j - (\alpha - \alpha_0) \right\} \tag{15-23}$$

因此，刚架单元在 $x'y'$ 坐标系中的节点位移列阵为

$$\{\delta'\}^{(e)} = \{0\ 0\ \theta'_i\ u'_j\ 0\ \theta'_j\}^{(e)} \tag{15-24}$$

此时，在上述局部坐标系中的杆端力可表示为

$$\{F'\}^{(e)} = [K']^{(e)}\{\delta'\}^{(e)} \tag{15-25}$$

其中 $\{K'\}^{(e)}$ 即为局部坐标系 $x'y'$ 中的单元刚度矩阵，仍可按十一章的有关公式计算。

为了建立整体刚度矩阵和整体平衡方程，必须把 $[K']^{(e)}$ 和 $\{F'\}^{(e)}$ 从局部坐标系转换到整体坐标系中去。这可以通过方向角 α 利用转轴关系来实现。由式（15-22）可知，方向角 α 是杆端位移的函数。因此，单元的坐标转换矩阵 $[T]$ 和通过 $[T]$ 得到的整体坐标系中的单元刚度矩阵 $[K]^{(e)}$、单元杆端力列阵 $\{F\}^{(e)}$ 也都成为杆端位移的函数：

$$[T] = [T(\{\delta\}^{(e)})]$$
$$[K]^{(e)} = [T]^{\mathrm{T}}[K']^{(e)}[T] = [K(\{\delta\}^{(e)})]^{(e)}$$
$$[F]^{(e)} = [T]^{\mathrm{T}}[F']^{(e)} = [F(\{\delta\}^{(e)})]^{(e)}$$

如果首先对结构以线性理论计算的弹性位移作为第一次近似值，则采用流动坐标迭代法的一个典型的迭代过程包括以下步骤：

（1）利用整体坐标系下的结点位移 $\{\delta\}$ 确定单元两端的位置，建立单元的局部坐标系。

（2）计算各单元在局部坐标系中的杆端位移列阵 $\{\delta'\}^{(e)}$、单元刚度矩阵 $[K']^{(e)}$ 和杆端力列阵 $\{F'\}^{(e)}$。

（3）将 $[K']^{(e)}$ 和 $\{F'\}^{(e)}$ 变换到整体坐标系得到 $[K]^{(e)}$ 和 $\{F\}^{(e)}$。

（4）集合各单元刚度矩阵，形成结构刚度矩阵 $[K] = \Sigma[K]^{(e)}$，矩阵 $[K]$ 即为结构在当前位形时的刚度矩阵。

（5）计算各单元作用到结点上的力 $\{F\} = -\Sigma\{F\}^{(e)}$，并算出不平衡力 $\{\Delta P\} = \{P\} - \Sigma\{F\}^{(e)}$。

（6）求解结构平衡方程 $[K]\{\Delta\delta\} = \{\Delta P\}$，得到结点位移增量 $\{\Delta\delta\}$。将位移增量 $\{\Delta\delta\}$ 加到前次迭代中累积起来的结点位移 $\{\delta\}$ 中去，就给出结点位移的新的近似值。

（7）检查收敛性，如果不满足，则返回到步骤（1）。直到 $\{\Delta P\}$ 趋向于零为止。

上述步骤，就是第二节基本迭代法在几何非线性问题中的具体应用，可以概括为如下的迭代公式：

$$\left.\begin{aligned}[K]_n\{\Delta\delta\}_{n+1} &= \{P\} - \sum[K]_n^{(e)}\{\delta\}_n^{(e)}\\ \{\delta\}_{n+1} &= \{\delta\}_n + \{\Delta\delta\}_{n+1}\end{aligned}\right\} \qquad (15\text{-}26)$$

结构所承受的荷载 $\{P\}$ 可以一次计入，即采用基本的迭代法。也可以把荷载 $\{P\}$ 分成几个荷载水平，把迭代计算和增量计算结合起来，即采用混合法。

迭代过程的收敛可以根据上述不平衡力进行判断，当不平衡力和外荷载的比率减小到一个给定的限度时，迭代过程可以认为是收敛了。这样的收敛条件称为力收敛条件。在结构的大位移分析中一般采用位移收敛条件更好一些，这样可以减少计算量。对于每个结点自由度 i，取收敛判据 $e_i = |\Delta\delta_i/\delta_i|$，并且当最大的 e_i 小于精度要求 $10^{-2} \sim 10^{-6}$ 时，可以认为是收敛了，迭代就可终止。在收敛判据中，$\Delta\delta_i$ 是最新计算求得的增量，而 δ_i 是相同类型的总位移。

二、总体的拉格朗日（Lagrange）列式法

如果始终以结构变形前的原始位形作为基本的参考位形进行有限元列式则称为总体的拉格朗日列式法。采用这种列式方法时，单元局部坐标系始终固定在结构变形之前的位置，单元局部坐标系与结构坐标系之间的转换关系始终保持不变。此时按照线性理论推导的单元刚度矩阵已不再适用，而需要推导在大位移情况下按原单元局部坐标系所定义的杆端力与杆端位移之间的关系，即大位移情况下的单元刚度矩阵。此时的单元及结构刚度矩阵都是结点位移的函数。

一般来说在求解非线性问题时，可以把原属非线性的荷载-位移关系看作是一连串线性反应的组合。于是，就希望求得杆端力增量与杆端位移增量之间的关系。这种关系可以通过单元的切线刚度矩阵表达。由单元的切线刚度矩阵可以组装得到整个结构的切线刚度矩阵。单元和结构的切线刚度矩阵仍然是节点位移的函数。

下面就来介绍总体的拉格朗日列式法的基本理论和有关公式。

按照虚功原理，若结构处于平衡状态时发生某种虚位移，则外力因虚位移所作的功等于结构内力在虚应变上所作的功。如果单元仅受杆端力作用，单元的虚功方程可以写成如下的形式：

$$\int_v \{\varepsilon^*\}^T\{\sigma\}dv - [\{\delta^*\}^e]^T\{\overline{F}\}^{(e)} = 0 \qquad (15\text{-}27)$$

其中 $\{\overline{F}\}^{(e)}$ 为单元杆端力列阵，$\{\varepsilon^*\}$ 为单元的虚应变，$\{\delta^*\}^{(e)}$ 为杆端虚位移列阵。增量形式的应变——位移关系可表示为

$$d\{\varepsilon\} = [\overline{B}]d\{\overline{\delta}\}^{(e)} \tag{15-28}$$

式中 $d\{\overline{\delta}\}^{(e)}$ 表示单元结点位移 $\{\overline{\delta}\}^{(e)}$ 的微分。根据变分与微分运算在形式上的相似性，有

$$\{\varepsilon^*\} = [\overline{B}]\{\delta^*\}^{(e)} \tag{15-29}$$

以上两式中 $[\overline{B}]$ 称为大位移情况下的增量应变矩阵，代表了单元应变增量与杆端位移增量之间的关系。在大位移情况下 $[\overline{B}]$ 应是杆端位移的函数。

为了方便起见，将增量应变矩阵分解为与杆端位移无关的 $[B_0]$ 和与杆端位移有关的 $[B_L]$ 两部分组成，即

$$[\overline{B}] = [B_0] + [B_L] \tag{15-30}$$

此时 $[B_0]$ 也就是一般线性分析时的应变矩阵。$[B_L]$ 是单元节点位移的函数。

将式（15-29）引入式（15-27），并考虑到杆端虚位移 $\{\delta^*\}^{(e)}$ 的任意性，可以得到单元的平衡方程

$$\int_v [\overline{B}]^{\mathrm{T}}\{\sigma\}dv - \{\overline{F}\}^{(e)} = 0 \tag{15-31}$$

按照式（15-31）可以对整个结构建立有限元列式，这种列式方法可称为全量列式方法。在几何非线性分析中，按照这种列式方法得到的单元和结构刚度矩阵一般是非对称的，于求解不利。因此，在分析非线性问题时大多采用增量列式方法。以下就着重介绍这一方法。

式（15-31）的平衡方程可以写成微分的形式

$$\int_v d([\overline{B}]^{\mathrm{T}}\{\sigma\})dv - d\{\overline{F}\}^{(e)} = 0 \tag{a}$$

由于应变矩阵 $[\overline{B}]$ 和应力 $\{\sigma\}$ 都是杆端位移的函数，因此有

$$d([\overline{B}]^{\mathrm{T}}\{\sigma\}) = d[\overline{B}]^{\mathrm{T}}\{\sigma\} + [\overline{B}]^{\mathrm{T}}d\{\sigma\} \tag{b}$$

将式（b）引入式（a），则有

$$\int_v d[\overline{B}]^{\mathrm{T}}\{\sigma\})dv + \int_v [\overline{B}]^{\mathrm{T}}d\{\sigma\}dv = d\{\overline{F}\}^{(e)} \tag{15-32}$$

单元内部的应力增量与应变增量存在确定的关系，这种关系可表示为

$$d\{\sigma\} = [D]d\{\varepsilon\} \tag{15-33}$$

式中 $[D]$ 称为应力—应变关系矩阵。如果材料属于线性弹性的，$[D]$ 将是一个常数矩阵，对于杆件结构当不考虑剪切变形时 $[D]$ 就成为一个常数 E，即材料的弹性模量。对于线性弹性材料有

$$\{\sigma\} = [D](\{\varepsilon\} - \{\varepsilon_0\}) + \{\sigma_0\} \tag{15-34}$$

上式中 $\{\varepsilon_0\}$ 和 $\{\sigma_0\}$ 分别为单元材料中可能存在的初应变和初应力。

将式（15-28）代入式（15-33）就可以得到应力增量与单元节点位移增量之间的关系

$$d\{\sigma\} = [D][\overline{B}]d\{\overline{\delta}\}^{(e)} \tag{c}$$

式中 $d\{\delta\}^{(e)}$ 表示对单元节点位移向量 $\{\overline{\delta}\}^{(e)}$ 的微分。将式（15-30）代入式（c）得

$$d\{\sigma\} = [D]([B_0] + [B_L])d\{\overline{\delta}\}^{(e)} \tag{15-35}$$

于是，式（15-32）左端的第二项便可表示为

$$\int_v [\overline{B}]^{\mathrm{T}}d\{\sigma\})dv = (\int_v [B_0]^{\mathrm{T}}[D][B_0]dv + (\int_v [B_0]^{\mathrm{T}}[D][B_L]dv$$

$$+ \int_v [B_L]^T[D][B_0]\mathrm{d}v + \int_v [B_L]^T[D][B_L]\mathrm{d}v))\mathrm{d}\{\overline{\delta}\}^{(e)} \qquad (d)$$

若记

$$[k_0] = \int_v [B_0]^T[D][B_0]\mathrm{d}v \qquad (15\text{-}36)$$

$[k_0]$ 与单元节点位移无关，它就是一般线性分析时的单元刚度矩阵。式 (d) 右端第二层括号内的项可记为

$$[k_L] = \int_v ([B_0]^T[D][B_L] + [B_L]^T[D][B_0] + [B_L]^T[D][B_L])\mathrm{d}v \qquad (15\text{-}37)$$

$[k_L]$ 称为单元的初位移矩阵或大位移矩阵，表示单元位置的变动对单元刚度矩阵的影响。

现在再看式（15-32）左端的第一项。考虑到式（15-30）的关系并注意到常数项 $[B_0]$ 的微分等于零，对于确定的有限元模式，式（15-32）左端的第一项可一般地写成

$$\int_v \mathrm{d}[\overline{B}]^T[\sigma]\mathrm{d}v = \int_v \mathrm{d}[B_L]^T[\sigma]\mathrm{d}v = [k_\sigma]\mathrm{d}\{\overline{\delta}\}^{(e)} \qquad (15\text{-}38)$$

式中 $[k_\sigma]$ 称为单元的初应力矩阵或几何刚度矩阵，它表示单元中存在的应力对单元刚度矩阵的影响。

将以上式（15-38）和式 (d) 引入式（15-32）并考虑到式（15-36）和（15-37）的关系，有

$$([k_0] + [k_\sigma] + [k_L])\mathrm{d}\{\overline{\delta}\}^{(e)} = \mathrm{d}\{\overline{F}\}^{(e)} \qquad (e)$$

若记

$$[k_T] = [k_0] + [k_\sigma] + [k_L] \qquad (15\text{-}39)$$

$[k_T]$ 就称为单元的切线刚度矩阵。此时，有增量形式的单元刚度方程

$$[k_T]\mathrm{d}\{\overline{\delta}\}^{(e)} = \mathrm{d}\{\overline{F}\}^{(e)} \qquad (15\text{-}40)$$

由此可以看出，单元切线刚度矩阵 $[k_T]$ 代表了单元处于某种变形位置时的瞬时刚度，或者说代表了单元节点力与节点位移之间的瞬时关系。

有了单元切线刚度矩阵就可以按照常规的方法组装结构的切线刚度矩阵，则有

$$[K_T] = \Sigma[k_T] \qquad (15\text{-}41)$$

并进而得到结构的增量刚度方程

$$[K_T]\mathrm{d}\{\delta\} = \mathrm{d}\{P\} \qquad (15\text{-}42)$$

对于实际应用，荷载增量不可能取成微分的形式，总是一个有限值。于是，按式（15-42）求得的位移增量使结构多少偏离了真实的平衡位置。为了解决这一问题，可以根据当时的结构位移情况按式（15-31）求出各单元上作用的杆端力，并继而求得各节点合力。然后将外荷载与上述节点合力之差，即节点的不平衡力，作为一种荷载施加于结构，由此得到节点位移的修正值。上述过程可以反复多次。

综上所述，总体的拉格朗日增量列式方法的一次完整的迭代步骤可归结如下：

（1）通常可按线性分析得到结构节点位移的初值 $\{\delta\}$。

（2）形成局部坐标系中的单元切线刚度矩阵 $[k_T]$，并按式（15-31）计算单元杆端力 $\{\overline{F}\}^{(e)}$。

（3）将 $[k_T]$ 和 $\{\overline{F}\}^{(e)}$ 转向结构坐标系。

（4）对所有单元重复（2）和（3）。生成结构的切线刚度矩阵 $[K_T]$ 和节点合力 $\{F\} =$

$-\Sigma\{F\}^{(e)}$。

(5) 计算不平衡力 $\{\Delta P\} = \{P\} -\Sigma\{F\}^{(e)}$。

(6) 求解结构刚度方程 $[K_T]\{\Delta\delta\} = \{\Delta P\}$，得到节点位移增量 $\{\Delta\delta\}$。

(7) 将 $\{\Delta\delta\}$ 迭加到节点位移 $\{\delta\}$ 中。

(8) 收敛条件判断，如果不满足则返回到步骤（2）。

以上介绍的按增量列式的总体拉格朗日方法，在结构的非线性分析中应用十分广泛，有关计算公式以及上述求解步骤对板、壳或杆件体系的非线性分析都同样适用。

* 第十六章 结构力学的拓广及其在土建工程中的应用

第一节 结构力学与工程理论的发展

任何事物的发展都不可能孤立地进行，它必然受到有关事物的制约和影响。学科的发展也是如此。当制约该学科发展的因素没有大的变化的时候，它只能缓慢地进步。一旦束缚它的因素得到解脱，它就会产生突破性的、快速的、重大的跃进。例如与工程设计有关的几个新的力学学科——有限元分析、结构优化设计、智能专家系统、断裂力学等——都产生于60年代并得到迅速发展。原因就在于制约它们产生和发展的共同因素是快速的计算手段。所以当电子计算机在60年代得到广泛应用后，这几个学科就必然应运而生并得到迅猛发展。

狭义的结构力学一般是指结构的力学分析，广义的结构力学应该包括工程中一切既与结构又和力学有关的理论问题和解决问题的技术和方法，其重点是工程各个阶段的规划、决策和设计问题。因而，结构力学是各种力学中与工程关系最密切，直接以解决工程问题为目的的学科；与工程理论相结合，广义的结构力学实质上应该成为工程科学的核心和主要内容。

影响工程设计理论和结构力学发展的主要因素是：有关设计思想的新的科学概念；工程科学和技术的发展；各种力学学科的进步；快速计算的能力；实验手段的完善；新材料和新型结构的出现等。近年来上述各个因素都获得了巨大的进步，因而在充分利用这个有利环境的条件下，工程设计理论和结构力学必然要迎来一个飞速发展的阶段。实际上，这个阶段现在已经有了一个良好的开端。

近30年来，出现了许多重大的科学概念并分别形成了相应的学科，例如系统科学、信息科学、决策科学、智能科学、控制理论、不确定性数学等。这些成就使科学从以"决定论"为哲学基础的"硬科学"起控制作用的时代，逐步地过渡到以"选择论"为哲学基础的"软科学"与"硬科学"并存的时代。已经可以看出，有些硬科学的命题只是软科学相应命题的特例，后者成为前者的某种拓广。

软科学模式的基本特点是：重视人的因素的观点；大系统全局的观点；优化和控制的观点；科学决策的观点；某些事物具有不确定性的观点。

目前的工程设计主要侧重于力学分析，具有硬科学的性质。我们认为力学分析只是荷载决定后计算结构的力学反应的一种手段，是工程设计和决策所使用的工具之一。在工程设计中更重要的是必须进行很多运筹、决策和规划的工作，这些工作具有软科学的特点。例如，在结构的力学分析中，荷载都是给出来的已知量，但在真实的设计中荷载实质上表现为对结构建成后所受到的最严重的环境作用（如强风、地震等）的设防水平。这就必须根据自然灾害的危险性分析、结构功能的要求、近期投资（造价）和长远效益（灾害造成的损失的期望值）等因素进行科学的决策才能正确地决定。

所以，广义的结构力学和工程设计理论应该是硬科学和软科学的结合。这就需要而且可能建立全面的、崭新的工程设计理论和大大地拓宽结构力学的研究领域。为了强调土建工程设计理论具有很强的软科学的特点，可以称之为"工程软设计理论"（王光远著：《工程软设计理论》，科学出版社，1992）。

第二节 工 程 优 化

一、工程项目的多目标优化

目前，结构优化设计理论已经成为结构力学的一个重要分支。

优化设计就是从所有可用方案中找出最满意的方案，也就是在满足设计要求的各项约束条件下使目标函数（方案好坏的标准）最满意的方案。工程的所有环节都存在多种可用方案，因而都存在优化的问题。"择优而用"是不可回避的合理要求。

工程项目的优化是一个复杂的多目标优化问题，包括：经济效益、社会效益、施工及使用期间的安全、使用功能、美学功能和施工方便等要求。其中安全的要求主要放在约束条件中考虑，而其他要求是目标函数的主要内容。这些目标只能在工程进程的不同阶段分别重点地进行研究和考虑。例如"施工方便"的要求可以在工程项目的总体布置、结构选型、工程大系统的实施规划和结构施工设计与规划四个环节来考虑。再如，在结构设计方案的优化设计中，其目标函数应包括结构的造价和长远经济效益，后者可用结构失效导致的损失的期望值来代表。

二、科学的工程决策

土建工程中有一系列的问题需要决策，它们是工程优化的重要组成部分，其影响都远大于目前的以结构计算为主的结构优化设计工作。下面举几个重要的例子。

工程项目的可行性论证是一个有关工程成败的战略决策。目前重大的工程都进行可行性分析和论证，但大多侧重于经济。在可行性论证中存在各种不确定信息，包括经济、社会、环境各个方面。比较完全和系统的可行性分析理论还有待建立。它的研究对象不仅是自然环境和科学技术，而且包括人和社会的因素，必须从国家的经济政策、建设方针出发，结合工程所在地区的资源条件、生态环境、社会需要与可能，以及有关企事业配套来考虑。这就要求将广阔领域的知识和经验有机结合起来，才能逐步建立比较完善的工程项目可行性论证的理论和方法。

在经过可行性论证决定了工程项目的任务、规模、建设地点、建设分期等重大问题之后，就需要考虑工程建设的总体布局及规划，这也是一个重大的决策，直接影响工程的社会和经济效益、运行的功能和对环境的美学效应。

在进入结构设计阶段后，首先需要解决的就是结构的选型问题。例如需要建设一个覆盖一定空间的大跨结构，可以选择拱型结构、悬索结构、网架结构、薄壳结构、薄膜结构，甚至是充气结构。这就需要根据结构的使用功能、覆盖空间、美学效应、工程材料、技术条件和安全要求等因素进行科学的决策。

在设计中，上节所提到的结构和工程系统抗御自然灾害的设防水平是工程设计的关键性决策，过去主要靠决策者根据少量资料拍脑袋决定。近十多年来，经过多种探索后已经根据兼顾近期投资和长远经济效益的原则，提出了一些抗灾结构最优设防水平的理论性和实用性的决策方法。

工程中还有很多重要的决策问题，如失效准则、施工方案、维修标准和方案等。

三、工程项目的全局优化

目前国内外的工程优化只局限于对单个结构的设计方案进行优化。实际上，由于一个工程项目往往包含着若干相互联系的结构（它们组成"工程系统"），所以即使对结构设计而言，也不能象目前那样对各个结构分别单独进行优化，因为各个结构独立优化后所组成的工程系统并不一定优化，这是由于各结构分别独自优化时，割裂了各个结构之间的横向约束和联系。从概念上来说，则是由于总体利益常常要求某些局部作出牺牲，在各结构单独优化时，就不可能考虑这种要求。这就是工程系统全局优化的概念。

工程项目全局优化的概念适用于工程进程的每一个阶段。目前研究的仅是在工程项目可行性论证、总体布置和结构选型完成之后，对工程项目所包含的一切结构所组成的所谓"工程系统"（以所有结构为元素）进行优化。目标是使工程系统的造价和服役过程中失效的损失期望之和最小，协调参数是结构、子系统和总系统的可靠度。

这是一个十分复杂和难以解决的问题。迄今也只提出了比较简单的一些工程系统全局优化的初步理论和方法。这个领域亟待进一步作比较全面的研究。

四、工程项目的全寿命优化

在工程项目进行的下述各个阶段，都有不同的方案提供选择，因而都存在着优化和规划的问题：

(1) 工程项目的可行性论证，这是一个对该工程最关键的战略决策的问题，也是把该工程与全社会联系起来的纽带；

(2) 工程项目的总体布置和结构选型，从而形成以结构为元素的工程系统；

(3) 工程系统的全局优化；

(4) 在全局优化的指导下进行结构个体的优化设计；

(5) 工程项目的施工和实现，包括工程系统全局实施方案和各结构施工规划的优化，以及施工过程中时变结构安全性的控制（施工力学的主要内容）；

(6) 工程项目建成后的科学管理、维修过程和方案的优化，以及结构行为和性态的控制。

这是一个从工程项目可行性论证开始，直至工程设施报废全过程的优化体系。此外，在各个阶段的优化中都应该以工程项目的全局作为优化对象，而各个单元的优化必须在总体全局优化的指导下进行。这就是"工程的全系统全寿命优化"的概念。

第三节 不确定性力学分析与设计

一、工程中不确定信息的科学处理

在工程的上述各个阶段都存在一些不确定性信息，过去硬把它们简化成确定性信息处理，有时就会得出矛盾的或很不合理的结果。目前人们考虑的有三种不确定性。

(1) 随机性。由于事物的发展过程受到多种偶然因素的干扰，未来的事物大多或多或少地具有随机性。工程结构在施工和服役过程中将遇到什么样的环境作用是不可能预先确知的，必须考虑其随机性。随机性是人们认识到的第一种不确定性，但在很长时期内都受到决定论模式思想者的反对，直到长期的、大量的科学实践证明了它的正确性和必要性时为止。目前，土木工程设计中，随机性的考虑主要表现在自然灾害的危险性分析和结构可靠性分析二个领域。解决多次重复随机事件的数学手段是统计数学，包括概率论、数理统计和随机过程理论。研究未来的一次性随机事件的数学工具是决策理论。

（2）模糊性。目前可以数学处理的模糊性事物是比较简单的。概括起来说，目前人们所考虑的事物的模糊性，主要是指由于不可能给某些事物以明确的定义和评定标准而形成的不确定性。这时人们考虑的对象往往可以表现为某些论域上的模糊集合。土建工程中遇到的主要的模糊量有地震烈度、场地等级划分、设计中物理量的允许范围等。解决具有模糊因素的数学工具是模糊集合理论和模糊随机过程理论。

（3）未确知性。在进行某些决策时，我们所研究和处理的某些因素和信息可能既无随机性又无模糊性，但决策者纯粹由于条件的限制而对它认识不清，也就是说，所掌握的信息不足以确定事物的真实状态和数量关系。这种在决策中需要利用的、纯主观的、认识上的不确定性信息可以称为未确知信息。1990年提出了这个概念和一种简便的数学处理方法。

那就是，可以把随机性和模糊性视为强不确定性，而把未确知性视为弱不确定性。后者的"弱"表现在当它和前二者（或其一）并存时可合并到前二者（或其一）一起考虑；当它单独存在时可以用前二者的描述手段表达。这样，在数学表达中形式上可以只出现随机性和模糊性，从而使问题得到了极大的简化。

科学地、如实地考虑工程中的不确定性因素，为结构力学开阔了一系列新的领域。下面介绍它们的基本概念。

二、模糊随机振动理论

50年代，由于土木建筑和航空工程中解决一些实际问题的需要，研究和开发了结构动力学的一个新分支——随机振动理论。其中结构在地震作用下的计算理论起了主要的推动和带头作用。当时发现把地震地面运动简化为时间的任何确定性函数在理论上都已走入绝境，因为根据同一理论选择不同的参数（未确知数）就会计算出完全不同的结果，计算已无实际意义。美国学者G．W．Housner于1947年提出，必须把地震地面运动作为随机过程处理，得到广泛的支持。但直到1960年前后才得到实质性的发展，形成了不确定性动力学的基础。

在80年代中期，又认识到地震地面运动不仅具有随机性，而且具有强烈的模糊性，因为它的计算模型中不可避免地要包含地震烈度和建筑场地分类(决定地面动力特性参数)两种模糊因素，因而它的正确的计算模型应该是具有模糊参数的随机过程，这是一种最简单的模糊随机过程。为了建立普遍性的模糊随机振动理论，还提出了"动态模糊集合"和"模糊随机过程"两个重要的数学理论。

三、结构的不确定性优化设计

结构优化设计的计算模型中主要包含两个部分：目标函数和约束条件。目标函数就是设计方案好坏的标准，例如飞机结构重量最轻、土建工程造价最低、抗灾结构遇灾的损失期望最小等等。约束条件就是设计规范所规定的条件和工程的特殊要求，主要包括构件强度、节点位移、结构尺寸、自振频率等物理量的允许范围。优化的过程就是不断改进结构设计方案使其在满足约束条件的情况下达到目标函数最满意的目的。

这里，在目标函数、结构反应和其允许范围中都存在着某些不确定性因素。就以应力的允许范围为例。例如规定某种钢材抗拉允许应力为 200MPa，那么 200MPa 就不仅是允许的而且是理想的（满应力准则），但 201MPa 就是不允许的。这不仅不合逻辑，而且在电子计算机的优化运算过程中，就会把某些优秀的设计方案（只是由于某些构件应力略大）排除为不可用方案。实际上，一般物理量（应力、位移、频率等）的允许范围都是人们根据经验估定的，从绝对允许到绝对不允许之间的边界不应是确定性的"一刀切"，而应是逐渐过渡的模糊边界。

80 年代初期建立了结构的模糊优化设计理论，后来又发展到模糊随机优化理论，由此还推进了"数学规划"这个数学分支。

确定性优化设计寻求的是所谓"最优解"，它只是确定性数学模型可用域的最优点，实际上由于不确定性因素和信息的存在，它不一定是工程上的最优方案。不确定性优化设计所寻求的是"满意解"，它不是可用域中一个点而是一个优化区。人们可以从满意解族中根据工程的具体要求选择采用的方案。这符合当前国际上关于优化的最新认识。

四、广义可靠性理论

系统可靠度的现行定义为：一个系统在规定的使用期间，在预期的工作条件下，能正常工作的概率称为该系统的可靠度。

这个定义只考虑了"系统正常工作"这一事件的随机性，可称之为"随机可靠性"。实际上，对一个给定的系统，外部环境和系统本身所包含的任何不确定性因素（随机性、模糊性、未确知性）都会导致系统安全程度的不确定性，从而存在可靠性问题。可以称这个概念为"广义可靠性理论"。在考虑模糊性后，可建立"模糊可靠度"和"模糊随机可靠度"的计算方法。

利用可靠度研究工程问题有以下明显的优越性：

(1) 可靠度表现了安全和经济的统一；

(2) 利用可靠度便于协调近期投资和长远效益；

(3) 可靠度可以作为工程设计的综合性约束条件，综合地反映工程的安全程度。

所以，可靠度理论必将得到迅速的发展和广泛的应用。

第四节 工程的实施、维修和结构控制

一、引言

目前，结构力学工作者和工程师一般都只重视结构方案设计阶段，而对工程的实施和维修很少进行研究。其实，后者对工程质量和使用效能起着更直接的影响，而且都需要结构力学工作者的参与。

此外，从工程科学的发展来看，加强对结构的施工和建成后服役期间的功能和控制的研究，也可以反过来促进设计理论的进步，因为前者的实践可以为后者提供大量宝贵的反馈信息，使设计理论更符合工程实际，能够更有效地提高所设计建筑物和构筑物的使用功能。

二、施工规划与施工力学

当前的施工管理主要是针对各个结构制定施工方案，往往缺乏对工程系统总体的科学的实施规划，而后者是很重要的。例如，各个子系统及各个结构施工的先后次序，大工程

的分期建设都应该进行全面的规划。否则就有可能增加施工的困难，甚至造成重大的经济和政治损失。

目前的结构设计都只考虑结构建成后服役期间安全和正常工作的问题，而很少考虑结构在施工中的受力过程。然而，后者却是十分重要和复杂的问题。例如斜拉桥在施工过程中，结构本身随时间在不断变化（时变结构），受力情况又很严峻，如不认真进行力学分析与设计以控制其"动态安全度"，轻则会使结构受到损伤，重则会造成施工中的倒塌事故，这是屡见不鲜的。这个问题的研究工作的逐步发展，必将会形成工程科学力学部门一个崭新的分支——"施工力学与设计"。

三、结构的性态控制

目前，结构振动控制已经成为结构力学的另一个重要分支。

结构的性态控制就是在结构上安装一些"控制机构"，当结构遇到强烈的荷载时，这些控制机构就对结构施加一组"控制力"，使结构的反应受到一定的限制，以满足工程上和使用上的要求。这种限制的对象是结构反应的一些物理量，一般包括静力位移、变形大小、裂缝宽度和振动等，而以振动控制为主。

目前结构振动控制的方法有：被动（消极）控制、主动（积极）控制、半主动控制、利用智能材料的智能控制、结构动力学反运算控制等。已经在土木建筑中得到应用的，主要是简单易行的被动控制，如机械减振、阻尼减振、空气动力减振、地基隔振、局部振动的减振设施等。主动控制尚处于理论研究和试验阶段，在土建工程中应用的主要困难是对多年不遇的自然灾害（如地震）控制设备的经常维护和起控制作用时需要巨大的能量输入的问题。智能控制目前只能用于精密仪器，而动力学反运算控制主要用于机器人。

长远设想，将来有可能逐步发展具有高度自我控制能力，能在环境和使用要求改变时自动调整和适应的智能性自控结构和自适应结构，或机构。

四、结构维修理论

与工程设计相比较，保证结构建成后服役期间具有良好的使用功能是更重要的现实任务。这就是结构维修理论所应解决的问题。

一般的维修工程应包括：

（1）传统的"定期检修"；

（2）有灾害预报时的"预知维修"；

（3）灾后的"事后维修"；

（4）以预测和诊断为基础的"视情维修"。

为了制定上述各种维修的策略和方案，提出了以"结构服役期中的动态可靠度"（即"服役可靠度"）为控制参数，以灾害预报、状态诊断和可靠性评估为基础的结构维修理论。结构方面的重点是研究结构抗力的变化规律、可靠性评估和各种维修方案的优化。

结构抗力的变化包括：

（1）自然腐蚀、材料老化、损伤积累等因素形成的抗力衰减；

（2）不同的维修和加固方案对结构可靠度的提高量的估算；

（3）灾后结构可靠度的降低和评估。

据统计，一般结构维修加固的费用远大于结构的造价，而且维修（包括加固）与否严重影响灾害带来的损失期望值。因此，结构维修理论的研究具有重大的理论意义和社会经济价值。

第五节 结 语

    综上所述，我们认为不能把结构力学继续局限在结构的力学分析这个狭小的范围，也不能再把工程设计理论局限于结构设计方案的优化阶段，它们应该密切配合为工程的全过程服务。这样形成的理论体系可称为"工程项目的全系统全寿命优化理论"。它也就是工程科学的主要内容。

    为了建立这个理论应该做到以下几点：

    （1）工程科学的研究对象应该从单个结构扩大到工程项目的全局；

    （2）工程优化的研究内容应该从结构方案的设计扩大到工程寿命的全过程；

    （3）工程科学的研究手段应该从以力学分析和结构试验为主扩大到充分利用专家经验和软、硬科学的一切成就。

    上面所讨论的问题关系到工程科学的全面提高和改观，以适应当前科学的飞跃发展所提供了的条件和可能性，这是一个庞大的科学设想，有赖结构力学工作者和工程界长期努力才有可能实现。不过，它也已经有了一个良好的开端。

附录 I　平面结构分析程序设计和源程序

本附录根据第十一章阐述的矩阵位移法基本原理和计算方法，详细讨论平面结构的分析程序设计，同时，给出用最新版本的源语言 FORTRAN 编写的源程序 SAP-95(Structural Analysis Program-1995)。

通过适当地填写数据文件，分析程序 SAP-95 可用来计算连续梁、平面桁架、平面刚架和平面组合结构。

第一节　程序设计中的几个问题

这一节讨论平面结构程序设计中的几个问题：结点位移分量的统一编码；整体刚度矩阵的最大半带宽；整体刚度矩阵的等带宽存贮；求解线性方程组的 LDL^T 直接分解法；和内外存信息交换的界面设计及程序运行环境。

一、结点位移分量的统一编码

结点位移分量的统一编码即结构有效结点位移分量的整体码。统一编码有三个原因：

第一，由于采用直接刚度法中的先处理法，需要从全部结点位移分量中剔除已知或无关的位移分量，只保留有效位移分量，构成整体结点位移向量 $\{\Delta\}$。

第二，为了处理各种支承条件和单元之间的联结。对于一般的平面结构，支承条件可以是固定支座、铰支座、滚轴支座或自由端；单元之间的联结点可以是刚结点、铰结点或刚铰混合结点。这些复杂的边界和位移连续条件，必须通过结点位移分量的统一编码加以指定。具体说来，对于支座零位移，采用 0 编码（见图 I-1 结点 1）；对于刚结点，当采用一般单元时，一般有三个有效位移分量 $[u \quad v \quad \theta]$，依次采用不同编码（见图 I-1 结点 4）；对于铰结点，须区分主——从结点关系（见图 I-1 结点 2 和 3），先对主结点位移分量编码 (2 (1，2，3))，再对从结点位移分量编码 (3 (1，2，4))。其中，相关位移采用同码（如 $u_3=u_2$，$v_3=v_2$，编码同为 1 和 2），独立位移采用异码（如 $\theta_3 \neq \theta_2$，编码分别为 4 和 3）；对于刚铰混合结点（见图 I-2 结点 2），由于铰结点（单元④的终结点）的有效位移分量少于刚结点，因此，应以刚结点的有效位移分量编码 (2 (2，3，4)) 作为刚铰混合结点的整体码。

第三，为了扩充分析程序的应用范围。在第十一章中曾经指出，矩阵位移法的一个显著特点是分析过程的程序化。事实上，我们不必去区分哪一种结构，可以采取统一的分析步骤，所不同的仅在于单元分析；同时，我们又指出，根据平面一般杆件（刚架单元）的单元刚度矩阵，很容易得到特殊杆件（连续梁单元和桁架单元）的单元刚度矩阵；反之，又可以通过扩充单元刚度矩阵（插入零元素行和列），把特殊单元看作一般单元（刚度矩阵同阶）。分析程序 SAP-95 采用了这种处理方式。对于 SAP-95 而言，其分析对象：连续梁、桁架、刚架和组合结构是看作同一种结构而加以统一处理。为达到这一点，首先是扩充结点

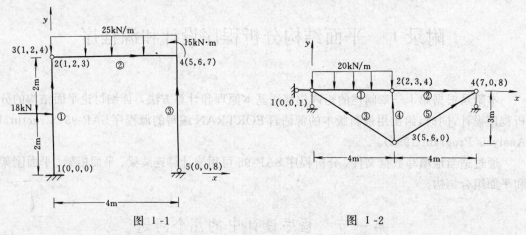

图 Ⅰ-1   图 Ⅰ-2

位移分量的整体码,使得梁单元、桁架单元的结点,都具有 $[u, v, \theta]$ 三个位移分量的整体码,无关的位移分量采用 0 码(图 Ⅰ-3 的结点 2,u_2、v_2 是无关位移,因此编为 0 码)。

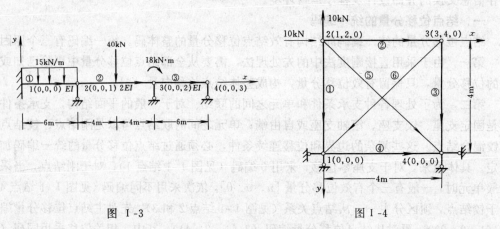

图 Ⅰ-3   图 Ⅰ-4

　　知道了结点位移分量的统一编号,再根据单元始、终结点号,很容易形成各单元的定位向量。显然,当按照单元定位向量组集整体刚度矩阵时,特殊单元刚度矩阵中扩充的行和列元素将自动被剔除。

　　二、整体刚度矩阵 $[K]$ 的最大半带宽

　　采用先处理法组集整体刚度矩阵 $[K]$ 时,$[K]$ 中每一行元素的半带宽与对应单元的定位向量元素有关。因为同一单元上各个位移分量发生单位位移时,都会在某一位移分量方向产生贡献。

　　设用 MAX 表示某一 $\{\lambda\}^{(e)}$ 中的最大分量,用 MIN 表示其中的最小非零分量,则当向 $[K]$ 中累加单刚 $[k]^{(e)}$ 元素时产生的半带宽 d_e 可按下式计算:

$$d_e = \text{MAX} - \text{MIN} + 1 \qquad (Ⅰ-1)$$

　　各单元 d_e 值中的最大值就是 $[K]$ 的最大半带宽 d。

在 SAP-95 中，最大半带宽由程序自动求出。

三、整体刚度矩阵的等带宽存贮

整体刚度矩阵不仅是对称矩阵，而且还是带状矩阵（形如图 I-5 所示）。非零元素集中分布在对角线两侧的斜带状区域内，且愈是大型结构，这种带状分布规律愈明显。

为了节省存贮资源，可以只存贮 $[K]$ 的下三角（或上三角）部分半带宽范围内的元素，称为半带宽存贮；若以最大半带宽 d 作为 $[K]$ 中每行元素的半带宽进行半带宽存贮，这种存贮方式称为等带宽存贮。

图 I-5a 表示 $[K]$ 的逻辑形式，图 I-5b 表示它的等带宽存贮形式，记为 $[K]^*$。比较 $[K]$ 和 $[K]^*$ 可以发现：$[K]$ 的主对角元素对应于 $[K]^*$ 的第 d 列元素。

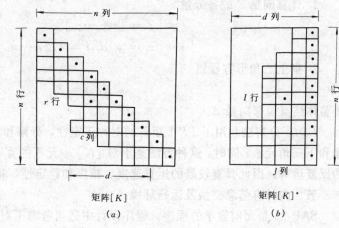

矩阵 $[K]$　　　　矩阵 $[K]^*$
(a)　　　　　　　(b)

图 I-5

若以 r 和 c 表示 $[K]$ 中某一元素 $k_{r,c}$ 的行号和列号，以 i 和 j 表示该元素在 $[K]^*$ 中对应的行号和列号，则下标之间有如下的对应关系：

$$\left.\begin{array}{l} i=r \\ j=d-i+c \end{array}\right\} \tag{I-2}$$

或者是

$$\left.\begin{array}{l} r=i \\ c=j-d+i \end{array}\right\} \tag{I-3}$$

四、LDL^T 分解法

LDL^T 分解法即改进的平方根法。只要系数矩阵满足对称正定性，这种分解是唯一的。即

$$[K]=[L][D][L]^T \tag{I-4}$$

其中，$[L]$ 是下三角矩阵，而且主对角元素为 1。$[D]$ 是对角线矩阵，对角线元素均不为零，其他副元素均为零。$[L]^T$ 是 $[L]$ 的转置矩阵，即上三角矩阵。

对于线性方程（即基本方程）

$$[K]\{\Delta\}=\{P\}$$

记 k_{ij} 为 $[K]$ 中任一元素，则矩阵 $[L]$ 和 $[D]$ 的计算公式：

$$d_i=k_{ii}+\sum_{k=1}^{i-1}\bar{k}_{ik}l_{ik} \quad i=1,2,\cdots,n \tag{I-5}$$

$$\bar{k}_{ji}=k_{ji}-\sum_{k=1}^{i-1}\bar{k}_{jk}l_{ik} \quad j=i+1,i+2,\cdots,n \tag{I-6}$$

$$l_{ji}=\bar{k}_{ji}/d_i \tag{I-7}$$

其中，d_i 表示 $[D]$ 矩阵的对角元素，l_{ji} 表示 $[L]$ 矩阵元素，$\bar{k}_{ji}$ 为中间运算的辅助矩阵元素。

求得矩阵 $[L]$ 和 $[D]$ 以后，解 $K\Delta = P$ 分三步完成：

1. 解下三角形方程组

$$LY = P \tag{I-8}$$

求出 Y 向量。

2. 计算向量 Z 的各分量

$$Z = [z_1 z_2 \cdots z_n]^{\mathrm{T}}$$
$$z_i = y_i / d_i, i = 1, 2, \cdots, n \tag{I-9}$$

3. 解上三角形方程组

$$L^{\mathrm{T}} \Delta = Z \tag{I-10}$$

得整体结点位移向量 Δ。

LDL^{T} 分解法利用了 $[K]$ 矩阵的对称正定性，分解和求解过程只须用到 $[K]$ 的主对角和下三角元素；同时，这种方法基于对 $[K]$ 中元素的直接分解，避免了消元或迭代法中的反复运算，因此具有较高的运算速度、精度和稳定性，被各种结构分析程序广泛采用。

五、内外存信息交换及运行环境

SAP-95 是面向教学的程序。程序设计中适当考虑了对于外层资源的利用。具体说来，各单元定位向量 $\{\lambda\}^{(e)}$、局部坐标系中的单刚 $[\bar{k}]^{(e)}$，坐标变换矩阵 $[T]^{(e)}$、整体坐标系中的单刚 $[k]^{(e)}$ 及单元结点力向量 $\{F\}^{(e)}$ 形成后均送入外存，使得 SAP-95 可以分批地处理这些信息，提高程序的结构化程度和集成度。

信息的交替访问通过调用下列子程序执行：

OPENFL(LUN,NAME,LENR,KT)

功能：打开文件。LUN——指定的逻辑单元；NAME——指定的文件名；LENR——纪录卡；KT——开关量：NAME 文件第一次建立，KT=101，以后打开重读或重写，KT=100。

CLOSFL(LUN,KT)

功能：关闭文件。LUN——待关闭的逻辑单元；KT——开关量：第一次打开后的文件关闭，KT=101，以后打开后的关闭，KT=100。

以上两个子程序配套使用。

当系统文件打开后，调用子程序 FILE，即可实现数据的读和写。

FILE (LUN, A, NR, NC, NREC, KT)

其中，LUN——打开的逻辑单元号；A(NR,NC)——待读入或写出的二维数组，NREC——对应的纪录号；KT——开关量：读入 A 数组，KT=100；写出 A 数组，KT=-100。

通过以上子程序建立的文件都是无格式直接存取文件，以便在对中间运算结果进行存取时，具有较高的执行效率和灵活性。

SAP-95 的运行环境。在操作系统 DOS 6.20 版本和 FORTRAN 编译系统 5.1 版本支持下，SAP-95 在 IBM-PC 80486 型微机上调试并运行。源程序中摒弃了所有的数字标号，一律采用简明的顺序格式，IF—THEN—ELSEIF—ENDIF 选择结构以及 DO—ENDDO 循环结构。因此增强了源程序的可读性。

这些基本的语言结构是我们熟知的。所以，后面在对一些主要程序模块进行解释时，我们将采用元语言来替代通常的程序设计框图。所谓元语言，就是以顺序结构、选择结构和循环结构加文字说明组成的解释性语言。

第二节　程序标识符及重要子程序的元语言表示

一、标识符

源程序中的主要标识符及其意义：

（一）整型变量

NDE—结点数；

NEL—单元数；

NCD—有效位移分量个数，或最大整体码；

NPC—结点荷载数；

NPE—非结点荷载数；

MBD—最大半带宽长度。

（二）整型数组

ND（NDE，3）—结点位移分量整体码数组；

NE（NEL，2）—单元结点号数组；

LV（6）—存放单元定位向量。

（三）实型数组

XY（NDE，2）—结点坐标数组；

EA（NEL）、EI（NEL）—单元的 EA、EI 值；

FC（NPC，2）、FE（NPE，4）—存放结点、非结点荷载信息；

UT（NCD）—先放总外力向量，后放总位移向量；

KK（NCD，MBD）—存放等带宽整体刚度矩阵 $[K]^*$；

T（6，6）—单元坐标变换矩阵；

KL（6，6）—存放 $[\bar{k}]^{(e)}$；

KG（6，6）—存放 $[k]^{(e)}$；

AA（NCD）、AB（NCD）、BB（NCD）、CB（NCD）—LDL^T 分解及求解过程工作数组；

FL（6）—存放 $\{\bar{F}\}^{(e)}$；

FG（6）—存放 $\{F\}^{(e)}$。

二、主程序元语言表示

主程序用元语言表达如下：

READ（＊）　NAME，向键盘读入数据文件名

OPEN（1，FILE＝NAME），打开 1# 逻辑单元，连接数据文件

OPEN（2，FILE＝'ABC.OUT'），打开 2# 逻辑单元，存放运行结果。输出文件名定为ABC.OUT

读入整体主控信息

CALL INDAT，读入结点坐标、结点整体码、单元结点号及 EA、EI 值

CALL INDAT2，读入结点、非结点荷载信息

CALL DTLIST，向屏幕及 2$^\#$ 文件输出数据信息

CALL VTLOCA，形成单元定位向量；选出最大半带宽

CALL TKFORM，形成各单元 $[T]^{(e)}$、$[\bar{k}]^{(e)}$ 及 $[k]^{(e)}$ 矩阵

CALL FORCE，若有结点荷载，装入总外力向量

CALL FORCE2，求等效结点荷载；定位累加入总外力向量

CALL ASSEMK，由各单元 $[k]^{(e)}$、$\{\lambda\}^{(e)}$，组装 $[K]^*$

CALL SOLVE，对 $[K]^*$ 进行 LDL^{T} 分解

CALL SOLVE2，求解整体结点位移

CALL SOLVE3，求杆端内力

CALL DCLIST，打印、输出结点位移和杆端内力信息

END

三、各级程序调用框图和工具子程序

（一）程序调用框图

SAP-95 的设计中采用了逐级调用的程序结构，各级子程序分工明确。为了便于了解，列出程序调用框图如下：

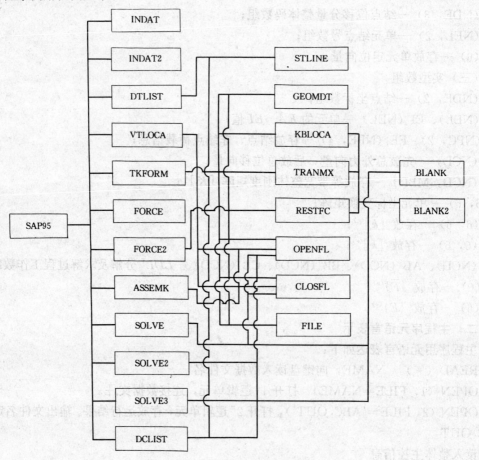

（二）工具子程序功能

在介绍一级子程序和四个重要的二级子程序之前，我们先对几个工具程序的功能作一个说明。

STLINE——设置空行，以便打印出理想格式；

BLANK——一维整、实型数组清零；

BLANK2——二维整、实型数组清零；

OPENFL、CLOSFL、FILE——内外存信息交换；

形式参数的意义已在第一节作了说明。

四、四个重要的二级子程序元语言表示

（一）GEOMDT（N，NDE，NEL，BL，SN，CN，NE，XY）

功能：根据单元号 N，从 NE 数组提取单元结点号，再按结点号从 XY 数组提取 x、y 坐标。形成 $\sin\alpha$、$\cos\alpha$ 及杆长 BL。

元语言表示：

提取单元始结点号 I、终结点号 J

$$\Delta x = x_J - x_I; \Delta y = y_J - y_I;$$

杆长 $BL = \sqrt{\Delta x^2 + \Delta y^2}$

$$\sin\alpha = \Delta y / BL; \cos\alpha = \Delta x / BL$$

返回

（二）RESTFC（M，NPE，BL，FE，FL）

功能：根据单元号 M，从非结点荷载数组 FE 中提取荷载性质序号，赋给 IND；再按表 10-1，计算固端约束力，存放在 FL 数组中。

元语言表示：

提取 FE 数组第 M 行第二列元素，即荷载性质号，赋给 IND

公共参数计算

IF（IND=1，是分布荷载）THEN

　　按表 10-1 第一栏计算固端约束力，存入 FL

ELSEIF（IND=2，是集中力）THEN

　按表 10-1 第二栏计算，结果存放 FL

ELSEIF（IND=3，是集中力偶）THEN

　按表 10-1 第三栏计算，结果存放 FL

ELSEIF（IND=4，是三角分布荷载）THEN

　　按表 10-1 第四栏计算……

　　……

ENDIF

返回

（三）TRANMX（SN，CN，T）

功能：根据 $\sin\alpha$、$\cos\alpha$ 值，计算坐标转换阵。

元语言表示：

T（6，6）清零

按正弦值 SN，余弦值 CN 给矩阵 T 赋值

返回

（四）KBLOCA（N，NEL，BL，EA，EI，KL）

功能：根据单元号 N，提取 EA、EI，结合杆长 BL，形成局部坐标系中的单刚，存放 KL 数组。

元语言表示：

KL（6，6）清零

按单元号 N 提取 EA、EI

按式（10-6）计算 $[k]^{(e)}$ 中各元素，给 KL 赋值

返回

五、一级子程序的元语言表示

下面将对几个较为复杂的一级子程序加以详细说明。

（一）VTLOCA（MBD，NEL，NDE，NE，ND，LV）

功能：形成单元定位向量，存入 9# 文件；同时确定最大半带宽 MBD。

元语言表示：

CALL OPENFL（9），打开 9# 文件，存放各单元定位向量

MBD=0，最大带宽变量置初值

DO K=1，NEL，对各单元循环

　　提取 K 单元始结点号 I，终结点号 J

　　DO L=1，3

　　　　提取 I 结点的整体码，放 LV（6）的 1—3 行

　　　　提取 J 结点的整体码，放 LV（6）的 4—6 行

　　ENDDO

　　K 单元 $\{\lambda\}^{(k)}$ 已形成，向外存写出

　　计算 K 单元最大半带宽，赋给变量 MAX

　　IF（MAX≥MBD）MBD=MAX，MBD 为当前最大半带宽

ENDDO

对单元循环完毕，最大半带宽 MBD 选出；各单元 $\{\lambda\}$ 均已形成并送库

CALL CLOSEL（9），关闭 9# 文件

返回

（二）TKFORM（XY，NDE，NE，NEL，EA，EI）

功能：形成各单元 $[T]^{(e)}$ 和 $[k]^{(e)}$ 矩阵。

元语言表示：

打开 10# 文件，存 $[T]^{(e)}$；打开 12# 文件，存 $[k]^{(e)}$

DO I=1，NEL，对单元循环

　　CALL GEOMDT，求杆长、$\sin\alpha$、$\cos\alpha$

　　CALL TRANMX，求坐标变换阵 $[T]^{(I)}$

　　CALL FILE（10，T，-100），将 $[T]^{(I)}$ 存入外存 10# 文件

　　CALL KBLOCA（KL），求单刚 $[k]^{(I)}$，放 KL（6，6）

四重循环，作 $[k]^{(I)} = [T]^{(I)} [k]^{(I)}$ （$[T]^{(I)}$)^T，放 KG (6, 6)

CALL FILE (12, KG, —100)，将 $[k]^{(I)}$送库

ENDDO

CALL CLOSFL，关闭 12$^\#$、10$^\#$文件

返回

（三）FORCE2 (UT, NCD, XY, NDE, NE, NEL, FE, NPE)

功能：形成单元固端约束力 $\{F_P\}^{(e)}$、等效结点荷载 $\{P_e\}^{(e)}$并定位累加入总外力向量 UT。

元语言表示：

IF (NPE=0) RETURN，若无非结点荷载，返回

打开 11$^\#$文件，存 $\{F_P\}^{(e)}$；打开 9$^\#$文件，读 $\{\lambda\}^{(e)}$；打开 10$^\#$文件，读 $\{T\}^{(e)}$

DO I=1，NPE，对有非结点荷载的单元循环

CALL GEOMDT，求 I 单元的杆长

CALL RESTFC，求局部坐标系中 I 单元的固端约束力 $\{\overline{F}_P\}^{(I)}$，放 FL (6)

读入坐标变换阵 $[T]^{(I)}$；读入 I 单元定位向量 $\{\lambda\}^{(I)}$，放 LV (6)

DO J=1，6，对 6 个元素循环

作 $\{F_P\}^{(I)} = [T]^{(I)} \{\overline{F}_P\}^{(I)}$，放 FG (6)

ENDDO

WRITE (11) FG，写出 $\{F_P\}^{(I)}$，以便内力求解时用

将 FG (6) 反号，并定位累加入总外力向量 UT (NCD)

ENDDO，循环结束，关闭 10$^\#$、9$^\#$、11$^\#$文件

返回

（四）ASSEMK (KK, MBD, NCD, NEL, NE)

功能：组集等带宽整体刚度矩阵 $[K]^*$

元语言表示：

CALL OPENFL (9)，打开 9$^\#$文件，为读入 $\{\lambda\}^{(e)}$作准备

CALL OPENFL (12)，打开 12$^\#$文件，为读入单刚 $[K]^{(e)}$作准备

CALL BLANK2 (KK)，KK 数组清零，存放等带宽总刚 $[K]^*$

DO N=1，NEL，对单元循环，N 是单元循环变量

读入 N 单元 $\{\lambda\}^{(N)}$，放 LV (6)；读入 N 单元 $[k]^{(N)}$，放 KG (6, 6)

DO I=1，6，对 $[k]^{(N)}$的每一行循环

NR=LV (I)，NR 为 $[k]^{(N)}$行元素在 $[K]^*$中的行号，NR≠0 时作

DO J=1，6，对 $[k]^{(N)}$的每一列循环

NC=LV (J)，NC 为 $[k]^{(N)}$中第 I 行、J 列元素在 $[K]$ 中列址

当 NC≠0，且列号≤行号即只将下三角元素组装，作

NJ= （按式 (I-1)，求 $[K]^*$中的列地址）

KK (NR, NJ) ⇐KG (I, J) +KK (NR, NJ)，$[K]^{(N)}$的 (I, J) 元素定位，并累加入 $[K]^*$中

ENDDO

ENDDO

ENDDO　　　$[K]^*$ 存放在 KK（NCD，MBD）数组

循环结束，$[K]^*$ 组装完毕；关闭 9$^\#$、10$^\#$ 文件

返回

（五）SOLVE（KK，NCD，MBD，AA，AB，BB，CB）

功能：对等带宽整体刚度矩阵进 LDL^T 分解，求下三角矩阵 $[L]$ 和对角线矩阵 $[D]$。

元语言表示：

CALL OPENFL，打开 13$^\#$ 文件，存中间结果：式（I-6）$[\bar{k}_{ji}]$ 矩阵

打开 14$^\#$ 文件，存 $[L]$ 矩阵，一个纪录为 $[L]$ 的一列元素

工作数组清零

DO I=1，NCD，按式（I-5），循环变量 I 代表 i

　　DO K=1，I-1，K 为式（I-5）中的求和下标

　　　　计算 d_i，结果为工作数组 CB 第 I 个元素

　　ENDDO

　　DO J=I+1，NCD，循环变量 J 代表式（I-6）中的下标 j

　　　　按式（I-2），计算与 $[L]$ 的列号 I 对应的 $[K]^*$ 中的列号 NC

　　　　提取 $[K]^*$ 的 J 行，NC 列上元素，即式（I-6）中 k_{ji}

　　　　DO K=1，I-1

　　　　　　计算式（I-6）中 $\sum\limits_{k=1}^{i-1} \bar{k}_{jk} l_{ik}$

　　　　ENDDO

　　　　作 $\bar{k}_{ji} = k_{ji} - \sum\limits_{k=1}^{i-1} \bar{k}_{jk} l_{ik}$，即以上二结果相减

　　　　按式（I-7），计算 l_{ji}，存放工作数组 AB 第 J 行

　　ENDDO

　　$[L]$ 阵第 I 列主元素置 1

　　向 13$^\#$ 文件写出 $[\bar{k}_{ji}]$ 第 I 列纪录，以便下面的分解调用

　　向 14$^\#$ 文件写出 $[L_{ji}]$ 第 I 列纪录，作为分解结果

ENDDO

分解完毕，13$^\#$ 文件信息作废；将 $[D]$ 阵对角线元素写入 13$^\#$ 文件 1°纪录保存

CALL CLOSFL，依次关闭 14$^\#$、13$^\#$ 文件

返回

（六）SOLVE2（NCD，AA，AB，UT）

功能：回代求解结点位移向量 $\{\Delta\}$。

元语言表示：

打开 13$^\#$ 文件，读入 1°纪录——$[D]$ 阵主对角元素

DO I=1，NCD

　　按式（I-8），解下三角形方程 $LY=P$。P 为总外力向量，已存放 UT 数组

　　Y 向量放 AB（NCD）一维工作数组

ENDDO

DO I=1，NCD

    按式（I-9）计算 Z 向量，存放 UT 数组

ENDDO

DO I=NCD，1，－1

    按式（I-10）解上三角方程：$L^T\Delta=Z$

ENDDO

$\{\Delta\}$ 向量求解完毕；写入 14# 文件 1°纪录保存；关闭 14#、13# 文件

返回

（七）SOLVE3（NCD，UT，NEL）

功能：求解局部坐标中的杆端内力。

元语言表示：

打开 14# 文件，读入 1°纪录——$\{\Delta\}$，放 UT（NCD）数组

打开 15# 文件，准备存放杆端位移，以便求解杆端力时调用

打开 9# 文件，准备读各单元 $\{\lambda\}^{(e)}$

DO I=1，NEL，对单元循环

    读入 $\{\lambda\}^{(e)}$，放 LV

    按单元定位向量，提取 I 单元的杆端位移 $\{\Delta\}^{(I)}$，存放 15# 文件

ENDDO

打开 11# 文件，准备读 $\{F_P\}^{(I)}$；打开 12# 文件，准备读 $[K]^{(I)}$；打开 10# 文件，准备读 $[T]^{(I)}$

DO I=1，NEL，对单元循环

    读入 $[K]^{(I)}$，存放 T（6，6）

    读入 $\{\Delta\}^{(I)}$，存放 DC（6）

    读入 $\{F_P\}^{(I)}$，存放 FG（6）

    先作 $\{F\}^{(I)}=[k]^{(I)}\{\Delta\}^{(I)}+\{F_P\}^{(I)}$

    读入 $[T]^{(I)}$，存放 T（6，6）

    再作 $\{\overline{F}\}^{(I)}=([T]^T)^T\{F\}^{(I)}$

    WRITE（11）$\{\overline{F}\}^{(I)}$，以便打印时调用

ENDDO

CALL CLOSFL，关闭所有文件

返回

对照以上各程序的元语言解释，我们可以顺利地读通后面的 SAP-95 源程序。

第三节 平面结构分析源程序

源 程 序

```
C     * * * * * * * * * * * * * * * * * * * * * * * * * * * * * *
C     * *                     S A P  9 5                       * *
C     * *         A STRUCTURAL ANALYSIS PROGRAM               * *
C     * *      FOR STATIC RESPONSE OF FRAME STRUCTURES         * *
C     * * * * * * * * * * * * * * * * * * * * * * * * * * * * * *
      IMPLICIT INTEGER * 2(I-N)
      CHARACTER NAME * 10
      INTEGER * 2  ND(100,3),NE(100,2),LV(6),MBD
      REAL * 4  XY(100,2),EA(100),EI(100),FC(70,2),FE(70,2)
      REAL * 4  KK(200,25),UT(200)
      REAL * 4  AA(200),AB(200),BB(200),CD(200)
      WRITE(*,'(1X,44H? ? ?N A M E  O F  D A T E  F I L E  ? ? ?)')
      READ(*,*)  NAME
      OPEN(1,FILE=NAME,STATUS='OLD')
      OPEN(2,FILE='ABC.OUT',STATUS='NEW')
C     I N P U T   D A T E   F I L E
      READ(1,*)  NDE,NEL,NCD,NPC,NPE
      CALL INDAT(XY,ND,NDE,NE,EA,EI,NEL)
      CALL INDAT2(FC,NPC,FE,NPE)
      CALL DTLIST(NDE,XY,ND,NE,NEL,FC,NPC,FE,NPE)
C     F I N D   L O C A T E D   V E C T O R  &  B A N D
      CALL VTLOCA(MBD,NEL,NDE,NE,ND,LV)
C     F O R M   T R A N S.  &  S T I F F.   M A T R I X
      CALL TKFORM(XY,NDE,NE,NEL,EA,EI)
C     A S S E M B L E   G L O B L   L O A D S   V E C T O R
      CALL FORCE(UT,NCD,FC,NPC)
      CALL FORCE2(UT,NCD,XY,NDE,NE,NEL,FE,NPE)
C     A S S E M B L E   G L O B L   M A T R I X
      CALL ASSEMK(KK,MBD,NCD,NEL,NE)
C     S O L V E   L I N E A R   E Q U A T I O N S
      CALL SOLVE(KK,NCD,MBD,AA,AB,BB,CB)
      CALL SOLVE2(NCD,AA,AB,UT)
C     S O L V E   I N T E R N A L   F O R C E
      CALL SOLVE3(NCD,UT,NEL)
      CALL DELIST(NDE,NEL,ND,UT,NCD)
```

```
CLOSE(2)
CLOSE(1)
END

SUBROUTINE INDAT(XY,ND,NDE,NE,EA,EI,NEL)
IMPLICIT INTEGER * 2(I-N)
INTEGER * 2   ND(NDE,3),NE(NEL,2)
REAL * 4   XY(NDE,2),EA(NEL),EI(NEL)
READ(1,*)   ((XY(I,J),J=1,2),(ND(I,J),J=1,3),I=1,NDE)
READ(1,*)   ((NE(I,J),J=1,2),EA(I),EI(I),I=1,NEL)
RETURN
END

SUBROUTINE INDAT2(FC,NPC,FE,NPE)
IMPLICIT INTEGER * 2(I-N)
REAL * 4   FC(NPC,2),FE(NPE,2)
IF (NPC.NE.0)   THEN
  DO   I=1,NPC
     READ(1,*)ID,FC(I,2)
     FC(I,1)=ID*1.0
  ENDDO
ENDIF
IF (NPE.NE.0)   THEN
  DO   I=1,NPE
     READ(1,*)   ID,IE,FE(I,3),FE(I,4)
     FE(I,1)=ID*1.0
     FE(I,2)=IE*1.0
  ENDDO
ENDIF
RETURN
END

SUBROUTINE DTLIST(NDE,XY,ND,NE,NEL,FC,NPC,FE,NPE)
IMPLICIT INTEGER * 2(I-N)
CHARACTER * 1 C1 * 29,C2 * 5,C3 * 19
CHARACTER * 1 D1 * 21,D2 * 22,D3 * 6,D4 * 10,D5 * 18
INTEGER * 2   ND(NDE,3),NE(NEL,2)
REAL * 4   FC(NPC,2),FE(NPE,4),XY(NDE,2)
C1='* * * * * * * * * * * * * * *'
```

```
C2='＊ ＊ ＊'
C3='％％％％％％％％％'
D1='I N F O R M A T I O N'
D2='O N  S T R U C T U R E'
D3='NUMBER'
D4='COORDINATE'
D5='CODE  CODE  CODE'
WRITE(＊,'(5X,A29,1X,A29)') C1,C1
WRITE(2,'(5X,A29,1X,A29)') C1,C1
WRITE(＊,'(5X,A5,2X,A21,3X,A21,2X,A5)') C2,D1,D2,C2
WRITE(2,'(5X,A5,2X,A21,3X,A21,2X,A5)') C2,D1,D2,C2
WRITE(＊,'(5X,A29,1X,A29)') C1,C1
WRITE(2,'(5X,A29,1X,A29)') C1,C1
CALL STLINE(2,-100)
WRITE(＊,'(5X,17HJOINT CONDITION :)')
WRITE(2,'(5X,17HJOINT CONDITION :)')
CALL STLINE(1,-100)
WRITE(＊,'(5X,1X,5HJOINT,13X,2HX-,11X,2HY-,5X,2HU-,5X,2HV-,
5X,＊2HR-)')
WRITE(2,'(5X,1X,5HJOINT,13X,2HX-,11X,2HY-,5X,2HU-,5X,2HV-,
5X,＊2HR-)')
WRITE(＊,'(5X,A6,5X,A10,3X,A10,3X,A18)') D3,D4,D4,D5
WRITE(2,'(5X,A6,5X,A10,3X,A10,3X,A18)') D3,D4,D4,D5
DO I=1,NDE
  WRITE(＊,'(7X,I3,6X,F10.5,3X,F10.5,3X,I3,4X,I3,4X,I3)'I,＊(XY(I,J),
J=1,2),(ND(I,J),J=1,3)
  WRITE(2,'(7X,I3,6X,F10.5,3X,F10.5,3X,I3,4X,I3,4X,I3)'I,＊(XY(I,J),J
=1,2),(ND(I,J),J=1,3)
ENDDO
CALL STLINE(2,-100)
WRITE(＊,'(5X,A19)') C3
WRITE(2,'(5X,A19)') C3
CALL STLINE(2,-100)
WRITE(＊,'(5X,19HELEMENT CONDITION :)')
WRITE(2,'(5X,19HELEMENT CONDITION :)')
CALL STLINE(1,-100)
WRITE(＊,'(5X,6HMEMBER,5X,8HJOINT(I),3X,8HJOINT(J))')
WRITE(2,'(5X,6HMEMBER,5X,8HJOINT(I),3X,8HJOINT(I))')
DO I=1,NEL
```

```
       WRITE( * ,'(7X,I3,8X,I3,8X,I3)')I,(NE(I,J),J=1,2)
       WRITE(2,'(7X,I3,8X,I3,8X,I3)')I,(NE(I,J),J=1,2)
ENDDO
CALL STLINE(2,-100)
WRITE( * ,'(5X,A19)')C3
WRITE(2,'(5X,A19)')C3
CALL STLINE(2,-100)
WRITE( * ,'(5X,16HLOAD CONDITION :)')
WRITE(2,'(5X,16HLOAD CONDITION :)')
IF (NPC. NE. 0)   THEN
     CALL STLINE(1,-100)
     WRITE( * ,'(5X,11HGLOBAL-CODE,5X,11HNODAL-FORCE)')
     WRITE(2,'(5X,11HGLOBAL-CODE,5X,11HNODAL-FORCE)')
     DO   I=1,NPC
        N=FC(I,1)
        WRITE( * ,'(5X,5X,I3,8X,F10. 5)')N,FC(I,2)
        WRITE(2,'(5X,5X,I3,8X,F10. 5)')N,FC(I,2)
     ENDDO
     CALL STLINE(2,-100)
ENDIF
IF(NPE. EQ. 0)   RETURN
WRITE( *',(5X,7HELEMENT,3X,5HINDEX,2X,14HLENTH-J0INT(I),2X, *
12HMIDDLE-FORCE)')
WRITE(2',(5X,7HELEMENT,3X,5HINDEX,2X,14HLENTH-J0INT(I),2X, *
12HMIDDLE-FORCE)')
DO   I=1,NPE
     M=FE(I,1)
     N=FE(I,2)
     WRITE( * ,'(5X,4X,I3,5X,I1,6X,F10. 5,5X,F10. 5)')M,N,FE(I,3), * FE
(I,4)
     WRITE(2,'(5X,4X,I3,5X,I1,6X,F10. 5,5X,F10. 5)'M,N,FE(I,3), * FE(I,
4)
ENDDO
CALL STLINE(2,-100)
RETURN
END

SUBROUTINE STLINE(N,KT)
IMPLICIT INTEGER * 2(I-N)
```

```
      DO I=1,N
         WRITE( * ,'(1X)')
         IF(KT.EQ. -100)   WRITE(2,'(1X)')
      ENDDO
      RETURN
      END


      SUBROUTINE VTLOCA(MBD,NEL,NDE,NE,ND,LV)
      IMPLICIT INTEGER * 2(I-N)
      INTEGER * 2   NE(NEL,2),ND(NDE,3),LV(6)
      MBD=0
      CALL OPENFL(9,'CUA',12,101)
      DO I=1,NEL
         KI=NE(I,1)
         KJ=NE(I,2)
         DO J=1,3
            LV(J)=ND(KI,J)
            LV(J+3)=ND(KJ,J)
         ENDDO
         WRITE(9,REC=I)   LV
         MAX=0
         MIN=50
         DO J=1,6
            IF(LV(J).NE.0)   THEN
               IF(LV(J).GE.MAX)   MAX=LV(J)
               IF(LV(J).LE.MIN)   MIN=LV(J)
            ENDIF
         ENDDO
         MAX=MAX-MIN+1
         IF(MAX.GE.MBD)   MBD=MAX
      ENDDO
      CALL CLOSFL(9,101)
      RETURN
      END


      SUBROUTINE BLANK(M,A,LB,KT)
      IMPLICIT INTEGER * 2 (I-N)
      INTEGER * 2   M(LB)
      REAL * 4   A(LB)
```

```
      DO I=1,LB
         IF(KT.EQ.100)   M(I)=0
         IF(KT.EQ.200)   A(I)=0.0
      ENDDO
      RETURN
      END


      SUBROUTINE BLANK2(M,A,NR,NC,KT)
      IMPLICIT INTEGER * 2 (I-N)
      INTEGER * 2   M(NR,NC)
      REAL * 4   A(NR,NC)
      DO I=1,NR
         DO J=1,NC
           IF(KT.EQ.100)   M(I,J)=0
           IF(KT.EQ.200)   A(I,J)=0.0
         ENDDO
      ENDDO
      RETURN
      END


      SUBROUTINE OPENFL(LUN,NAME,LENR,KT)
      IMPLICIT INTEGER * 2(I-N)
      CHARACTER * 1 NAME * ( * )
C     * * * * * * * * * * * * * * * * * * *
C     *        KT=101 OPEN FIRST       *
C     *        KT=100 OPEN THEN        *
C     * * * * * * * * * * * * * * * * * * *
      IF(KT.EQ.101)   THEN
         OPEN(LUN,FILE=NAME,STATUS='NEW',ACCESS='DIRECT',RECL=
         LENR)
      ELSEIF(KT.EQ.100)   THEN
         OPEN(LUN,FILE=NAME,STATUS='OLD',ACCESS='DIRECT',RECL=
         LENR)
         ENDIF
         RETURN
         END


      SUBROUTINE CLOSFL(LUN,KT)
      IMPLICIT INTEGER * 2(I-N)
```

```
C     * * * * * * * * * * * * * * * * * *
C     *       KT=101 CLOSE FIRST      *
C     *       KT=100 CLOSE THEN       *
C     * * * * * * * * * * * * * * * * * *
      IF(KT.EQ.101)  ENDFILE(LUN)
   CLOSE(LUN)
      RETURN
      END

      SUBROUTINE FILE(LUN,A,NR,NC,NREC,KT)
      IMPLICIT INTEGER*2(I-N)
      INTEGER*2  LUN,NR,NC,NREC,KT
      REAL*4  A(NR,NC)
      IF(KT.EQ.100)  THEN
         READ(LUN,REC=NREC)  (A(I,J),J=1,NC),I=1,NR)
      ELSEIF(KT.EQ.-100)  THEN
         WRITE(LUN,REC=NREC)  ((A(I,J),J=1,NC),I=1,NR)
      ENDIF
      RETURN
      END

      SUBROUTINE KBLOCA(N,NEL,BL,EA,EI,KL)
      IMPLICIT INTEGER*2(I-N)
      REAL*4  EA(NEL),EI(NEL),KL(6,6)
      G=EA(N)/BL
      G1=2.0*EI(N)/BL
      G2=3.0*G1/BL
      G3=2.0*G2/BL
      CALL BLANK2(M,KL,6,6,200)
      KL(1,1)=G
      KL(1,4)=-G
      KL(4,4)=G
      KL(2,2)=G3
      KL(5,5)=G3
      KL(2,5)=-G3
      KL(2,3)=-G2
      KL(2,6)=-G2
      KL(3,5)=G2
```

```
KL(5,6)=G2
KL(3,3)=2.0*G1
KL(6,6)=2.0*G1
KL(3,6)=G1
DO I=1,5
   DO J=I+1,6
      KL(J,I)=KL(I,J)
   ENDDO
ENDDO
RETURN
END


SUBROUTINE GEOMDT(N,NDE,NEL,BL,SN,CN,NE,XY)
IMPLICIT INTEGER*2(I-N)
INTEGER*2  NE(NEL,2)
REAL*4  XY(NDE,2)
KI=NE(N,1)
KJ=NE(N,2)
DX=XY(KJ,1)-XY(KI,1)
DY=XY(KJ,2)-XY(KI,2)
BL=SQRT(DX*DX+DY*DY)
SN=DY/BL
CN=DX/BL
RETURN
END


SUBROUTINE RESTFC(M,NPE,BL,FE,FL)
IMPLICIT INTEGER*2(I-N)
REAL*4  FE(NPE,4),FL(6)
IND=FE(M,2)
A=FE(M,3)
Q=FE(M,4)
C=A/BL
G=C*C
B=BL-A
CALL BLANK(N,FL,6,200)
IF (IND.EQ.1)  THEN
   S=Q*A*0.5
   FL(2)=-S*(2.0-2.0*G+C*G)
```

215

```
          FL(5)=-S*G*(2.0-C)
          S=S*A/6.0
          FL(3)=S*(6.0-8.0*C+3.0*G)
          FL(6)=-S*C*(4.0-3.0*C)
     ELSEIF(IND.EQ.2)   THEN
          S=B/BL
          FL(2)=-Q*S*S*(1.0+2.0*C)
          FL(5)=-Q*G*(1.0+2.0*S)
          FL(3)=Q*S*S*A
          FL(6)=-Q*B*G
     ELSEIF(IND.EQ.3)   THEN
          S=B/BL
          FL(2)=-6.0*Q*C*S/BL
          FL(5)=-FL(2)
          FL(3)=Q*S*(2.0-3.0*S)
          FL(6)=Q*C*(2.0-3.0*C)
     ELSEIF(IND.EQ.4)   THEN
          S=Q*A*0.25
          FL(2)=-S*(2.0-3.0*G+1.6*G*C)
          FL(5)=-S*G*(3.0-1.6*C)
          S=S*A
          FL(3)=S*(2.0-3.0*C+1.2*G)/1.5
          FL(6)=-S*C*(1.0-0.8*C)
     ELSEIF(IND.EQ.5)   THEN
          FL(1)=-Q*A*(1.0-0.5*C)
          FL(4)=-0.5*Q*C*A
     ELSEIF(IND.EQ.6)   THEN
          FL(1)=-Q*B/BL
          FL(4)=-Q*C
     ELSEIF(IND.EQ.7)   THEN
          S=B/BL
          FL(2)=-Q*G*(3.0*S+C)
          FL(5)=-FL(2)
          S=S*B/BL
          FL(3)=-Q*S*A
          FL(6)=Q*G*B
     ENDIF
     RETURN
     END
```

```
SUBROUTINE TRANMX(SN,CN,T)
IMPLICIT INTEGER * 2(I—N)
REAL * 4   T(6,6)
CALL BLANK2(M,T,6,6,200)
T(1,1)=CN
T(1,2)=—SN
T(2,1)=SN
T(2,2)=CN
T(3,3)=1,0
DO I=1,3
   DO J=1,3
      T(I+3,J+3)=T(I,J)
   ENDDO
ENDDO
RETURN
END


SUBROUTINE TKFORM(XY,NDE,NE,NEL,EA,EI)
IMPLICIT INTEGER * 2(I—N)
INTEGER * 2   NE(NEL,2)
REAL * 4   XY(NDE,2),EA(NEL),EI(NEL),T(6,6),KL(6,6),KG(6,6)
CALL OPENFL(10,'LUA',144,101)
CALL OPENFL(12,'NUY',144,101)
DO I=1,NEL
   CALL GEOMDT(I,NDE,NEL,BL,SN,CN,NE,XY)
   CALL TRANMX(SN,CN,T)
   CALL FILE(10,T,6,6,I,—100)
   CALL KBLOCA(I,NEL,BL,EA,EI,KL)
   DO J=1,6
      DO K=1,6
         KG(J,K)=0,0
         DO L=1,6
            DO M=1,6
               KG(J,K)=KG(J,K)+T(J,L)*KL(L,M)*T(K,M)
            ENDDO
         ENDDO
      ENDDO
   ENDDO
```

```
        CALL FILE(12,KG,6,6,I,−100)
ENDDO
CALL CLOSFL(12,101)
CALL CLOSFL(10,101)
RETURN
END


SUBROUTINE, FORCE(UT,NCD,FC,NPC)
IMPLICIT INTEGER ∗ 2(I−N)
REAL ∗ 4   UT(NCD),FC(NPC,2)
CALL BLANK(M,UT,NCD,200)
IF(NPC.EQ.0)   RETURN
DO I=1,NPC
    N=FC(I,1)
    UT(N)=FC(I,2)
ENDDO
RETURN
END


SUBROUTINE FORCE2(UT,NCD,XY,NDE,NE,NEL,FE,NPE)
IMPLICIT INTEGER ∗ 2(I−N)
INTEGER ∗ 2   NE(NEL,2),LV(6)
REAL ∗ 4   UT(NCD),XY(NDE,2),FE(NPE,2),T(6,6),FL(6),FG(6)
CALL OPENFL(11,'SUD',24,101)
CALL BLANK(M,FG,6,200)
DO I=1,NEL
    WRITE(11,REC=I)   FG
ENDDO
ENDFILE(11)
IF (NPE.EQ.0)   THEN
    CALL CLOSFL(11,100)
    RETURN
ENDIF
CALL OPENFL(9,'CUA',12,100)
CALL OPENFL(10,'LUA',144,100)
DO I=1,NPE
    N=FE(I,1)
    CALL GEOMDT(N,NDE,NEL,BL,SN,CN,NE,XY)
    CALL RESTFC(I,NPE,BL,FE,FL)
```

218

```
      CALL FILE(10,T,6,6,N,100)
      READ(9,REC=N)  LV
      DO J=1,6
        FG(J)=0.0
        DO K=1,6
          FG(J)=FG(J)+T(J,K)*FL(K)
        ENDDO
      ENDDO
      WRITE(11,REC=N)  FG
      DO J=1,6
        N=LV(J)
        IF(N.NE.0)  UT(N)=UT(N)-FG(J)
      ENDDO
      ENDDO
      CALL CLOSFL(10,100)
      CALL CLOSFL(9,100)
      CALL CLOSFL(11,100)
      RETURN
      END


      SUBROUTINE ASSEMK(KK,MBD,NCD,NEL,NE)
      IMPLICIT INTEGER*2(I-N)
      INTEGER*2 NE(NEL,2),LV(6)
      REAL*4 KK(NCD,MBD),KG(6,6)
      CALL OPENFL(9,'CUA',12,100)
      CALL OPENFL(12,'NUY',144,100)
      CALL BLANK2(NE,KK,NCD,MBD,200)
      DO N=1,NEL
        READ(9,REC=N)  LV
        CALL FILE(12,KG,6,6,N,100)
        DO I=1,6
          NR=LV(I)
          IF (NR.NE.0)  THEN
            DO J=1,6
              NC=LV(J)
              IF (NC.NE.0.AND.NC.LE.NR)  THEN
                NJ=MBD-NR+NC
                KK(NR,NJ)=KK(NR,NJ)+KG(I,J)
              ENDIF
```

219

```fortran
          ENDDO
        ENDIF
      ENDDO
    ENDDO
    CALL CLOSFL(9,100)
    CALL CLOSFL(12,100)
    RETURN
    END

    SUBROUTINE SOLVE(KK,NCD,MBD,AAA,ABC,BBC,CBC)
    IMPLICIT INTEGER * 2(I—N)
    REAL * 4   KK(NCD,MBD)
    REAL * 4   AAA(NCD),ABC(NCD),BBC(NCD),CBC(NCD)
    LENR=NCD * 4
    CALL OPENFL(13,'DUC',LENR,101)
    CALL OPENFL(14,'MUD',LENR,101)
    CALL BLANK(M,CBC,NCD,200)
    DO  I=1,NCD
      WRITE(13,REC=I)   CBC
      WRITE(14,REC=I)   CBC
    ENDDO
    ENDFILE(14)
    ENDFILE(13)
    DO  I=1,NCD
      CBC(I)=KK(I,MBD)
      DO  K=1,I—1
        READ(13,REC=K)   AAA
        DB=AAA(I)
        READ(14,REC=K)   AAA
        DL=AAA(I)
        CBC(I)=CBC(I)—DB * DL
      ENDDO
      CALL BLANK(M,ABC,NCD,200)
      CALL BLANK(M,BBC,NCD,200)
      DO  J=I+1,NCD
        NC=MBD—J+I
        BBC(J)=KK(J,NC)
        DO  K=1,I—1
          READ(13,REC=K)   AAA
```

```
              DB=AAA(J)
              READ(14,REC=K)   AAA
              DL=AAA(I)
              BBC(J)=BBC(J)-DB*DL
          ENDDO
          ABC(J)=BBC(J)/CBC(I)
      ENDDO
      ABC(I)=1.0
      WRITE(13,REC=I)   BBC
      WRITE(14,REC=I)   ABC
ENDDO
WRITE(13,REC=1)   CBC
CALL CLOSFL(14,100)
CALL CLOSFL(13,100)
RETURN
END


SUBROUTINE SOLVE2(NCD,AAA,ABC,UT)
IMPLICIT INTEGER*2(I-N)
REAL*4   AAA(NCD),ABC(NCD),UT(NCD)
LENR=NCD*4
CALL OPENFL(13,'DUC',LENR,100)
CALL OPENFL(14,'MUD',LENR,100)
CALL BLANK(M,ABC,NCD,200)
DO  I=1,NCD
    ABC(I)=UT(I)
    DO K=1,I-1
      READ(14,REC=K)   AAA
      ABC(I)=ABC(I)-AAA(I)*ABC(K)
    ENDDO
ENDDO
READ(13,REC=1)   UT
DO  I=1,NCD
    UT(I)=ABC(I)/UT(I)
ENDDO
CALL BLANK(M,ABC,NCD,200)
DO  I=NCD,1,-1
    ABC(I)=UT(I)
    IF(I.NE.NCD)   READ(14,REC=I)   AAA
```

221

```
        DO  K=I+1,NCD
          ABC(I)=ABC(I)-AAA(K)*ABC(K)
        ENDDO
      ENDDO
      WRITE(14,REC=1)  ABC
      CALL CLOSFL(14,100)
      CALL CLOSFL(13,100)
      RETURN
      END


      SUBROUTINE  SOLVE3(NCD,UT,NEL)
      IMPLICIT INTEGER*2(I-N)
      INTEGER*2  LV(6)
      REAL*4  UT(NCD),T(6,6),DC(6),FG(6)
      CALL OPENFL(14,'MUD',NCD*4,100)
      READ(14,REC=1)  UT
      CALL CLOSFL(14,100)
      CALL OPENFL(15,'CUP',24,101)
      CALL OPENFL(9,'CUA',12,100)
      DO  I=1,NEL
        READ(9,REC=I)  LV
        CALL BLANK(M,DC,6,200)
        DO  J=1,6
          N=LV(J)
          IF(N.NE.0)  DC(J)=UT(N)
        ENDDO
        WRITE(15,REC=I)  DC
      ENDDO
      ENDFILE(15)
      CALL CLOSFL(9,100)
      CALL OPENFL(11,'SUD',24,100)
      CALL OPENFL(12,'NUY',144,100)
      DO  I=1,NEL
        CALL FILE(12,T,6,6,I,100)
        READ(15,REC=I)  DC
        READ(11,REC=I)  FG
        DO  J=1,6
          DO  K=1,6
            FG(J)=FG(J)+T(K,J)*DC(K)
```

```fortran
        ENDDO
      ENDDO
      WRITE(11,REC=I)  FG
    ENDDO
    CALL CLOSFL(12,100)
    CALL CLOSFL(11,100)
    CALL CLOSFL(15,100)
    RETURN
    END


    SUBROUTINE DCLIST(NDE,NEL,ND,UT,NCD)
    IMPLICIT INTEGER*2(I-N)
    INTEGER*2  ND(NDE,3)
    REAL*4  UT(NCD),US(6)
    CALL OPENFL(11,'SUD',24,100)
    WRITE(*,'(5X,19H% % % % % % % % % %)')
    WRITE(2,'(5X,19H% % % % % % % % % %)')
    CALL STLINE(2,-100)
    WRITE(*,'(5X,20HJOINT DISPLACEMENT :)')
    WRITE(2,'(5X,20HJOINT DISPLACEMENT :)')
    CALL STLINE(1,-100)
    WRITE(*,'(5X,5HJOINT,9X,4HU(x),11X,4HU(y),11X,4HR(z))')
    WRITE(2,'(5X,5HJOINT,9X,4HU(x),11X,4HU(y),11X,4HR(z))')
    DO  I=1,NDE
      CALL BLANK(M,US,3,200)
      DO  J=1,3
        N=ND(I,J)
        IF(N.NE.0)  US(J)=UT(N)
      ENDDO
      WRITE(*,'(6X,I3,4X,E12.6,3X,E12.6,3X,E12.6)')  I,US(1),US(2),*
      US(3)
      WRITE(2,'(6X,I3,4X,E12.6,3X,E12.6,3X,E12.6)')  I,US(1),US(2),*
      US(3)
    ENDDO
    CALL STLINE(2,-100)
    WRITE(*,'(5X,19H% % % % % % % % % %)')
    WRITE(2,'(5X,19H% % % % % % % % % %)')
    CALL STLINE(2,-100)
    WRITE(*,'(5X,16HTERMINAL FORCE :)')
```

```
WRITE(2,'(5X,16HTERMINAL FORCE :)')
CALL STLINE(2,-100)
WRITE( * ,'(5X,7HELEMENT,9X,5HFx(I),10X,5HFy(I),10X,5HMz(I))')
WRITE(2,'(5X,7HELEMENT,9X,5HFx(I),10X,5HFy(I),10X,5HMz(I))')
DO  I=1,NEL
  READ(11,REC=I)  US
  WRITE( * ,'(7X,I3,4X,F12.6,3X,F12.6,3X,F12.6)')  I,US(1),US(2), *
  US(3)
  WRITE(2,'(7X,I3,4X,F12.6,3X,F12.6,3X,F12.6)')  I,US(1),US(2), * US
  (3)
ENDDO
CALL STLINE(2,-100)
WRITE( * ,'(5X,7HELEMENT,9X,5HFx(J),10X,5HFy(J),10X,5HMz(J))')
WRITE(2,'(5X,7HELEMENT,9X,5HFx(J),10X,5HFy(J),10X,5HMz(J))')
DO  I=1,NEL
  READ(11,REC=I)  US
  WRITE( * ,'(7X,I3,4X,F12.6,3X,F12.6,3X,F12.6)')  I,US(4),US(5), *
  US(6)
  WRITE(2,'(7X,I3,4X,F12.6,3X,F12.6,3X,F12.6)')  I,US(4),US(5), * US
  (6)
ENDDO
CALL CLOSFL(11,100)
RETURN
END
```

第四节　数据文件格式和算例

一、数据文件格式

NDE,NEL,NCD,NPC,NPE	第一行	控制信息。均整型量,缺省时填整数:0
X,Y,I1,I2,I3 ……	NDE 行	结点信息。X、Y 为结点坐标,实型量;I1 至 I3 为整型量。每个结点占一行,顺序号代表结点号。
J1,J2,EA,EI ……	NEL 行	单元信息。J1、J2依次为单元起结点和终结点号,整型量;EA、EI 为单元抗拉、抗弯刚度,为实型量。一个单元占一行,顺序号代表单元号。

224

I1,P_c

......

}

NPC 行

结点荷载信息。P_c 集中力大小,实型量；I1,P_c 所在方向对应的结点整体码,整型。无结点荷载时,该项可缺者。

N,NO,AI,P_e

......

}

NPE 行

非结点荷载信息。N,单元号；NO,荷载类型序号(表11-1),均整型量。AI,荷载至起端点距离；P_e,荷载大小。后两个量均实型。无非结点荷载时,该项缺省。

二、算例

下面分别列出刚架、组合结构、连续梁和平面桁架的例子,给出相应的数据文件和计算结果。

【例 I-1】 用 SAP-95 程序计算图 I-1 所示刚架的内力。各杆 EA、EI 相同。已知：EA＝4.0×10^6 kN,EI＝1.6×10^4 kN·m^2。

【解】 (一)数据文件

5,3,8,1,2 }	整体信息
0.0,0.0,0,0,0	
0.0,−4.0,1,2,3	
0.0,−4.0,1,2,4 }	结点信息
4.0,4.0,5,6,7	
4.0,0.0,0,0,8	
1,2,4.0E6,1.6E4	
3,4,4.0E6,1.6E4 }	单元信息
5,4,4.0E6,1.6E4	
7,−15.0 }	结点荷载信息
1,2,2.0,18.0	
2,1,4.0,25.0 }	非结点荷载信息

(二)输出结果

JOINT DISPLACEMENT：

JOINT	U(x)	U(y)	R(z)
1	.000000E+00	.000000E+00	.000000E+00
2	−.221743E−02	.464619E−04	−.139404E−02
3	−.221743E−02	.464619E−04	.357876E−02
4	−.222472E−02	.535381E−04	−.298554E−02
5	.000000E+00	.000000E+00	.658499E−03

％％％％％％％％％
TERMINAL FORCE：

ELEMENT	$F_x(I)$	$F_y(I)$	$M_z(I)$
1	46.461932	−10.711910	−6.847712
2	7.288143	−46.461932	0.000000
3	53.538156	−7.288143	0.000000

ELEMENT	$F_x(J)$	$F_y(J)$	$M_z(J)$
1	−46.461932	−7.288143	0.000000
2	−7.288143	−53.538156	14.152302
3	−53.538156	7.288143	−29.152345

（三）内力图（见图 I-6）

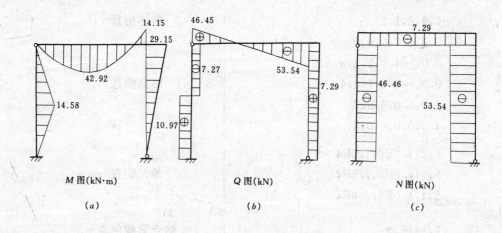

M 图(kN·m)　　　　Q 图(kN)　　　　N 图(kN)

(a)　　　　　　　(b)　　　　　　　(c)

图 I-6

【例 I-2】 用 SAP-95 程序计算图 I-2 所示组合结构内力。已知：桁架单元抗拉刚度 EA ＝2.0×10⁶kN，刚架单元的抗拉刚度 EA＝6.0×10⁶kN，EI＝1.84×10⁵kN。

【解】 （一）数据文件

控制参数：4,5,8,0,1
结点信息：0.0,0.0,0,0,1
　　　　　4.0,0.0,2,3,4
　　　　　4.0,−3.0,5,6,0
　　　　　8.0,0.0,7,0,8
单元信息：1,2,6.0E6,1.84E5
　　　　　2,4,6.0E6,1.84E5
　　　　　3,1,2.0E6,0.0
　　　　　3,2,2.0E6,0.0

3,4,2.0E6,0.0

非结点荷载信息:1,1,4.0,-20.0

（二）输出结果

JOINT DISPLACEMENT:

JOINT	U(x)	U(y)	R(z)
1	.000000E+00	.000000E+00	.312593E-03
2	-.202759E-04	-.253871E-03	-.144928E-03
3	-.202759E-04	-.185440E-03	.000000E+00
4	-.405518E-04	.000000E+00	-.227378E-04

％％％％％％％％％％

TERMINAL FORCE:

ELEMENT	$F_x(I)$	$F_y(I)$	$M_z(I)$
1	30.413872	37.189691	.000000
2	30.413872	2.810432	-11.241536
3	-38.017351	.000000	.000000
4	45.620702	.000000	.000000
5	-38.017351	.000000	.000000

ELEMENT	$F_x(J)$	$F_y(J)$	$M_z(J)$
1	-30.413872	42.810403	11.241536
2	-30.413872	-2.810432	.000000
3	38.017351	.000000	.000000
4	-45.620702	.000000	.000000
5	38.017351	.000000	.000000

（三）内力图（见图 I-7）

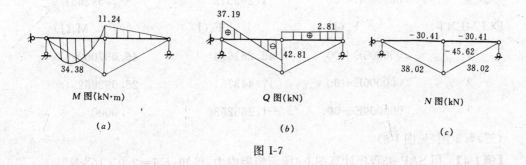

M 图(kN·m)　　　　Q 图(kN)　　　　N 图(kN)

　　（a）　　　　　　　（b）　　　　　　　（c）

图 I-7

【例I-3】 用SAP-95程序计算图I-3所示连续梁内力。已知：$EI=2.0\times10^4\text{kN}\cdot\text{m}^2$。

【解】 （一）数据文件

$$4,3,3,1,2 \qquad\qquad\qquad\qquad 总体信息$$

$$\left.\begin{array}{l}0.0,0.0,0,0,0\\6.0,0.0,0,0,1\\14.0,0.0,0,0,2\\20.0,0.0,0,0,3\end{array}\right\} \qquad 结点信息$$

$$\left.\begin{array}{l}1,2,0.0,2.0\text{E}4\\2,3,0.0,4.0\text{E}4\\3,4,0.0,2.0\text{E}4\end{array}\right\} \qquad 单元信息$$

$$2,18.0 \qquad\qquad\qquad\qquad 结点荷载信息$$

$$\left.\begin{array}{l}1,1,6.0,-15.0\\2,2,4.0,-40.0\end{array}\right\} \qquad 非结点荷载信息$$

（二）运行结果

JOINT DISPLACEMENT：

JOINT	U(x)	U(y)	R(z)
1	.000000E+00	.000000E+00	.000000E+00
2	.000000E+00	.000000E+00	.777778E−04
3	.000000E+00	.000000E+00	−.759259E−03
4	.000000E+00	.000000E+00	.379630E−03

TERMINAL FORCE：

ELEMENT	$F_x(\text{I})$	$F_y(\text{I})$	$M_z(\text{I})$
1	.000000E+00	44.740024	−44.481504
2	.000000E+00	22.556250	−46.037002
3	.000000E+00	1.265312	−7.592661

ELEMENT	$F_x(\text{J})$	$F_y(\text{J})$	$M_z(\text{J})$
1	.000000E+00	45.261674	46.037002
2	.000000E+00	17.443751	25.592662
3	.000000E+00	−1.2652530	.0000

（三）弯矩图（见图I-8）

【例I-4】 用SAP-95程序计算图I-4所示桁架内力。已知：$EA=2.0\times10^6\text{kN}$。

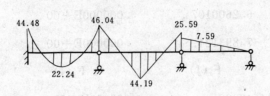

M 图(kN·m)

图 I-8

【解】 (一)数据文件

4,6,4,2,0	}	总体信息
0.0,4,0,0,0		
0.0,0.0,1,2,0	}	结点信息
4.0,0.0,3,4,0		
4.0,4.0,0,0,0		
2,1,2.0E6,0.0		
2,3,2.0E6,0.0		
3,4,2.0E6,0.0	}	单元信息
1,4,2.0E6,0.0		
2,4,2.0E6,0.0		
3,1,2.0E6,0.0		
1,10.0		结点荷载信息
2,−10.0	}	

(二)运行结果

JOINT	U(x)	U(y)	R(z)
1	.000000E+00	.000000E+00	.000000E+00
2	.538806E−4	−.288406E−4	.000000E+00
3	.427200E−4	.111601E−4	.000000E+00
4	.000000E+00	.000000E+00	.000000E+00

％ ％ ％ ％ ％ ％ ％ ％ ％ ％

TERMINAL FORCE：

ELEMENT	$F_x(I)$	$F_y(I)$	$M_z(I)$
1	−14.400201	0.000000E+00	0.000000E+00
2	5.583204	0.000000E+00	0.000000E+00
3	5.583204	0.000000E+00	0.000000E+00

4	0.000000E+00	.000000E+00	.000000E+00
5	6.2600107	.000000E+00	.000000E+00
6	−7.893124	.000000E+00	.000000E+00
ELEMENT	$F_x(J)$	$F_y(J)$	$M_z(J)$
1	14.400201	.000000E+00	.000000E+00
2	−5.583204	.000000E+00	.000000E+00
3	−5.583204	.000000E+00	.000000E+00
4	.000000E+00	.000000E+00	.000000E+00
5	−6.260017	.000000E+00	.000000E+00
6	7.893124	.000000E+00	.000000E+00

（三）各单元轴力（见图I-9）

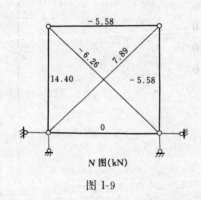

N 图(kN)

图 I-9

附 录 Ⅱ

稳 定 修 正 系 数 函 数 表

v	$\xi_1(v)$	$\xi_2(v)$	$\xi_3(v)$	$\eta_3(v)$	$\xi_4(v)$
0.00	1.0000	1.0000	1.0000	1.0000	1.0000
0.20	0.9987	1.0007	0.9973	0.9840	0.9866
0.40	0.9947	1.0027	0.9893	0.9360	0.9461
0.60	0.9879	1.0061	0.9757	0.8557	0.8770
0.80	0.9785	1.0109	0.9565	0.7432	0.7770
1.00	0.9662	1.0172	0.9313	0.5980	0.6421
1.10	0.9590	1.0209	0.9164	0.5131	0.5599
1.20	0.9511	1.0251	0.8998	0.4198	0.4665
1.30	0.9424	1.0297	0.8814	0.3181	0.3609
1.40	0.9329	1.0348	0.8613	0.2080	0.2415
1.50	0.9227	1.0403	0.8393	0.0893	0.1064
$\pi/2$	0.9149	1.0445	0.8225	0.0000	0.0000
1.60	0.9116	1.0463	0.8152	-0.0381	-0.0467
1.70	0.8998	1.0529	0.7891	-0.1743	-0.2209
1.80	0.8871	1.0600	0.7606	-0.3194	-0.4199
1.90	0.8735	1.0676	0.7297	-0.4736	-0.6491
2.00	0.8590	1.0760	0.6961	-0.6372	-0.9153
2.02	0.8560	1.0777	0.6891	-0.6710	-0.9738
2.04	0.8530	1.0795	0.6819	-0.7053	-1.0342
2.06	0.8499	1.0813	0.6747	-0.7399	-1.0967
2.08	0.8468	1.0831	0.6673	-0.7749	-1.1613
2.10	0.8436	1.0849	0.6597	-0.8103	-1.2282
2.12	0.8404	1.0868	0.6521	-0.8461	-1.2975
2.14	0.8372	1.0887	0.6443	-0.8822	-1.3693
2.16	0.8339	1.0907	0.6364	-0.9188	-1.4437
2.18	0.8306	1.0926	0.6284	-0.9558	-1.5211
2.20	0.8273	1.0946	0.6202	-0.9931	-1.6014
2.22	0.8239	1.0967	0.6119	-1.0309	-1.6849
2.24	0.8204	1.0987	0.6034	-1.0691	-1.7717
2.26	0.8170	1.1008	0.5948	-1.1077	-1.8622
2.28	0.8134	1.1030	0.5861	-1.1467	-1.9566
2.30	0.8099	1.1051	0.5772	-1.1861	-2.0550
2.32	0.8063	1.1073	0.5681	-1.2260	-2.1579
2.34	0.8026	1.1095	0.5589	-1.2662	-2.2654
2.36	0.7990	1.1118	0.5496	-1.3069	-2.3780

v	$\xi_1(v)$	$\xi_2(v)$	$\xi_3(v)$	$\eta_3(v)$	$\xi_4(v)$
2.38	0.7952	1.1141	0.5401	−1.3481	−2.4961
2.40	0.7915	1.1164	0.5304	−1.3896	−2.6200
2.42	0.7877	1.1188	0.5205	−1.4316	−2.7503
2.44	0.7838	1.1212	0.5105	−1.4740	−2.8875
2.46	0.7799	1.1236	0.5003	−1.5169	−3.0322
2.48	0.7760	1.1261	0.4899	−1.5603	−3.1850
2.50	0.7720	1.1286	0.4793	−1.6040	−3.3466
2.52	0.7679	1.1311	0.4685	−1.6483	−3.5180
2.54	0.7638	1.1337	0.4576	−1.6930	−3.7000
2.56	0.7597	1.1363	0.4464	−1.7381	−3.8938
2.58	0.7555	1.1390	0.4350	−1.7838	−4.1006
2.60	0.7513	1.1417	0.4234	−1.8299	−4.3218
2.62	0.7470	1.1445	0.4116	−1.8765	−4.5591
2.64	0.7427	1.1473	0.3996	−1.9236	−4.8142
2.66	0.7383	1.1501	0.3873	−1.9712	−5.0896
2.68	0.7339	1.1530	0.3748	−2.0193	−5.3876
2.70	0.7295	1.1559	0.3621	−2.0679	−5.7115
2.72	0.7249	1.1589	0.3491	−2.1171	−6.0649
2.74	0.7204	1.1619	0.3358	−2.1667	−6.4520
2.76	0.7158	1.1650	0.3223	−2.2169	−6.8783
2.78	0.7111	1.1681	0.3085	−2.2676	−7.3502
2.80	0.7064	1.1712	0.2944	−2.3189	−7.8755
2.82	0.7016	1.1744	0.2801	−2.3707	−8.4644
2.84	0.6967	1.1777	0.2654	−2.4231	−9.1294
2.86	0.6918	1.1810	0.2504	−2.4761	−9.8866
2.88	0.6869	1.1844	0.2352	−2.5296	−10.757
2.90	0.6819	1.1878	0.2195	−2.5838	−11.769
2.92	0.6769	1.1913	0.2036	−2.6386	−12.961
2.94	0.6717	1.1948	0.1873	−2.6939	−14.386
2.96	0.6666	1.1984	0.1706	−2.7499	−16.121
2.98	0.6613	1.2020	0.1535	−2.8066	−18.281
3.00	0.6561	1.2057	0.1361	−2.8639	−21.046
3.02	0.6507	1.2095	0.1182	−2.9219	−24.714
3.04	0.6453	1.2133	0.1000	−2.9806	−29.820
3.06	0.6398	1.2172	0.0812	−3.0400	−37.420
3.08	0.6343	1.2211	0.0621	−3.1001	−49.942
3.10	0.6287	1.2251	0.0424	−3.1609	−74.488
3.12	0.6230	1.2292	0.0223	−3.2225	−144.46
3.14	0.6173	1.2334	0.0017	−3.2849	−1970.2
π	0.6168	1.2336	0.0000	−3.2898	−∞
3.16	0.6115	1.2376	−0.0195	−3.3480	171.66
3.18	0.6057	1.2419	−0.0412	−3.4120	82.758
3.20	0.5997	1.2462	−0.0635	−3.4769	54.726

v	$\xi_1(v)$	$\xi_2(v)$	$\xi_3(v)$	$\eta_3(v)$	$\xi_4(v)$
3.22	0.5937	1.2506	-0.0864	-3.5426	40.984
3.24	0.5877	1.2551	-0.1100	-3.6092	32.818
3.26	0.5816	1.2597	-0.1342	-3.6767	27.404
3.28	0.5753	1.2644	-0.1591	-3.7452	23.547
3.30	0.5691	1.2691	-0.1847	-3.8147	20.658
3.32	0.5627	1.2739	-0.2110	-3.8851	18.411
3.34	0.5563	1.2788	-0.2382	-3.9567	16.613
3.36	0.5498	1.2838	-0.2662	-4.0294	15.139
3.38	0.5432	1.2889	-0.2950	-4.1032	13.908
3.40	0.5366	1.2940	-0.3248	-4.1781	12.863
3.42	0.5298	1.2993	-0.3556	-4.2544	11.965
3.44	0.5230	1.3046	-0.3873	-4.3319	11.184
3.46	0.5161	1.3100	-0.4202	-4.4107	10.497
3.48	0.5091	1.3156	-0.4542	-4.4910	9.8879
3.50	0.5021	1.3212	-0.4894	-4.5727	9.3437
3.52	0.4949	1.3269	-0.5259	-4.6560	8.8539
3.54	0.4877	1.3327	-0.5637	-4.7409	8.4102
3.56	0.4804	1.3387	-0.6030	4.8275	8.0061
3.58	0.4730	1.3447	-0.6438	-4.9159	7.6360
3.60	0.4655	1.3509	-0.6862	-5.0062	7.2953
3.62	0.4579	1.3571	-0.7304	-5.0985	6.9805
3.64	0.4502	1.3635	-0.7764	-5.1930	6.6883
3.66	0.4424	1.3700	-0.8244	-5.2896	6.4160
3.68	0.4345	1.3766	-0.8746	-5.3887	6.1614
3.70	0.4265	1.3834	-0.9270	-5.4904	5.9225
3.72	0.4184	1.3902	-0.9819	-5.5947	5.6977
3.74	0.4102	1.3973	-1.0395	-5.7020	5.4855
3.76	0.4019	1.4044	-1.0999	-5.8124	5.2846
3.78	0.3935	1.4117	-1.1634	-5.9262	5.0939
3.80	0.3850	1.4191	-1.2303	-6.0436	4.9124
3.82	0.3764	1.4266	-1.3008	-6.1649	4.7393
3.84	0.3676	1.4344	-1.3753	-6.2905	4.5738
3.86	0.3588	1.4422	-1.4542	-6.4208	4.4152
3.88	0.3498	1.4502	-1.5379	-6.5560	4.2629
3.90	0.3407	1.4584	-1.6269	-6.6969	4.1164
3.92	0.3315	1.4668	-1.7216	-6.8437	3.9752
3.94	0.3221	1.4753	-1.8228	-6.9973	3.8388
3.96	0.3126	1.4840	-1.9311	-7.1583	3.7068
3.98	0.3030	1.4928	-2.0474	-7.3275	3.5789
4.00	0.2933	1.5019	-2.1726	-7.5060	3.4548
4.02	0.2834	1.5111	-2.3079	-7.6947	3.3340
4.04	0.2734	1.5205	-2.4546	-7.8951	3.2165
4.06	0.2632	1.5302	-2.6142	-8.1088	3.1018

v	$\xi_1(v)$	$\xi_2(v)$	$\xi_3(v)$	$\eta_3(v)$	$\xi_4(v)$
4.08	0.2529	1.5400	−2.7887	−8.3375	2.9898
4.10	0.2424	1.5501	−2.9802	−8.5835	2.8802
4.12	0.2318	1.5603	−3.1915	−8.8497	2.7729
4.14	0.2211	1.5708	−3.4260	−9.1392	2.6676
4.16	0.2101	1.5815	−3.6878	−9.4563	2.5642
4.18	0.1990	1.5925	−3.9821	−9.8062	2.4626
4.20	0.1878	1.6037	−4.3156	−10.196	2.3625
4.22	0.1763	1.6151	−4.6968	−10.633	2.2639
4.24	0.1647	1.6269	−5.1370	−11.130	2.1665
4.26	0.1529	1.6388	−5.6514	−11.701	2.0704
4.28	0.1409	1.6511	−6.2608	−12.367	1.9753
4.30	0.1287	1.6636	−6.9946	−13.158	1.8812
4.32	0.1164	1.6765	−7.8960	−14.117	1.7878
4.34	0.1038	1.6896	−9.0303	−15.309	1.6953
4.36	0.0910	1.7031	−10.5023	−16.839	1.6033
4.38	0.0780	1.7168	−12.4906	−18.885	1.5120
4.40	0.0648	1.7310	−15.3267	−21.780	1.4211
4.42	0.0514	1.7454	−19.7037	−26.216	1.3305
4.44	0.0377	1.7602	−27.3522	−33.923	1.2402
4.46	0.0238	1.7754	−44.1470	−50.778	1.1502
4.48	0.0096	1.7910	−111.005	−117.70	1.0603
4.50	−0.0048	1.8070	228.012	221.26	0.9704
4.52	−0.0194	1.8234	56.9881	50.178	0.8805
4.54	−0.0344	1.8402	32.7954	25.925	0.7905
4.56	−0.0496	1.8574	23.1297	16.199	0.7003
4.58	−0.0651	1.8751	17.9249	10.934	0.6099
4.60	−0.0809	1.8933	14.6696	7.6163	0.5192
4.62	−0.0969	1.9120	12.4399	5.3251	0.4281
4.64	−0.1133	1.9311	10.8159	3.6394	0.3365
4.66	−0.1301	1.9509	9.5794	2.3409	0.2444
4.68	−0.1471	1.9711	8.6058	1.3050	0.1516
4.70	−0.1645	1.9920	7.8187	0.4554	0.0582
$3\pi/2$	−0.1824	2.0134	7.4023	0.0002	0
4.72	−0.1823	2.0134	7.1687	−0.2574	−0.0359
4.74	−0.2004	2.0355	6.6223	−0.8668	−0.1309
4.76	−0.2190	2.0581	6.1563	−1.3962	−0.2268
4.78	−0.2379	2.0815	5.7538	−1.8623	−0.3237
4.80	−0.2572	2.1056	5.4024	−2.2776	−0.4216
4.82	−0.2770	2.1304	5.0925	−2.6516	−0.5207
4.84	−0.2972	2.1560	4.8171	−2.9914	−0.6210
4.86	−0.3179	2.1823	4.5704	−3.3027	−0.7226
4.88	−0.3390	2.2095	4.3481	−3.5901	−0.8257
4.90	−0.3607	2.2375	4.1463	−3.8570	−0.9302

v	$\xi_1(v)$	$\xi_2(v)$	$\xi_3(v)$	$\eta_3(v)$	$\xi_4(v)$
4.92	−0.3828	2.2665	3.9624	−4.1064	−1.0364
4.94	−0.4055	2.2964	3.7937	−4.3408	−1.1442
4.96	−0.4288	2.3273	3.6384	−4.5621	−1.2539
4.98	−0.4527	2.3592	3.4948	−4.7720	−1.3654
5.00	−0.4772	2.3923	3.3615	−4.9718	−1.4790
5.02	−0.5023	2.4264	3.2373	−5.1628	−1.5948
5.04	−0.5281	2.4618	3.1211	−5.3461	−1.7129
5.06	−0.5546	2.4984	3.0122	−5.5223	−1.8333
5.08	−0.5818	2.5364	2.9097	−5.6924	−1.9564
5.10	−0.6099	2.5757	2.8130	−5.8570	−2.0821
5.12	−0.6387	2.6165	2.7215	−6.0166	−2.2108
5.14	−0.6683	2.6588	2.6348	−6.1718	−2.3424
5.16	−0.6989	2.7028	2.5523	−6.3229	−2.4774
5.18	−0.7304	2.7485	2.4737	−6.4704	−2.6157
5.20	−0.7629	2.7960	2.3987	−6.6147	−2.7577
5.22	−0.7964	2.8455	2.3268	−6.7559	−2.9035
5.24	−0.8311	2.8969	2.2580	−6.8945	−3.0534
5.26	−0.8669	2.9506	2.1918	−7.0307	−3.2076
5.28	−0.9039	3.0065	2.1282	−7.1646	−3.3665
5.30	−0.9422	3.0648	2.0668	−7.2965	−3.5303
5.32	−0.9819	3.1257	2.0075	−7.4266	−3.6993
5.34	−1.0231	3.1894	1.9502	−7.5550	−3.8739
5.36	−1.0658	3.2560	1.8947	−7.6819	−4.0545
5.38	−1.1102	3.3258	1.8407	−7.8074	−4.2414
5.40	−1.1563	3.3988	1.7884	−7.9316	−4.4351
5.42	−1.2044	3.4755	1.7374	−8.0547	−4.6361
5.44	−1.2544	3.5560	1.6877	−8.1768	−4.8450
5.46	−1.3066	3.6407	1.6392	−8.2980	−5.0622
5.48	−1.3611	3.7297	1.5918	−8.4183	−5.2884
5.50	−1.4181	3.8236	1.5455	−8.5378	−5.5244
5.52	−1.4778	3.9226	1.5001	−8.6567	−5.7708
5.54	−1.5404	4.0272	1.4556	−8.7750	−6.0286
5.56	−1.6061	4.1378	1.4118	−8.8927	−6.2987
5.58	−1.6753	4.2551	1.3689	−9.0099	−6.5821
5.60	−1.7480	4.3794	1.3266	−9.1268	−6.8800
5.62	−1.8249	4.5116	1.2849	−9.2432	−7.1938
5.64	−1.9060	4.6523	1.2438	−9.3594	−7.5249
5.66	−1.9920	4.8024	1.2032	−9.4753	−7.8750
5.68	−2.0833	4.9628	1.1631	−9.5910	−8.2459
5.70	−2.1803	5.1346	1.1235	−9.7065	−8.6398
5.72	−2.2838	5.3190	1.0842	−9.8219	−9.0592
5.74	−2.3944	5.5173	1.0453	−9.9373	−9.5069
5.76	−2.5129	5.7313	1.0067	−10.053	−9.9861

v	$\xi_1(v)$	$\xi_2(v)$	$\xi_3(v)$	$\eta_3(v)$	$\xi_4(v)$
5.78	−2.6403	5.9628	0.9683	−10.168	−10.501
5.80	−2.7776	6.2139	0.9302	−10.283	−11.055
5.82	−2.9262	6.4872	0.8923	−10.399	−11.653
5.84	−3.0875	6.7858	0.8546	−10.514	−12.303
5.86	−3.2634	7.1132	0.8170	−10.630	−13.011
5.88	−3.4560	7.4737	0.7795	−10.745	−13.785
5.90	−3.6678	7.8726	0.7421	−10.861	−14.636
5.92	−3.9022	8.3161	0.7047	−10.977	−15.577
5.94	−4.1629	8.8122	0.6674	−11.094	−16.623
5.96	−4.4550	9.3705	0.6300	−11.211	−17.795
5.98	−4.7844	10.004	0.5926	−11.328	−19.116
6.00	−5.1593	10.727	0.5551	−11.445	−20.618
6.02	−5.5899	11.561	0.5175	−11.563	−22.343
6.04	−6.0899	12.534	0.4798	−11.681	−24.345
6.06	−6.6779	13.683	0.4419	−11.799	−26.610
6.08	−7.3800	15.060	0.4039	−11.918	−29.510
6.10	−8.2334	16.739	0.3656	−12.038	−32.926
6.12	−9.2939	18.832	0.3271	−12.158	−37.169
6.14	−10.648	21.511	0.2883	−12.278	−42.587
6.16	−12.439	25.064	0.2492	−12.399	−49.751
6.18	−14.920	29.997	0.2098	−12.521	−59.677
6.20	−18.590	37.307	0.1700	−12.643	−74.357
6.22	−24.576	49.249	0.1299	−12.766	−98.303
6.24	−36.098	72.262	0.0893	−12.890	−144.39
6.26	−67.476	134.99	0.0482	−13.014	−269.90
6.28	−492.26	984.52	0.0067	−13.139	−1969.0
2π	$-\infty$	∞	0	−13.159	$-\infty$

附录 Ⅲ 部分习题答案

第十一章

11-1 $Q_{AB}=\dfrac{19}{22}P, M_{AB}=\dfrac{79}{264}Pl, Q_{BA}=\dfrac{3}{22}P, M_{BA}=\dfrac{17}{264}Pl$

11-2 转角：$\begin{Bmatrix}\theta_1\\\theta_2\end{Bmatrix}=\begin{Bmatrix}+\dfrac{45}{7i}\\[2mm]-\dfrac{75}{7i}\end{Bmatrix}$，弯矩：$\begin{Bmatrix}M_1\\M_2\end{Bmatrix}^{(1)}=\begin{Bmatrix}12.86\\25.71\end{Bmatrix}$kN·m

$\begin{Bmatrix}M_1\\M_2\end{Bmatrix}^{(2)}=\begin{Bmatrix}-25.71\\0\end{Bmatrix}$kN·m

11-3 $M_{AB}=0.845\dfrac{1}{l}, M_{BA}=1.69\dfrac{1}{l}$

$M_{CD}=2.161\dfrac{1}{l}, M_{DC}=1.014\dfrac{1}{l}$

11-5 $[K]=\begin{bmatrix}612 & 0 & -30\\ & 32.4 & 0\\ \text{[对称]} & & 300\end{bmatrix}$

11-4 $[K]=\begin{bmatrix}75973 & 0 & 8960 & -70000 & 0 & 0\\ & 140747 & 2240 & 0 & -747 & 2240\\ & & 26880 & 0 & -2240 & 4480\\ & \text{[对称]} & & 151946 & 0 & 0\\ & & & & 281494 & 0\\ & & & & & 53760\end{bmatrix}$

11-6 $M_{AB}=109.47\text{kN·m}, Q_{AB}=474.66\text{kN}$

11-7 $\begin{bmatrix}0.977\dfrac{EA}{l}+0.492\dfrac{EI}{l^3} & -0.096\dfrac{EA}{l}+0.369\dfrac{EI}{l^3} & -0.768\dfrac{EI}{l^2}\\[2mm] & 0.256\dfrac{EA}{l}+2.221\dfrac{EI}{l^3} & -0.257\dfrac{EI}{l^2}\\[2mm] & & 4.933\dfrac{EI}{l}\end{bmatrix}\begin{Bmatrix}u_1\\v_1\\\theta_1\end{Bmatrix}$

$=\begin{Bmatrix}0\\6P\\-\dfrac{5Pl}{6}\end{Bmatrix}$

11-8 $M_{13}=-52.36\text{kN·m}, Q_{13}=15\text{kN}$

$M_{31} = -37.70\text{kN·m}, Q_{31} = 15\text{kN}$

11-9 $\{N\}^T = [-0.2357P \quad 0.0833P \quad 0.3535P \quad 0.4167P \quad 0.2357P]^T$

11-10 $M_{AB} = -17.8\text{kN·m}, M_{CB} = 2.54\text{kN·m}$

         $N_{DB} = 1.43\text{kN}, N_{EB} = 1.43\text{kN}$

第十二章

12-1 a、1；b、3。

12-2   2

12-3   3

12-4   2

12-5   1

12-6   3

12-8 $y(t) = -m\ddot{y}\delta_{11} + \Delta_{1P}(t)$

     其中 $\delta_{11} = \dfrac{l^3}{48EI}$；$\Delta_{1P}(t) = \dfrac{Ml^2}{16EI}\sin\theta t$

12-11 $\left. \begin{array}{l} m_1\ddot{y}_1 + y_1(C_1 + C_2) + y_2(-C_2) = 0 \\ m_2\ddot{y}_2 + y_1(-C_2) + y_2(C_2) = 0 \end{array} \right\}$

12-13 $\ddot{\alpha}(10ma^2) + \alpha(4Ka^2) = M(t)$

     其中 α 为杆的角位移

12-14 $2.334m\ddot{y} + 0.140EIy = 0.577P(t)$

     其中 y 为结点2的位移

12-15 $\omega^2 = \dfrac{3}{4}\dfrac{EI}{ml^3}$

12-16 $\omega^2 = \dfrac{48}{5}\dfrac{EI}{ml^3}$

12-17 $\omega^2 = \dfrac{1536}{11}\dfrac{EI}{ml^3}$

12-18   左面的柱子可化为水平弹性支座，其刚度为 $K = \dfrac{3EI}{l^3}$

$$\omega^2 = \frac{2EI}{ml^3}$$

12-19 $\omega^2 = \dfrac{K_\varphi}{J_A} = \dfrac{3K_\varphi}{ml^3}$

12-20 $\xi_z = 0.2$

12-21 $\xi = 1$ 时，式(13-43)变为 $S = -P$。由此，自振方程(13-42)之解为

$$y = Be^{-\omega t} + Cte^{-\omega t}$$

由初始条件 $y(0) = y_0$ 及 $\dot{y}(0) = 0$ 得 $B = y_0, C = y_0\omega$

于是得

$$y = y_0 e^{-\omega t}(1 + \omega t)$$

或 $y = y_0 e^{-2\pi\frac{t}{T}}\left(1 + 2\pi\frac{t}{T}\right)$

其中 ω 及 T 为不计阻尼时该体系的自振频率和自振周期。

所发生的运动是单方向的位移,很快就静止下来,如答12-21图所示。经过1个无阻尼自振周期,位移就减至初位移的1.4%了。

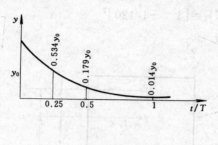

答 12-21 图

例如一个基础,其质量 $m = 156t$,地基刚度 $K_z = 131.45 \times 10^4 kN/m$。若无阻尼,则其自振频率为 $\omega = \sqrt{\dfrac{K}{m}} = 91.8 \ 1/s$,自振周期为 $T = \dfrac{2\pi}{\omega} = 0.068s$。由于具有临界阻尼,压至 y_0 突然卸载后,经过0.068s就几乎回到原来的静力平衡位置,而不振动。

12-22　$y(t) = y_t^s\left(\sin\theta t - \dfrac{\theta}{\omega}\sin\omega t\right)$

12-23　$A = 0.0421mm$, $N = 55.3kN$。

12-24　$A = \mu \cdot \delta_{1P} \cdot M$

其中 δ_{1P} 为 $M = 1$ 产生的 y_1 方向的静位移。

12-25　自频 $\omega^2 = \dfrac{12EI}{me^3l}$

　　　K 点振幅　$A_K = \dfrac{Pl \cdot e^2}{4EI} \cdot \dfrac{1}{1 - \theta^2/\omega^2}$

　　　截面 A 弯矩幅　$A_M = \dfrac{1}{2}Pe \cdot \dfrac{1}{1 - \theta^2/\omega^2}$

12-26　$A = \dfrac{Ml^2}{16EI} \cdot \dfrac{1}{1 - \theta^2/\omega^2}$

　　　$\theta_{左} = \dfrac{Ml}{6EI} \cdot \dfrac{1}{1 - \theta^2/\omega^2}\left(1 + \dfrac{1}{8}\dfrac{\theta^2}{\omega^2}\right)$

　　　$\theta_{左} = \dfrac{Ml}{3EI} \cdot \dfrac{1}{1 - \theta^2/\omega^2}\left(1 - \dfrac{7}{16}\dfrac{\theta^2}{\omega^2}\right)$

　　　其中　$\omega^2 = 48EI/(ml^3)$

12-27　$\omega_1 = 97.7 \ 1/s$, $\omega_2 = 404.1 \ 1/s$

　　　$\{X\}_1 = [1 \quad 1.08]^T$, $\{X\}_2 = [1 \quad -5.49]^T$

12-28　$\omega_1^2 = 7.965\dfrac{EI}{ml^3}$, $\omega_2^2 = 65.535\dfrac{EI}{ml^3}$,

　　　$\{X\}_1 = [1 \quad 2.168]^T$, $\{X\}_2 = [1 \quad -0.231]^T$。

12-29　$\omega_1 = 5.15 \ 1/s$, $\omega_2 = 17.2 \ 1/s$

　　　$\{X\}_1 = [1 \quad 1.78]^T$, $\{X\} = [1 \quad -0.665]^T$

12-30 $\omega_1 = 0.749\sqrt{\dfrac{EI}{ml^3}}, \omega_2 = 2.139\sqrt{\dfrac{EI}{ml^3}}$

$\{X\}_1 = [1 \quad 2.23]^T, \{X\}_2 = [1 \quad -0.897]^T$

12-31 $\omega_1 = 1.132\sqrt{\dfrac{EI}{ml^3}}, \omega_2 = 4.326\sqrt{\dfrac{EI}{ml^3}}$

$\{X\}_1 = [1 \quad 1.786]^T, \{X\}_2 = [1 \quad -1.120]^T$

12-32   振型正交性表为

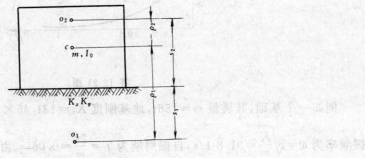

答 12-32 图

$$m\rho_1\rho_2 + I_0 = 0$$

及

$$K_x S_1 S_2 - K_\varphi = 0$$

其中 I_0 为对基础质心的转动惯量；

ρ_1, ρ_2 为转心 O_1、O_2 的坐标，转心在质心 c 之下时 ρ 为正值；

s_1, s_2 为转心 O_1、O_2 到基础底面的距离。

12-33 $\overline{M}_1 = I_0 + m\omega_1^2, \overline{M}_2 = I_0 + m\omega_2^2,$

$\overline{K}_1 = K_x \cdot S_1^2 + K_\varphi, \overline{K}_2 = K_x \cdot S_2^2 + K_\varphi$

12-34 $A_1 = 0.0143\text{mm}, A_2 = 0.0204\text{mm}$

12-35 $y_1(t) = 0.1082\sin(\theta t - 90°)\text{mm}$

$y_2(t) = 0.1165\sin(\theta t - 90°)\text{mm}$

12-37 $U = \dfrac{1}{2}\displaystyle\int EA(X')^2 dx;$

$\overline{T} = \dfrac{1}{2}\displaystyle\int \overline{m}(X)^2 dx$

12-38 $\omega = \dfrac{1.99}{l^2}\sqrt{\dfrac{EI}{\overline{m}}}$

12-39 $\omega = 16.43 \ 1/\text{s}$

第十三章

13-1 $(a) P_{cr} = 7.5ka, (b) P_{cr} = \dfrac{3EI}{l^2}$

13-2 $P_{cr}=\dfrac{2}{3}ak$

13-5 $(a)P_{cr}=\dfrac{4.1158}{l^2}EI$, $(b)P_{cr}=0.595\dfrac{EI}{l^2}$

13-6 $P_{cr}=4.8991\dfrac{EI}{l^2}$

13-7 $P_{cr}=7.9078\dfrac{EI}{l^2}$

13-8 $P_{cr}=0.74\dfrac{EI}{l^2}$

13-9 $(a)P_{cr}=7.3792\dfrac{EI}{l^2}$, $(b)P_{cr}=\dfrac{14.2765}{a^2}EI$

13-10 精确解 $P_{cr}=26.9575\dfrac{EI}{l^2}$，近似解 $P_{cr}=52.5\dfrac{EI}{l^2}$

13-11 $g_{cr}=\dfrac{3EI}{r_1^2}$

13-12 $P_{cr}=843.73\text{kN}$

第十四章

14-1 $(a)M_u=\left[bt_2(h-t_2)+\dfrac{1}{4}t_1(h-2t_2)^2\right]\sigma_y$

$(b)M_u=\dfrac{t}{3}(3D^2-6Dt+4t^2)\sigma_y$

14-2 $M_u=30.09\text{kN}\cdot\text{m}$

14-3 $P_u=315.54\text{kN}\cdot\text{m}$

14-4 $q_u=\dfrac{0.235M_u}{a^2}$

14-5 $P_u=0.75M_u$

14-6 $P_u=\dfrac{6M_u}{l}$

14-7 $P_u=\dfrac{4M_u}{l}$

14-8 $m_u=\dfrac{1}{2}M_u$

14-9 $q_u=\dfrac{24M_u}{l^2}$

14-10 $P_u=\dfrac{4M_u}{l}$

14-11 $P_u=\dfrac{2}{3}M_u$

14-12 $q_u=0.28M_u$

14-13 $q_u=\dfrac{3M_u}{l^2}$

14-14 $P_u=\dfrac{M_u}{l}$

14-15 $\quad q_u = \dfrac{3M_u}{l^2}$

14-16 $\quad P_u = \dfrac{1.714M_u}{l}$

14-17 $\quad P_u = \dfrac{1.2M_u}{l}$

14-18 $\quad P_u = \dfrac{9M_u}{l}$

参 考 文 献

1. 龙驭球,包世华主编. 结构力学教程. 北京:高等教育出版社,1988
2. 朱伯钦,周竞欧,许哲明主编. 结构力学. 上海.同济大学出版社,1993
3. 刘昭培,张韫美主编. 结构力学. 天津:天津大学出版社,1989
4. 郭长城主编. 结构力学. 北京:中国建筑工业出版社,1993
5. 郑念国,戴仁杰编著. 应用结构力学——典型例题剖析. 上海:同济大学出版社,1993
6. 朱慈勉,汪榴,江利仁等编著. 计算结构力学. 上海:科学技术出版社,1992
7. 吴德伦主编. 结构力学. 重庆:重庆大学出版社,1994
8. 杨茀康,李家宝主编. 结构力学. 第2版. 北京:高等教育出版社,1983
9. 杜庆华主编. 工程力学手册. 北京:高等教育出版社,1994
10. 华东水利学院结构力学教研组编. 结构力学. 北京:水利电力出版社,1981
11. 李廉锟主编. 结构力学. 北京:高等教育出版社,1996
12. 丁皓江,何福保等编. 弹性和塑性力学中的有限单元法. 北京:机械工业出版社,1989
13. 朱伯龙,董振祥编. 钢筋混凝土非线性分析. 上海:同济大学出版社,1985